建筑工程规范常用条文速查系列手册

建筑结构规范常用条文速查手册

王立信　主编

中国建筑工业出版社

图书在版编目（CIP）数据

建筑结构规范常用条文速查手册/王立信主编．—北京：中国建筑工业出版社，2013.8
（建筑工程规范常用条文速查系列手册）
ISBN 978-7-112-15552-1

Ⅰ．①建… Ⅱ．①王… Ⅲ．①建筑结构-结构设计-建筑规范-中国-手册 Ⅳ．①TU318-65

中国版本图书馆CIP数据核字（2013）第137609号

建筑工程规范常用条文速查系列手册
建筑结构规范常用条文速查手册
王立信 主编
*
中国建筑工业出版社出版、发行（北京西郊百万庄）
各地新华书店、建筑书店经销
北京红光制版公司制版
北京同文印刷有限责任公司印刷
*
开本：850×1168毫米 1/32 印张：10 字数：270千字
2013年9月第一版 2014年2月第二次印刷
定价：**28.00**元
ISBN 978-7-112-15552-1
（24141）

《建筑结构规范常用条文速查手册》按照建筑结构设计类型；确认选录的建筑结构设计规范名称（主要专业设计的依据性规范、建筑结构设计通用标准、规范及规程）以及结构设计规范常用条目的选录原则。对现行13本建筑结构设计规范的相关条文进行了分类整理和重新编排，便于建筑结构设计相关工作人员根据工作需要快速查询和使用。

本手册可供建筑结构设计人员、设计审图机构的审查人员、监理工程师与总监理工程师、施工技术人员等参阅。

* * *

责任编辑：郦锁林　郭雪芳
责任设计：董建平
责任校对：王雪竹　赵　颖

建筑结构规范常用条文速查手册
作者名单

主　　编　王立信

编写人员　王立信　王　宇　贾翰卿　孙　宇
　　　　　王少众　徐金峰　宋　杰　王花英
　　　　　马　成　赵　涛　郭天翔　张菊花
　　　　　王丽云

前　　言

建筑结构设计是建筑工程设计的重要组成部分，结构设计是为建筑设计服务的。结构设计是在满足建筑设计要求的条件下，通过对结构的周密布置和计算，做到保证其设计工程的结构安全。

结构设计执行和应用的规范、标准较多，全面选录既无必要也很困难。本书的编写确认了如下收集、选录程序与原则。包括：建筑结构设计类型；确认选录的建筑结构设计规范名称（主要专业设计的依据性规范；建筑结构设计通用标准、规范及规程）以及结构设计规范常用条目的选录原则。

Ⅰ　确认建筑结构设计类型

建筑工程实施中主要的结构类型有：混凝土与钢筋混凝土结构、钢结构、砌体结构和木结构。应用较多的是混凝土与钢筋混凝土结构、钢结构、砌体结构。木结构工程应用较少（本书未予选录）。

Ⅱ　确认选录的建筑结构设计规范名称

1. 主要专业设计的依据性规范

《混凝土结构设计规范》GB 50010—2010；《高层建筑混凝土结构技术规程》JGJ 3—2010；《钢结构设计规范》GB 50017—2003；《砌体结构设计规范》GB 50003—2011。

2. 建筑结构设计通用标准、规范及规程

（1）结构设计必须适用的规范：

《建筑结构可靠度设计统一标准》GB 50068—2001；《建筑结构荷载规范》GB 50009—2012；《建筑抗震设计规范》GB

50011—2010；《建筑工程抗震设防分类标准》GB 50223—2008；《建筑地基基础设计规范》GB 50007—2011；《高层建筑筏形与箱形基础技术规范》JGJ 6—2011；《建筑桩基技术规范》JGJ 94—2008。

（2）其他经常适用的规范：

1）结构设计重要的依据性资料执行规范：《岩土工程勘察规范》GB 50021—2001；《高层建筑岩土工程勘察规程》JGJ 72—2004。

2）遇有深基坑或边坡时执行的规范与规程：《建筑基坑支护技术规程》JGJ 120—2012；《建筑边坡工程技术规范》GB 50330—2002 等。

Ⅲ 结构设计规范常用条目的选录原则

（1）本书选录了混凝土与钢筋混凝土结构、钢结构、砌体结构以及相关规范、规程的常用主要条目，选录的是不同规范的依据性条目和结构构造（结构构造设计是当前结构设计中相对薄弱的部分）。

（2）建筑结构设计不同专业规范中根据需要列有大量的计算公式，这些都是结构设计的核心，但这本容量不大的书无法较全面、完整的选录这些计算公式，加之当前绝大多数工程均应用软件进行结构设计，软件中已对结构设计的计算进行了较为全面、完整的组列，且已常态应用，结构计算已不再需要进行这些繁重的执笔运算。故本书结构设计计算公式只选录了少量的常用条目。

本书可供建筑结构设计人员、设计审图机构的审查人员、监理工程师与总监理工程师、施工技术人员等参阅。

鉴于水平有限，选录如有不当，敬请批评指正。

应用标准、规范与规程条文标注缩称

Ⅰ　专业规范或规程

1. 《混凝土结构设计规范》GB 50010—2010

　缩写为：【混凝土设计规范：第　　　条】

2. 《高层建筑混凝土结构技术规程》JGJ 3—2010

　缩写为：【高层混凝土结构规程：第　　　条】

3. 《钢结构设计规范》GB 50017—2003

　缩写为：【钢结构设计规范：第　　　条】

4. 《砌体结构设计规范》GB 50003—2011

　缩写为：【砌体结构设计规范：第　　　条】

Ⅱ　通用标准、规范或规程

5. 《建筑结构可靠度设计统一标准》GB 50068—2001

　缩写为：【可靠度设计统一标准：第　　　条】

6. 《岩土工程勘察规范》GB 50021—2001

　缩写为：【岩土工程勘察规范：第　　　条】

7. 《高层建筑岩土工程勘察规程》JGJ 72—2004

　缩写为：【高层岩土工程勘察规程：第　　　条】

8. 《建筑结构荷载规范》GB 50009—2012

　缩写为：【荷载规范：第　　　条】

9. 《建筑工程抗震设防分类标准》GB 50223—2008

　缩写为：【建筑抗震分类标准：第　　　条】

10. 《建筑抗震设计规范》GB 50011—2010

　缩写为：【抗震设计规范：第　　　条】

11. 《建筑地基基础设计规范》GB 50007—2011

缩写为：【建筑地基基础设计规范：第　　　条】

12. 《高层建筑筏形与箱形基础技术规范》JGJ 6—2011

缩写为：【高层筏形与箱形基础规范：第　　　条】

13. 《建筑桩基技术规范》JGJ 94—2008

缩写为：【建筑桩基规范：第　　　条】

注：1 《木结构设计规范》GB 50005—2003（2005 年版），因实用较少，故未予选录。

2 《建筑地基处理技术规范》JGJ 79—2012，因涉及的处理方法较多，故未予选录。

目　　录

I　专业规范或规程

I　专业规范或规程

1　混凝土结构设计

1.1　基本设计规定

1.1.1　一般规定

1. 设计应明确结构的用途，在设计使用年限内未经技术鉴定或设计许可，不得改变结构的用途和使用环境。

【混凝土设计规范：第 3.1.7 条】

1.1.2　承载能力极限状态计算

1. 混凝土结构的承载能力极限状态计算应包括下列内容：

（1）结构构件应进行承载力（包括失稳）计算；

（2）直接承受重复荷载的构件应进行疲劳验算；

（3）有抗震设防要求时，应进行抗震承载力计算；

（4）必要时尚应进行结构的倾覆、滑移、漂浮验算；

（5）对于可能遭受偶然作用，且倒塌可能引起严重后果的重要结构，宜进行防连续倒塌设计。

【混凝土设计规范：第 3.3.1 条】

2. 对持久设计状况、短暂设计状况和地震设计状况，当用内力的形式表达时，结构构件应采用下列承载能力极限状态设计表达式：

$$\gamma_0 S \leqslant R$$

$$R = R(f_c, f_s, a_k, \cdots)/\gamma_{Rd}$$

式中　γ_0——结构重要性系数：在持久设计状况和短暂设计状况下，对安全等级为一级的结构构件不应小于 1.1，

对安全等级为二级的结构构件不应小于 1.0，对安全等级为三级的结构构件不应小于 0.9；对地震设计状况下应取 1.0；

S——承载能力极限状态下作用组合的效应设计值：对持久设计状况和短暂设计状况应按作用的基本组合计算；对地震设计状况应按作用的地震组合计算；

R——结构构件的抗力设计值；

$R(\cdot)$——结构构件的抗力函数；

γ_{Rd}——结构构件的抗力模型不定性系数：静力设计取 1.0，对不确定性较大的结构构件根据具体情况取大于 1.0 的数值；抗震设计应用承载力抗震调整系数 γ_{RE}代替 γ_{Rd}；

f_c，f_s——混凝土、钢筋的强度设计值，应根据 GB 50010—2010 规范第 4.1.4 条及第 4.2.3 条的规定取值；

a_k——几何参数的标准值，当几何参数的变异性对结构性能有明显的不利影响时，应增减一个附加值。

【混凝土设计规范：第 3.3.2 条】

1.1.3 正常使用极限状态验算

1. 钢筋混凝土受弯构件的最大挠度应按荷载的准永久组合，预应力混凝土受弯构件的最大挠度应按荷载的标准组合，并均应考虑荷载长期作用的影响进行计算，其计算值不应超过表 3.4.3 规定的挠度限值。

表 3.4.3 受弯构件的挠度限值

构件类型		挠度限值
吊车梁	手动吊车	$l_0/500$
	电动吊车	$l_0/600$

续表 3.4.3

构件类型		挠度限值
屋盖、楼盖及楼梯构件	当 $l_0<7\text{m}$ 时	$l_0/200(l_0/250)$
	当 $7\text{m}\leqslant l_0\leqslant 9\text{m}$ 时	$l_0/250$ $(l_0/300)$
	当 $l_0>9\text{m}$ 时	$l_0/300$ $(l_0/400)$

注：1　表中 l_0 为构件的计算跨度；计算悬臂构件的挠度限值时，其计算跨度 l_0 按实际悬臂长度的 2 倍取用；

2　表中括号内的数值适用于使用上对挠度有较高要求的构件；

3　如果构件制作时预先起拱，且使用上也允许，则在验算挠度时，可将计算所得的挠度值减去起拱值；对预应力混凝土构件，尚可减去预加力所产生的反拱值；

4　构件制作时的起拱值和预加力所产生的反拱值，不宜超过构件在相应荷载组合作用下的计算挠度值。

【混凝土设计规范：第 3.4.3 条】

2. 结构构件应根据结构类型和 GB 50010—2010 规范第 3.5.2 条规定的环境类别，按表 3.4.5 的规定选用不同的裂缝控制等级及最大裂缝宽度限值 w_{lim}。

表 3.4.5　结构构件的裂缝控制等级及最大裂缝宽度的限值（mm）

环境类别	钢筋混凝土结构		预应力混凝土结构	
	裂缝控制等级	w_{lim}	裂缝控制等级	w_{lim}
一	三级	0.30（0.40）	三级	0.20
二 a		0.20		0.10
二 b			二级	—
三 a、三 b			一级	—

注：1　对处于年平均相对湿度小于 60%地区一类环境下的受弯构件，其最大裂缝宽度限值可采用括号内的数值；

2　在一类环境下，对钢筋混凝土屋架、托架及需作疲劳验算的吊车梁，其最大裂缝宽度限值应取为 0.20mm；对钢筋混凝土屋面梁和托梁，其最大裂缝宽度限值应取为 0.30mm；

3　在一类环境下，对预应力混凝土屋架、托架及双向板体系，应按二级裂缝控制等级进行验算；对一类环境下的预应力混凝土屋面梁、托梁、单向板，应按表中二 a 级环境的要求进行验算；在一类和二 a 类环境下需作疲劳验算的预应力混凝土吊车梁，应按裂缝控制等级不低于二级的构件进行验算；

4　表中规定的预应力混凝土构件的裂缝控制等级和最大裂缝宽度限值仅适用于正截面的验算；预应力混凝土构件的斜截面裂缝控制验算应符合 GB 50010—2010 规范第 7 章的有关规定；

5　对于烟囱、筒仓和处于液体压力下的结构，其裂缝控制要求应符合专门标准的有关规定；

6　对于处于四、五类环境下的结构构件，其裂缝控制要求应符合专门标准的有关规定；

7　表中的最大裂缝宽度限值为用于验算荷载作用引起的最大裂缝宽度。

【混凝土设计规范：第 3.4.5 条】

1.1.4 耐久性设计

1. 混凝土结构应根据设计使用年限和环境类别进行耐久性设计，耐久性设计包括下列内容：

（1）确定结构所处的环境类别；

（2）提出对混凝土材料的耐久性基本要求；

（3）确定构件中钢筋的混凝土保护层厚度；

（4）不同环境条件下的耐久性技术措施；

（5）提出结构使用阶段的检测与维护要求。

注：对临时性的混凝土结构，可不考虑混凝土的耐久性要求。

【混凝土设计规范：第 3.5.1 条】

2. 设计使用年限为 50 年的混凝土结构，其混凝土材料宜符合表 3.5.3 的规定。

表 3.5.3 结构混凝土材料的耐久性基本要求

环境等级	最大水胶比	最低强度等级	最大氯离子含量（%）	最大碱含量（kg/m³）
一	0.60	C20	0.30	不限制
二 a	0.55	C25	0.20	3.0
二 b	0.50（0.55）	C30（C25）	0.15	
三 a	0.45（0.50）	C35（C30）	0.15	
三 b	0.40	C40	0.10	

注：1 氯离子含量系指其占胶凝材料总量的百分比；

2 预应力构件混凝土中的最大氯离子含量为 0.06%；其最低混凝土强度等级宜按表中的规定提高两个等级；

3 素混凝土构件的水胶比及最低强度等级的要求可适当放松；

4 有可靠工程经验时，二类环境中的最低混凝土强度等级可降低一个等级；

5 处于严寒和寒冷地区二 b、三 a 类环境中的混凝土应使用引气剂，并可采用括号中的有关参数；

6 当使用非碱活性骨料时，对混凝土中的碱含量可不作限制。

【混凝土设计规范：第 3.5.3 条】

3. 混凝土结构及构件尚应采取下列耐久性技术措施：

（1）预应力混凝土结构中的预应力筋应根据具体情况采取表面防护、孔道灌浆、加大混凝土保护层厚度等措施，外露的锚固端应采取封锚和混凝土表面处理等有效措施；

（2）有抗渗要求的混凝土结构，混凝土的抗渗等级应符合有关标准的要求；

（3）严寒及寒冷地区的潮湿环境中，结构混凝土应满足抗冻要求，混凝土抗冻等级应符合有关标准的要求；

（4）处于二、三类环境中的悬臂构件宜采用悬臂梁-板的结构形式，或在其上表面增设防护层；

（5）处于二、三类环境中的结构构件，其表面的预埋件、吊钩、连接件等金属部件应采取可靠的防锈措施，对于后张预应力混凝土外露金属锚具，其防护要求见 GB 50010—2010 规范第 10.3.13 条；

（6）处在三类环境中的混凝土结构构件，可采用阻锈剂、环氧树脂涂层钢筋或其他具有耐腐蚀性能的钢筋、采取阴极保护措施或采用可更换的构件等措施。

【混凝土设计规范：第 3.5.4 条】

1.2　材　　料

1.2.1　混凝土

1. 混凝土轴心抗压强度的标准值 f_{ck} 应按表 4.1.3-1 采用，轴心抗拉强度的标准值 f_{tk} 应按表 4.1.3-2 采用。

表 4.1.3-1　混凝土轴心抗压强度标准值（N/mm^2）

强度	混凝土强度等级													
	C15	C20	C25	C30	C35	C40	C45	C50	C55	C60	C65	C70	C75	C80
f_{ck}	10.0	13.4	16.7	20.1	23.4	26.8	29.6	32.4	35.5	38.5	41.5	44.5	47.4	50.2

表 4.1.3-2 混凝土轴心抗拉强度标准值（N/mm^2）

强度	混凝土强度等级													
	C15	C20	C25	C30	C35	C40	C45	C50	C55	C60	C65	C70	C75	C80
f_{tk}	1.27	1.54	1.78	2.01	2.20	2.39	2.51	2.64	2.74	2.85	2.93	2.99	3.05	3.11

【混凝土设计规范：第 4.1.3 条】

2. 混凝土轴心抗压强度的设计值 f_c 应按表 4.1.4-1 采用；轴心抗拉强度的设计值 f_t 应按表 4.1.4-2 采用。

表 4.1.4-1 混凝土轴心抗压强度设计值（N/mm^2）

强度	混凝土强度等级													
	C15	C20	C25	C30	C35	C40	C45	C50	C55	C60	C65	C70	C75	C80
f_c	7.2	9.6	11.9	14.3	16.7	19.1	21.1	23.1	25.3	27.5	29.7	31.8	33.8	35.9

表 4.1.4-2 混凝土轴心抗拉强度设计值（N/mm^2）

强度	混凝土强度等级													
	C15	C20	C25	C30	C35	C40	C45	C50	C55	C60	C65	C70	C75	C80
f_t	0.91	1.10	1.27	1.43	1.57	1.71	1.80	1.89	1.96	2.04	2.09	2.14	2.18	2.22

【混凝土设计规范：第 4.1.4 条】

3. 混凝土受压和受拉的弹性模量 E_c 宜按表 4.1.5 采用。

混凝土的剪切变形模量 G_c 可按相应弹性模量值的 40% 采用。

混凝土泊松比 υ_c 可按 0.2 采用。

表 4.1.5 混凝土的弹性模量（$\times 10^4 N/mm^2$）

混凝土强度等级	C15	C20	C25	C30	C35	C40	C45	C50	C55	C60	C65	C70	C75	C80
E_c	2.20	2.55	2.80	3.00	3.15	3.25	3.35	3.45	3.55	3.60	3.65	3.70	3.75	3.80

注：1 当有可靠试验依据时，弹性模量可根据实测数据确定；
2 当混凝土中掺有大量矿物掺合料时，弹性模量可按规定龄期根据实测数据确定。

【混凝土设计规范：第 4.1.5 条】

4. 混凝土轴心抗压疲劳强度设计值 f_c^f、轴心抗拉疲劳强度设计值 f_c^f 应分别按表 4.1.4-1、表 4.1.4-2 中的强度设计值乘疲劳强度修正系数 γ_ρ 确定。混凝土受压或受拉疲劳强度修正系数 γ_ρ 应根据疲劳应力比值 ρ_c^f 分别按表 4.1.6-1、表 4.1.6-2 采用；当混凝土承受拉-压疲劳应力作用时，疲劳强度修正系数 γ_ρ 取 0.60。

疲劳应力比值 ρ_c^f 应按下列公式计算：

$$\rho_c^f = \frac{\sigma_{c,min}^f}{\sigma_{c,max}^f} \tag{4.1.6}$$

式中　$\sigma_{c,min}^f$、$\sigma_{c,max}^f$——构件疲劳验算时，截面同一纤维上混凝土的最小应力、最大应力。

表 4.1.6-1　混凝土受压疲劳强度修正系数 γ_ρ

ρ_c^f	$0\leqslant\rho_c^f<0.1$	$0.1\leqslant\rho_c^f<0.2$	$0.2\leqslant\rho_c^f<0.3$	$0.3\leqslant\rho_c^f<0.4$	$0.4\leqslant\rho_c^f<0.5$	$\rho_c^f\geqslant0.5$
γ_ρ	0.68	0.74	0.80	0.86	0.93	1.00

表 4.1.6-2　混凝土受拉疲劳强度修正系数 γ_ρ

ρ_c^f	$0\leqslant\rho_c^f<0.1$	$0.1\leqslant\rho_c^f<0.2$	$0.2\leqslant\rho_c^f<0.3$	$0.3\leqslant\rho_c^f<0.4$	$0.4\leqslant\rho_c^f<0.5$
γ_ρ	0.63	0.66	0.69	0.72	0.74
ρ_c^f	$0.5\leqslant\rho_c^f<0.6$	$0.6\leqslant\rho_c^f<0.7$	$0.7\leqslant\rho_c^f<0.8$	$\rho_c^f\geqslant0.8$	—
γ_ρ	0.76	0.80	0.90	1.00	—

注：直接承受疲劳荷载的混凝土构件，当采用蒸汽养护时，养护温度不宜高于 60℃。

【混凝土设计规范：第 4.1.6 条】

5. 混凝土疲劳变形模量 E_c^f 应按表 4.1.7 采用。

表 4.1.7　混凝土的疲劳变形模量（$\times10^4$ N/mm²）

强度等级	C30	C35	C40	C45	C50	C55	C60	C65	C70	C75	C80
E_c^f	1.30	1.40	1.50	1.55	1.60	1.65	1.70	1.75	1.80	1.85	1.90

【混凝土设计规范：第 4.1.7 条】

6. 当温度在0℃～100℃范围内时，混凝土的热工参数可按下列规定取值：

线膨胀系数α_c：1×10^{-5}/℃；

导热系数λ：10.6kJ/(m·h·℃)；

比热容c：0.96kJ/(kg·℃)。

【混凝土设计规范：第4.1.8条】

1.2.2 钢筋

1. 混凝土结构的钢筋应按下列规定选用：

（1）纵向受力普通钢筋宜采用HRB400、HRB500、HRBF400、HRBF500钢筋，也可采用HPB300、HRB335、HRBF335、RRB400钢筋；

（2）梁、柱纵向受力普通钢筋应采用HRB400、HRB500、HRBF400、HRBF500钢筋；

（3）箍筋宜采用HRB400、HRBF400、HPB300、HRB500、HRBF500钢筋，也可采用HRB335、HRBF335钢筋；

（4）预应力筋宜采用预应力钢丝、钢绞线和预应力螺纹钢筋。

【混凝土设计规范：第4.2.1条】

2. 钢筋的强度标准值应具有不小于95%的保证率。

普通钢筋的屈服强度标准值f_{yk}、极限强度标准值f_{stk}应按表4.2.2-1采用；预应力钢丝、钢绞线和预应力螺纹钢筋的屈服强度标准值f_{pyk}、极限强度标准值f_{ptk}应按表4.2.2-2采用。

表4.2.2-1 普通钢筋的强度标准值（N/mm²）

牌号	符号	公称直径d(mm)	屈服强度标准值f_{yk}	极限强度标准值f_{ptk}
HPB300	Φ	6～22	300	420
HRB335 HRBF335	Φ Φ^F	6～50	335	455

续表 4.2.2-1

牌号	符　号	公称直径 d (mm)	屈服强度标准值 f_{yk}	极限强度标准值 f_{ptk}
HRB400 HRBF400 RRB400	Φ Φ^{F} Φ^{R}	6～50	400	540
HRB500 HRBF500	Φ Φ^{R}	6～50	500	630

表 4.2.2-2　预应力筋强度标准值（N/mm²）

种　类		符号	公称直径 d (mm)	屈服强度标准值 f_{pyk}	极限强度标准值 f_{ptk}
中强度预应力钢丝	光面	ϕ^{PM}	5、7、9	620	800
				780	970
	螺旋肋	ϕ^{HM}		980	1270
预应力螺纹钢筋	螺纹	ϕ^{T}	18、25、32、40、50	785	980
				930	1080
				1080	1230
消除应力钢丝	光面	ϕ^{P}	5	—	1570
				—	1860
			7	—	1570
	螺旋肋	ϕ^{H}	9	—	1470
				—	1570
钢绞线	1×3（三股）	ϕ^{S}	8.6、10.8、12.9	—	1570
				—	1860
				—	1960
	1×7（七股）		9.5、12.7、15.2、17.8	—	1720
				—	1860
				—	1960
			21.6	—	1860

注：极限强度标准值为 1960N/mm² 的钢绞线作后张预应力配筋时，应有可靠的工程经验。

【混凝土设计规范：第 4.2.2 条】

3. 普通钢筋的抗拉强度设计值 f_y、抗压强度设计值 f'_y 应按表 4.2.3-1 采用；预应力筋的抗拉强度设计值 f_{py}、抗压强度设计值 f'_{py} 应按表 4.2.3-2 采用。

当构件中配有不同种类的钢筋时，每种钢筋应采用各自的强度设计值。横向钢筋的抗拉强度设计值 f_{yv} 应按表中 f_y 的数值采用；当用作受剪、受扭、受冲切承载力计算时，其数值大于 360N/mm² 时应取 360N/mm²。

表 4.2.3-1 普通钢筋强度设计值（N/mm²）

牌　号	抗拉强度设计值 f_y	抗压强度设计值 f'_y
HPB300	270	270
HRB335、HRBF335	300	300
HRB400、HRBF400、RRB400	360	360
HRB500、HRBF500	435	410

表 4.2.3-2 预应力筋强度设计值（N/mm²）

种　类	极限强度标准值 f_{ptk}	抗拉强度设计值 f_{py}	抗压强度设计值 f'_{py}
中强度预应力钢丝	800	510	410
	970	650	
	1270	810	
消除应力钢丝	1470	1040	410
	1570	1110	
	1860	1320	
钢绞线	1570	1110	390
	1720	1220	
	1860	1320	
	1960	1390	
预应力螺纹钢筋	980	650	410
	1080	770	
	1230	900	

注：当预应力筋的强度标准值不符合表 4.2.3-2 的规定时，其强度设计值应进行相应的比例换算。

【混凝土设计规范：第 4.2.3 条】

4. 普通钢筋及预应力筋在最大力下的总伸长率 δ_{gt} 不应小于表 4.2.4 规定的数值。

表 4.2.4　普通钢筋及预应力筋在最大力下的总伸长率限值

钢筋品种	普通钢筋			预应力筋
	HPB300	HRB335、HRBF335、HRB400、HRBF400、HRB500、HRBF500	RRB400	
δ_{gt}（%）	10.0	7.5	5.0	3.5

【混凝土设计规范：第 4.2.4 条】

5. 普通钢筋和预应力筋的弹性模量 E_s 应按表 4.2.5 采用。

表 4.2.5　钢筋的弹性模量（$\times10^5$ N/mm²）

牌号或种类	弹性模量 E_s
HPB300 钢筋	2.10
HRB335、HRB400、HRB500 钢筋 HRBF335、HRBF400、HRBF500 钢筋 RRB400 钢筋 预应力螺纹钢筋	2.00
消除应力钢丝、中强度预应力钢丝	2.05
钢绞线	1.95

注：必要时可采用实测的弹性模量。

【混凝土设计规范：第 4.2.5 条】

6. 普通钢筋和预应力筋的疲劳应力幅限值 Δf_y^f 和 Δf_{py}^f 应根据钢筋疲劳应力比值 ρ_s^f、ρ_p^f，分别按表 4.2.6-1、表 4.2.6-2 线性内插取值。

表 4.2.6-1　普通钢筋疲劳应力幅限值（N/mm²）

疲劳应力比值 ρ_s^f	疲劳应力幅限值 Δf_y^f	
	HRB335	HRB400
0	175	175
0.1	162	162

续表 4.2.6-1

疲劳应力比值 ρ_s^f	疲劳应力幅限值 Δf_y^f	
	HRB335	HRB400
0.2	154	156
0.3	144	149
0.4	131	137
0.5	115	123
0.6	97	106
0.7	77	85
0.8	54	60
0.9	28	31

注：当纵向受拉钢筋采用闪光接触对焊连接时，其接头处的钢筋疲劳应力幅限值应按表中数值乘以 0.8 取用。

表 4.2.6-2　预应力筋疲劳应力幅限值（N/mm²）

疲劳应力比值 ρ_p^f	钢绞线 $f_{ptk}=1570$	消除应力钢丝 $f_{ptk}=1570$
0.7	144	240
0.8	118	168
0.9	70	88

注：1　当 ρ_s^f 不小于 0.9 时，可不作预应力筋疲劳验算；

2　当有充分依据时，可对表中规定的疲劳应力幅限值作适当调整。

普通钢筋疲劳应力比值 ρ_s^f 应按下列公式计算：

$$\rho_s^f=\frac{\sigma_{s,min}^f}{\sigma_{s,max}^f} \qquad (4.2.6\text{-}1)$$

式中　$\sigma_{s,min}^f$、$\sigma_{s,max}^f$——构件疲劳验算时，同一层钢筋的最小应力、最大应力。

预应力筋疲劳应力比值 ρ_p^f 应按下列公式计算：

$$\rho_p^f=\frac{\sigma_{p,min}^f}{\sigma_{p,max}^f} \qquad (4.2.6\text{-}2)$$

式中　$\sigma_{p,min}^{f}$、$\sigma_{p,max}^{f}$——构件疲劳验算时，同一层预应力筋的最小应力、最大应力。

【混凝土设计规范：第4.2.6条】

1.3　结构分析

1.3.1　分析模型

1. 混凝土结构的计算简图宜按下列方法确定：

(1) 梁、柱、杆等一维构件的轴线宜取为截面几何中心的连线，墙、板等二维构件的中轴面宜取为截面中心线组成的平面或曲面；

(2) 现浇结构和装配整体式结构的梁柱节点、柱与基础连接处等可作为刚接；非整体浇筑的次梁两端及板跨两端可近似作为铰接；

(3) 梁、柱等杆件的计算跨度或计算高度可按其两端支承长度的中心距或净距确定，并应根据支承节点的连接刚度或支承反力的位置加以修正；

(4) 梁、柱等杆件间连接部分的刚度远大于杆件中间截面的刚度时，在计算模型中可作为刚域处理。

【混凝土设计规范：第5.2.2条】

1.4　正常使用极限状态验算

1.4.1　裂缝控制验算

1. 钢筋混凝土和预应力混凝土构件，应按下列规定进行受拉边缘应力或正截面裂缝宽度验算：

(1) 一级裂缝控制等级构件，在荷载标准组合下，受拉边缘应力应符合下列规定：

$$\sigma_{ck} - \sigma_{pc} \leqslant 0 \qquad (7.1.1\text{-}1)$$

(2) 二级裂缝控制等级构件，在荷载标准组合下，受拉边缘应力应符合下列规定：

$$\sigma_{ck}-\sigma_{pc}\leqslant f_{tk} \tag{7.1.1-2}$$

（3）三级裂缝控制等级时，钢筋混凝土构件的最大裂缝宽度可按荷载准永久组合并考虑长期作用影响的效应计算，预应力混凝土构件的最大裂缝宽度可按荷载标准组合并考虑长期作用影响的效应计算。最大裂缝宽度应符合下列规定：

$$w_{max}\leqslant w_{lim} \tag{7.1.1-3}$$

对环境类别为二 a 类的预应力混凝土构件，在荷载准永久组合下，受拉边缘应力尚应符合下列规定：

$$\sigma_{cq}-\sigma_{pc}\leqslant f_{tk} \tag{7.1.1-4}$$

式中 σ_{ck}、σ_{cq}——荷载标准组合、准永久组合下抗裂验算边缘的混凝土法向应力；

σ_{pc}——扣除全部预应力损失后在抗裂验算边缘混凝土的预压应力，按 GB 50010—2010 规范公式（10.1.6-1）和公式（10.1.6-4）计算；

f_{tk}——混凝土轴心抗拉强度标准值，按 GB 50010—2010 规范表 4.1.3-2 采用；

w_{max}——按荷载的标准组合或准永久组合并考虑长期作用影响计算的最大裂缝宽度，按 GB 50010—2010 规范第 7.1.2 条计算；

w_{lim}——最大裂缝宽度限值，按 GB 50010—2010 规范第 3.4.5 条采用。

【混凝土设计规范：第 7.1.1 条】

1.4.2 受弯构件挠度验算

钢筋混凝土和预应力混凝土受弯构件的挠度可按照结构力学方法计算，且不应超过 GB 50010—2010 规范表 3.4.3 规定的限值。

在等截面构件中，可假定各同号弯矩区段内的刚度相等，并取用该区段内最大弯矩处的刚度。当计算跨度内的支座截面刚度不大于跨中截面刚度的 2 倍或不小于跨中截面刚度的 1/2 时，该跨也可按等刚度构件进行计算，其构件刚度可取跨中最大弯矩截面的刚度。

【混凝土设计规范：第 7.2.1 条】

1.5 构造规定

1.5.1 伸缩缝

1. 钢筋混凝土结构伸缩缝的最大间距可按表 8.1.1 确定。

表 8.1.1 钢筋混凝土结构伸缩缝最大间距（m）

结构类别		室内或土中	露　天
排架结构	装配式	100	70
框架结构	装配式	75	50
	现浇式	55	35
剪力墙结构	装配式	65	40
	现浇式	45	30
挡土墙、地下室墙壁等类结构	装配式	40	30
	现浇式	30	20

注：1 装配整体式结构的伸缩缝间距，可根据结构的具体情况取表中装配式结构与现浇式结构之间的数值；

2 框架-剪力墙结构或框架-核心筒结构房屋的伸缩缝间距，可根据结构的具体情况取表中框架结构与剪力墙结构之间的数值；

3 当屋面无保温或隔热措施时，框架结构、剪力墙结构的伸缩缝间距宜按表中露天栏的数值取用；

4 现浇挑檐、雨罩等外露结构的局部伸缩缝间距不宜大于 12m。

【混凝土设计规范：第 8.1.1 条】

1.5.2 混凝土保护层

1. 构件中普通钢筋及预应力筋的混凝土保护层厚度应满足下列要求。

（1）构件中受力钢筋的保护层厚度不应小于钢筋的公称直径 d；

（2）设计使用年限为 50 年的混凝土结构，最外层钢筋的保护层厚度应符合表 8.2.1 的规定；设计使用年限为 100 年的混凝土结构，最外层钢筋的保护层厚度不应小于表 8.2.1 中数值的 1.4 倍。

表 8.2.1 混凝土保护层的最小厚度 c（mm）

环境类别	板、墙、壳	梁、柱、杆
一	15	20
二 a	20	25
二 b	25	35
三 a	30	40
三 b	40	50

注：1 混凝土强度等级不大于 C25 时，表中保护层厚度数值应增加 5mm；
2 钢筋混凝土基础宜设置混凝土垫层，基础中钢筋的混凝土保护层厚度应从垫层顶面算起，且不应小于 40mm。

【混凝土设计规范：第 8.2.1 条】

1.5.3 钢筋的锚固

1. 当纵向受拉普通钢筋末端采用弯钩或机械锚固措施时，包括弯钩或锚固端头在内的锚固长度（投影长度）可取为基本锚固长度 l_{ab} 的 60%。弯钩和机械锚固的形式（图 8.3.3）和技术要求应符合表 8.3.3 的规定。

表 8.3.3 钢筋弯钩和机械锚固的形式和技术要求

锚固形式	技术要求
90°弯钩	末端 90°弯钩，弯钩内径 $4d$，弯后直段长度 $12d$
135°弯钩	末端 135°弯钩，弯钩内径 $4d$，弯后直段长度 $5d$
一侧贴焊锚筋	末端一侧贴焊长 $5d$ 同直径钢筋

续表 8.3.3

锚固形式	技术要求
两侧贴焊锚筋	末端两侧贴焊长 $3d$ 同直径钢筋
焊端锚板	末端与厚度 d 的锚板穿孔塞焊
螺栓锚头	末端旋入螺栓锚头

注：1　焊缝和螺纹长度应满足承载力要求；
　　2　螺栓锚头和焊接锚板的承压净面积不应小于锚固钢筋截面积的 4 倍；
　　3　螺栓锚头的规格应符合相关标准的要求；
　　4　螺栓锚头和焊接锚板的钢筋净间距不宜小于 $4d$，否则应考虑群锚效应的不利影响；
　　5　截面角部的弯钩和一侧贴焊锚筋的布筋方向宜向截面内侧偏置。

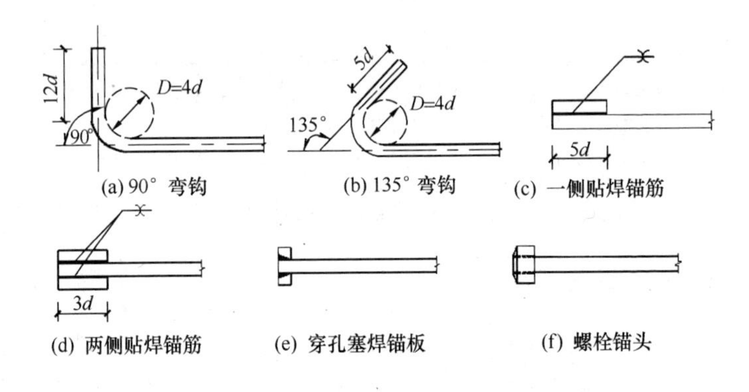

图 8.3.3　弯钩和机械锚固的形式和技术要求

【混凝土设计规范：第 8.3.3 条】

1.5.4　钢筋的连接

同一构件中相邻纵向受力钢筋的绑扎搭接接头宜互相错开。钢筋绑扎搭接接头连接区段的长度为 1.3 倍搭接长度，凡搭接接头中点位于该连接区段长度内的搭接接头均属于同一连接区段

（图 8.4.3）。同一连接区段内纵向受力钢筋搭接接头面积百分率为该区段内有搭接接头的纵向受力钢筋与全部纵向受力钢筋截面面积的比值。当直径不同的钢筋搭接时，按直径较小的钢筋计算。

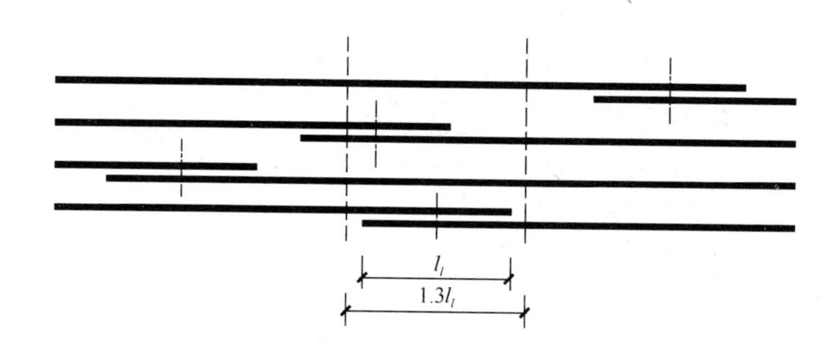

图 8.4.3 同一连接区段内纵向受拉钢筋的绑扎搭接接头

注：图中所示同一连接区段内的搭接接头钢筋为两根，当钢筋直径相同时，钢筋搭接接头面积百分率为 50%。

位于同一连接区段内的受拉钢筋搭接接头面积百分率：对梁类、板类及墙类构件，不宜大于 25%；对柱类构件，不宜大于 50%。当工程中确有必要增大受拉钢筋搭接接头面积百分率时，对梁类构件，不宜大于 50%；对板、墙、柱及预制构件的拼接处，可根据实际情况放宽。

并筋采用绑扎搭接连接时，应按每根单筋错开搭接的方式连接。接头面积百分率应按同一连接区段内所有的单根钢筋计算。并筋中钢筋的搭接长度应按单筋分别计算。

【混凝土设计规范：第 8.4.3 条】

1.5.5 纵向受力钢筋的最小配筋率

1. 钢筋混凝土结构构件中纵向受力钢筋的配筋百分率 ρ_{min} 不应小于表 8.5.1 规定的数值。

表 8.5.1　纵向受力钢筋的最小配筋百分率 ρ_{min}（%）

受力类型			最小配筋百分率
受压构件	全部纵向钢筋	强度等级 500MPa	0.50
		强度等级 400MPa	0.55
		强度等级 300MPa、335MPa	0.60
	一侧纵向钢筋		0.20
受弯构件、偏心受拉、轴心受拉构件一侧的受拉钢筋			0.20 和 $45f_t/f_y$ 中的较大值

注：1　受压构件全部纵向钢筋最小配筋百分率，当采用 C60 以上强度等级的混凝土时，应按表中规定增加 0.10；

2　板类受弯构件（不包括悬臂板）的受拉钢筋，当采用强度等级 400MPa、500MPa 的钢筋时，其最小配筋百分率应允许采用 0.15 和 $45f_t/f_y$ 中的较大值；

3　偏心受拉构件中的受压钢筋，应按受压构件一侧纵向钢筋考虑；

4　受压构件的全部纵向钢筋和一侧纵向钢筋的配筋率以及轴心受拉构件和小偏心受拉构件一侧受拉钢筋的配筋率均应按构件的全截面面积计算；

5　受弯构件、大偏心受拉构件一侧受拉钢筋的配筋率应按全截面面积扣除受压翼缘面积 $(b'_f-b)\ h'_f$ 后的截面面积计算；

6　当钢筋沿构件截面周边布置时，“一侧纵向钢筋”系指沿受力方向两个对边中一边布置的纵向钢筋。

【混凝土设计规范：第 8.5.1 条】

1.6　结构构件的基本规定

1.6.1　板

1. 现浇混凝土板的尺寸宜符合下列规定：

（1）板的跨厚比：钢筋混凝土单向板不大于 30，双向板不大于 40；无梁支承的有柱帽板不大于 35，无梁支承的无柱帽板不大于 30。预应力板可适当增加；当板的荷载、跨度较大时宜适当减小。

（2）现浇钢筋混凝土板的厚度不应小于表 9.1.2 规定的数值。

表 9.1.2 现浇钢筋混凝土板的最小厚度（mm）

板的类别		最小厚度
单向板	屋面板	60
	民用建筑楼板	60
	工业建筑楼板	70
	行车道下的楼板	80
双向板		80
密肋楼盖	面板	50
	肋高	250
悬臂板(根部)	悬臂长度不大于 500mm	60
	悬臂长度 1200mm	100
无梁楼板		150
现浇空心楼盖		200

【混凝土设计规范：第 9.1.2 条】

2. 混凝土板中配置抗冲切箍筋或弯起钢筋时，应符合下列构造要求：

（1）板的厚度不应小于 150mm；

（2）按计算所需的箍筋及相应的架立钢筋应配置在与 45°冲切破坏锥面相交的范围内，且从集中荷载作用面或柱截面边缘向外的分布长度不应小于 1.5h_0（图 9.1.11a）；箍筋直径不应小于 6mm，且应做成封闭式，间距不应大于 $h_0/3$，且不应大于 100mm；

（3）按计算所需弯起钢筋的弯起角度可根据板的厚度在 30°～45°之间选取；弯起钢筋的倾斜段应与冲切破坏锥面相交（图 9.1.11b），其交点应在集中荷载作用面或柱截面边缘以外（1/2～2/3）h 的范围内。弯起钢筋直径不宜小于 12mm，且每一方向不宜少于 3 根。

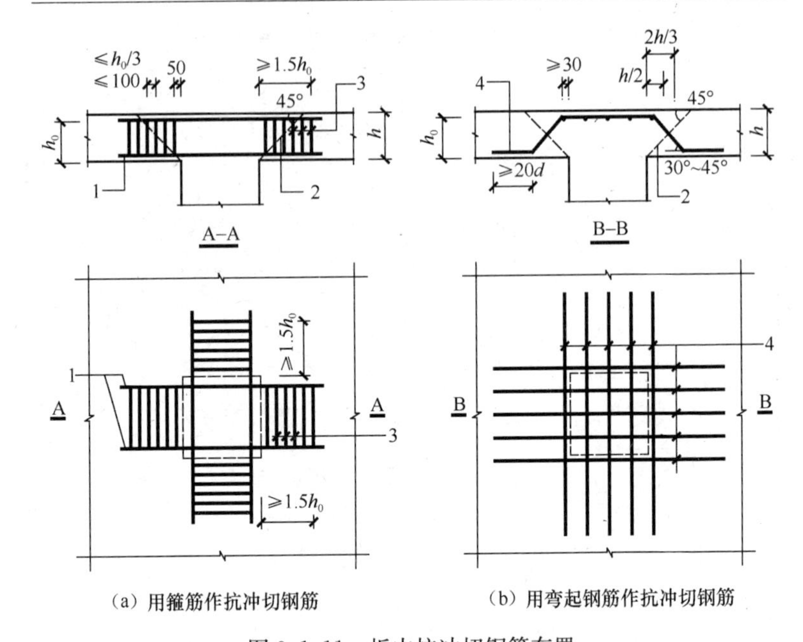

图 9.1.11　板中抗冲切钢筋布置

1—架立钢筋；2—冲切破坏锥面；3—箍筋；4—弯起钢筋

【混凝土设计规范：第 9.1.11 条】

3. 板柱节点可采用带柱帽或托板的结构形式。板柱节点的形状、尺寸应包容 45°的冲切破坏锥体，并应满足受冲切承载力的要求。

柱帽的高度不应小于板的厚度 h；托板的厚度不应小于 $h/4$。柱帽或托板在平面两个方向上的尺寸均不宜小于同方向上柱截面宽度 b 与 $4h$ 的和（图 9.1.12）。

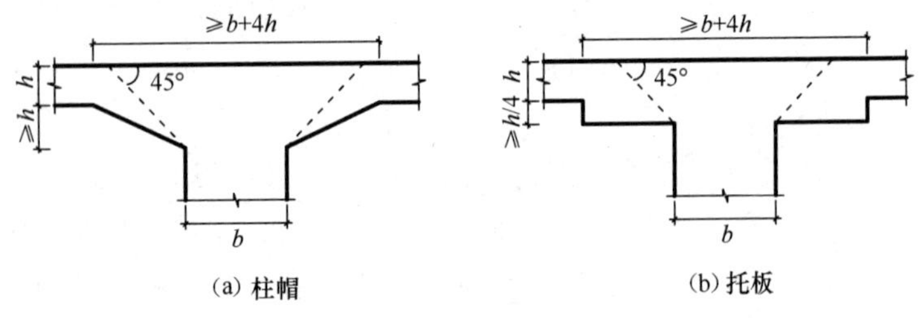

图 9.1.12　带柱帽或托板的板柱结构

【混凝土设计规范：第 9.1.12 条】

1.6.2 梁

1. 梁中箍筋的配置应符合下列规定：

(1) 按承载力计算不需要箍筋的梁，当截面高度大于300mm时，应沿梁全长设置构造箍筋；当截面高度 $h=150\sim300$mm时，可仅在构件端部 $l_0/4$ 范围内设置构造箍筋，l_0 为跨度。但当在构件中部 $l_0/2$ 范围内有集中荷载作用时，则应沿梁全长设置箍筋。当截面高度小于150mm时，可以不设置箍筋。

(2) 截面高度大于800mm的梁，箍筋直径不宜小于8mm；对截面高度不大于800mm的梁，不宜小于6mm。梁中配有计算需要的纵向受压钢筋时，箍筋直径尚不应小于 $d/4$，d 为受压钢筋最大直径。

(3) 梁中箍筋的最大间距宜符合表9.2.9的规定；当 V 大于 $0.7f_tbh_0+0.05N_{p0}$ 时，箍筋的配筋率 $\rho_{sv}[\rho_{sv}=A_{sv}/(bs)]$ 尚不应小于 $0.24f_t/f_{yv}$。

表9.2.9 梁中箍筋的最大间距（mm）

梁高 h	$V>0.7f_tbh_0+0.05N_{p0}$	$V\leqslant0.7f_tbh_0+0.05N_{p0}$
$150<h\leqslant300$	150	200
$300<h\leqslant500$	200	300
$500<h\leqslant800$	250	350
$h>800$	300	400

(4) 当梁中配有按计算需要的纵向受压钢筋时，箍筋应符合以下规定：

1) 箍筋应做成封闭式，且弯钩直线段长度不应小于 $5d$，d 为箍筋直径。

2) 箍筋的间距不应大于 $15d$，并不应大于400mm。当一层内的纵向受压钢筋多于5根且直径大于18mm时，箍筋间距不应大于 $10d$，d 为纵向受压钢筋的最小直径。

3）当梁的宽度大于 400mm 且一层内的纵向受压钢筋多于 3 根时，或当梁的宽度不大于 400mm 但一层内的纵向受压钢筋多于 4 根时，应设置复合箍筋。

【混凝土设计规范：第 9.2.9 条】

2. 位于梁下部或梁截面高度范围内的集中荷载，应全部由附加横向钢筋承担；附加横向钢筋宜采用箍筋。

箍筋应布置在长度为 $2h_1$，与 $3b$ 之和的范围内（图 9.2.11）。当采用吊筋时，弯起段应伸至梁的上边缘，且末端水平段长度不应小于 GB 50010—2010 规范第 9.2.7 条的规定。

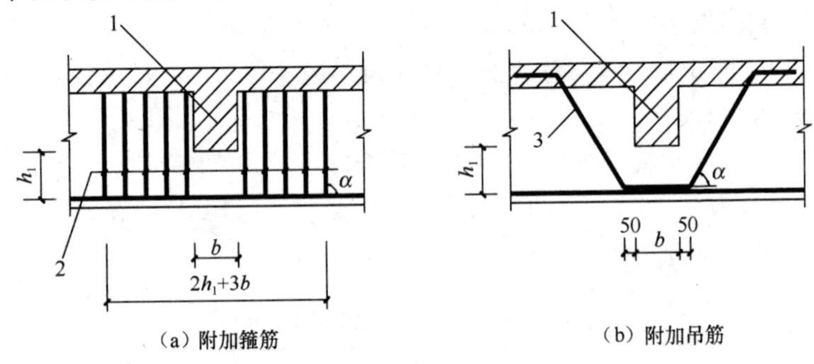

图 9.2.11　梁截面高度范围内有集中荷载作用时附加横向钢筋的布置

1—传递集中荷载的位置；2—附加箍筋；3—附加吊筋

附加横向钢筋所需的总截面面积应符合下列规定：

$$A_{sv} \geqslant \frac{F}{f_{yv}\sin\alpha} \tag{9.2.11}$$

式中　A_{sv}——承受集中荷载所需的附加横向钢筋总截面面积；当采用附加吊筋时，A_{sv}应为左、右弯起段截面面积之和；

F——作用在梁的下部或梁截面高度范围内的集中荷载设计值；

α——附加横向钢筋与梁轴线间的夹角。

【混凝土设计规范：第 9.2.11 条】

3. 折梁的内折角处应增设箍筋（图 9.2.12）。箍筋应能承受未在压区锚固纵向受拉钢筋的合力，且在任何情况下不应小于全部纵向钢筋合力的 35%。

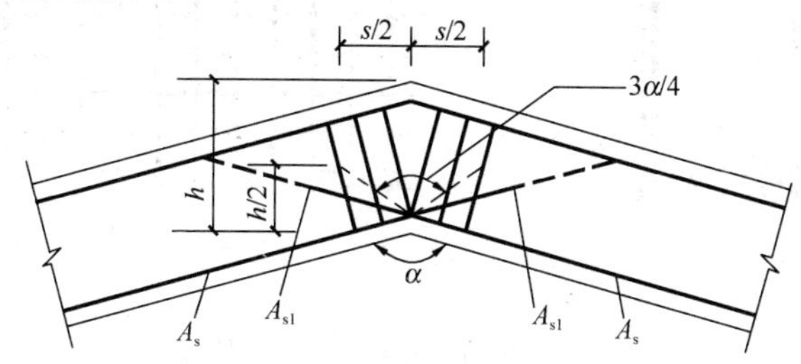

图 9.2.12 折梁内折角处的配筋

由箍筋承受的纵向受拉钢筋的合力按下列公式计算：

未在受压区锚固的纵向受拉钢筋的合力为：

$$N_{s1} = 2f_yA_{s1}\cos\frac{\alpha}{2} \tag{9.2.12-1}$$

全部纵向受拉钢筋合力的 35%为：

$$N_{s2} = 0.7f_yA_s\cos\frac{\alpha}{2} \tag{9.2.12-2}$$

式中 A_s——全部纵向受拉钢筋的截面面积；

A_{s1}——未在受压区锚固的纵向受拉钢筋的截面面积；

α——构件的内折角。

按上述条件求得的箍筋应设置在长度 s 等于 $h\tan(3\alpha/8)$ 的范围内。

【混凝土设计规范：第 9.2.12 条】

4. 当梁的混凝土保护层厚度大于 50mm 且配置表层钢筋网片时，应符合下列规定：

（1）表层钢筋宜采用焊接网片，其直径不宜大于 8mm，间距不应大于 150mm；网片应配置在梁底和梁侧，梁侧的网片钢筋应延伸至梁高的 2/3 处。

（2）两个方向上表层网片钢筋的截面积均不应小于相应混凝土保护层（图 9.2.15 阴影部分）面积的 1%。

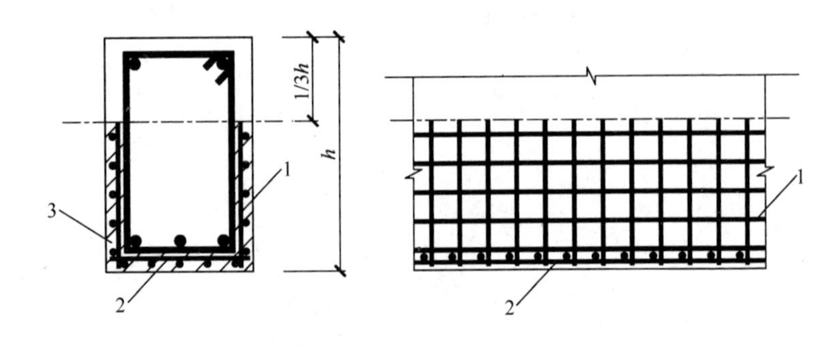

图 9.2.15　配置表层钢筋网片的构造要求

1—梁侧表层钢筋网片；2—梁底表层钢筋网片；3—配置网片钢筋区域

【混凝土设计规范：第 9.2.15 条】

1.6.3　柱、梁柱节点及牛腿

1.6.3.1　梁柱节点

1. 梁纵向钢筋在框架中间层端节点的锚固应符合下列要求：

(1) 梁上部纵向钢筋伸入节点的锚固：

1) 当采用直线锚固形式时，锚固长度不应小于 l_a，且应伸过柱中心线，伸过的长度不宜小于 $5d$，d 为梁上部纵向钢筋的直径。

2) 当柱截面尺寸不满足直线锚固要求时，梁上部纵向钢筋可采用 GB 50010—2010 规范第 8.3.3 条钢筋端部加机械锚头的锚固方式。梁上部纵向钢筋宜伸至柱外侧纵向钢筋内边，包括机械锚头在内的水平投影锚固长度不应小于 $0.4l_{ab}$（图 9.3.4a）。

3) 梁上部纵向钢筋也可采用 90°弯折锚固的方式，此时梁上部纵向钢筋应伸至柱外侧纵向钢筋内边并向节点内弯折，其包含弯弧在内的水平投影长度不应小于 $0.4l_{ab}$，弯折钢筋在弯折平面内包含弯弧段的投影长度不应小于 $15d$（图 9.3.4b）。

(2) 框架梁下部纵向钢筋伸入端节点的锚固：

1) 当计算中充分利用该钢筋的抗拉强度时，钢筋的锚固方

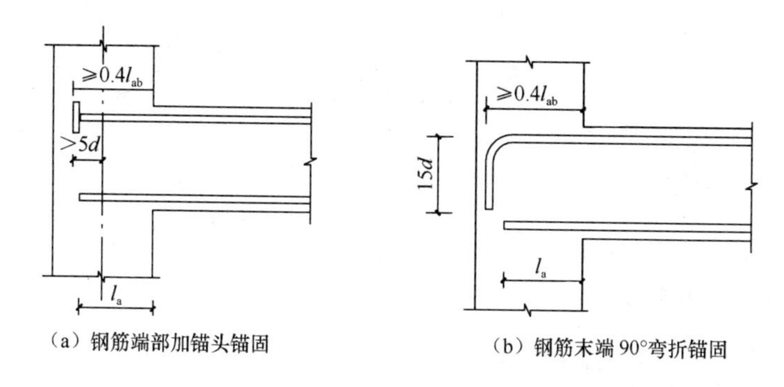

图 9.3.4 梁上部纵向钢筋在中间层端节点内的锚固

式及长度应与上部钢筋的规定相同。

2) 当计算中不利用该钢筋的强度或仅利用该钢筋的抗压强度时，伸入节点的锚固长度应分别符合 GB 50010—2010 规范第 9.3.5 条中间节点梁下部纵向钢筋锚固的规定。

【混凝土设计规范：第 9.3.4 条】

2. 框架中间层中间节点或连续梁中间支座，梁的上部纵向钢筋应贯穿节点或支座。梁的下部纵向钢筋宜贯穿节点或支座。当必须锚固时，应符合下列锚固要求：

(1) 当计算中不利用该钢筋的强度时，其伸入节点或支座的锚固长度对带肋钢筋不小于 12d，对光面钢筋不小于 15d，d 为钢筋的最大直径；

(2) 当计算中充分利用钢筋的抗压强度时，钢筋应按受压钢筋锚固在中间节点或中间支座内，其直线锚固长度不应小于 0.7l_a；

(3) 当计算中充分利用钢筋的抗拉强度时，钢筋可采用直线方式锚固在节点或支座内，锚固长度不应小于钢筋的受拉锚固长度 l_a（图 9.3.5a)；

(4) 当柱截面尺寸不足时，宜按 GB 50010—2010 规范第 9.3.4 条第 1 款的规定采用钢筋端部加锚头的机械锚固措施，也可采用 90°弯折锚固的方式；

(5) 钢筋可在节点或支座外梁中弯矩较小处设置搭接接头，搭接长度的起始点至节点或支座边缘的距离不应小于 1.5h_0（图 9.3.5b)。

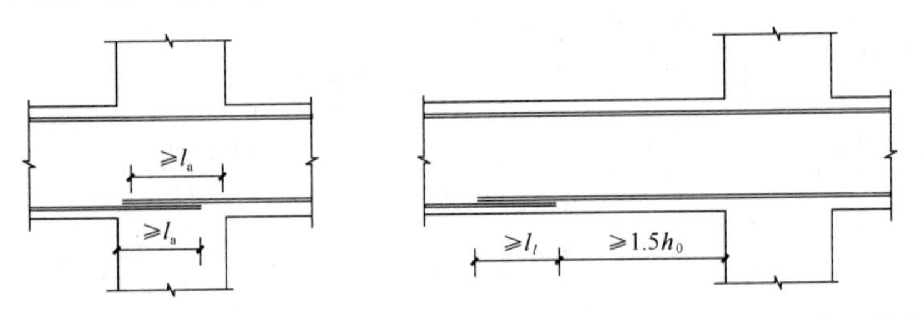

(a) 下部纵向钢筋在节点中直线锚固　　(b) 下部纵向钢筋在节点或支座范围外的搭接

图 9.3.5　梁下部纵向钢筋在中间节点或中间支座范围的锚固与搭接

【混凝土设计规范：第 9.3.5 条】

3. 柱纵向钢筋应贯穿中间层的中间节点或端节点，接头应设在节点区以外。

柱纵向钢筋在顶层中节点的锚固应符合下列要求：

（1）柱纵向钢筋应伸至柱顶，且自梁底算起的锚固长度不应小于 l_a。

（2）当截面尺寸不满足直线锚固要求时，可采用 90°弯折锚固措施。此时，包括弯弧在内的钢筋垂直投影锚固长度不应小于 0.5l_{ab}，在弯折平面内包含弯弧段的水平投影长度不宜小于 12d（图 9.3.6a）。

（3）当截面尺寸不足时，也可采用带锚头的机械锚固措施。此时，包含锚头在内的竖向锚固长度不应小于 0.5l_{ab}（图 9.3.6b）。

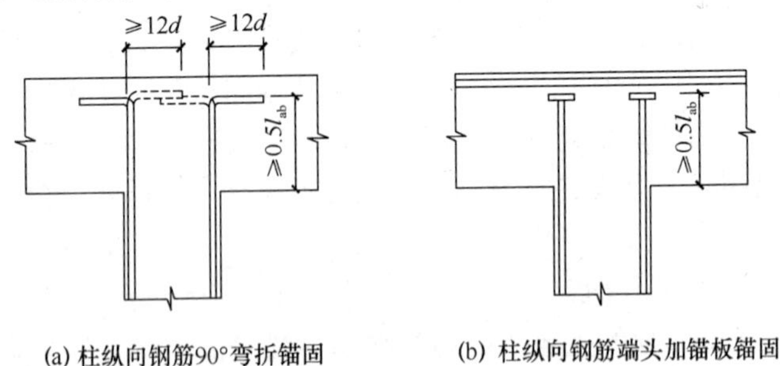

(a) 柱纵向钢筋90°弯折锚固　　(b) 柱纵向钢筋端头加锚板锚固

图 9.3.6　顶层节点中柱纵向钢筋在节点内的锚固

（4）当柱顶有现浇楼板且板厚不小于 100mm 时，柱纵向钢筋也可向外弯折，弯折后的水平投影长度不宜小于 $12d$。

【混凝土设计规范：第 9.3.6 条】

4. 顶层端节点柱外侧纵向钢筋可弯入梁内作梁上部纵向钢筋；也可将梁上部纵向钢筋与柱外侧纵向钢筋在节点及附近部位搭接可采用下列方式：

（1）搭接接头可沿顶层端节点外侧及梁端顶部布置，搭接长度不应小于 $1.5l_{ab}$（图 9.3.7a）。其中，伸入梁内的柱外侧钢筋截面面积不宜小于其全部面积的 65%；梁宽范围以外的柱外侧钢筋宜沿节点顶部伸至柱内边锚固。当柱外侧纵向钢筋位于柱顶第一层时，钢筋伸至柱内边后宜向下弯折不小于 $8d$ 后截断（图 9.3.7a），d 为柱纵向钢筋的直径；当柱外侧纵向钢筋位于柱顶第二层时，可不向下弯折。当现浇板厚度不小于 100mm 时，梁宽范围以外的柱外侧纵向钢筋也可伸入现浇板内，其长度与伸入梁内的柱纵向钢筋相同。

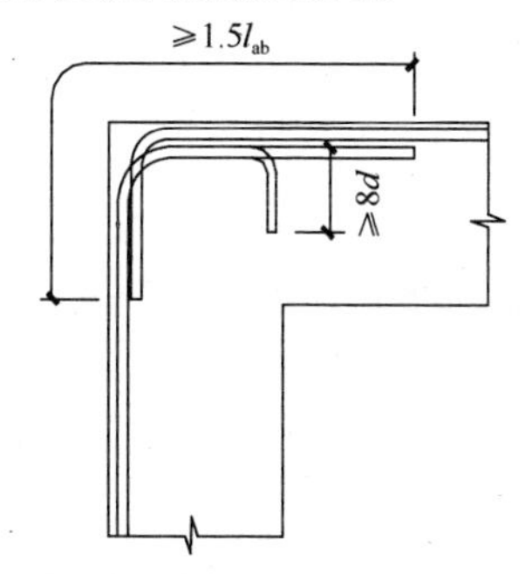

(a) 搭接接头沿顶层端节点外侧及梁端顶部布置

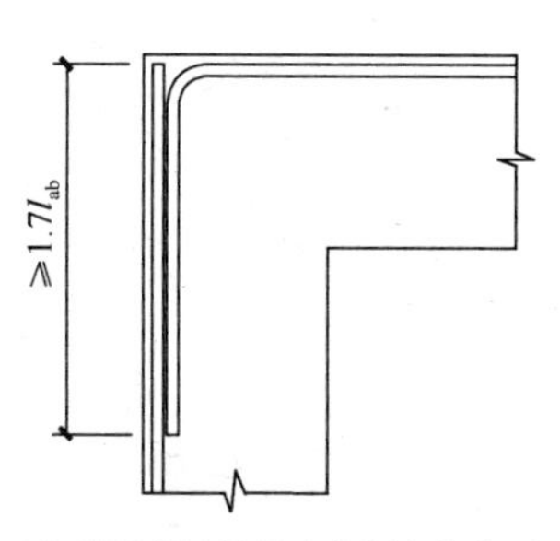

(b) 搭接接头沿节点外侧直线布置

图 9.3.7 顶层端节点梁、柱纵向钢筋在节点内的锚固与搭接

（2）当柱外侧纵向钢筋配筋率大于 1.2%时，伸入梁内的柱纵向钢筋应满足本条第 1 款规定且宜分两批截断，截断点之间的距离不宜小于 $20d$，d 为柱外侧纵向钢筋的直径。梁上部纵向钢筋应伸至节点外侧并向下弯至梁下边缘高度位置截断。

（3）纵向钢筋搭接接头也可沿节点柱顶外侧直线布置（图 9.3.7b），此时，搭接长度自柱顶算起不应小于 $1.7l_{ab}$。当梁上部纵向钢筋的配筋率大于1.2%时，弯入柱外侧的梁上部纵向钢筋应满足本条第1款规定的搭接长度，且宜分两批截断，其截断点之间的距离不宜小于$20d$，d为梁上部纵向钢筋的直径。

（4）当梁的截面高度较大，梁、柱纵向钢筋相对较小，从梁底算起的直线搭接长度未延伸至柱顶即已满足$1.5l_{ab}$的要求时，应将搭接长度延伸至柱顶并满足搭接长度$1.7l_{ab}$的要求；或者从梁底算起的弯折搭接长度未延伸至柱内侧边缘即已满足$1.5l_{ab}$的要求时，其弯折后包括弯弧在内的水平段的长度不应小于$15d$，d为柱纵向钢筋的直径。

（5）柱内侧纵向钢筋的锚固应符合GB 50010—2010规范第9.3.6条关于顶层中节点的规定。

【混凝土设计规范：第9.3.7条】

5. 顶层端节点处梁上部纵向钢筋的截面面积A_s应符合下列规定：

$$A_s \leqslant \frac{0.35\beta_c f_c b_b h_0}{f_y} \tag{9.3.8}$$

式中　b_b——梁腹板宽度；

　　h_0——梁截面有效高度。

梁上部纵向钢筋与柱外侧纵向钢筋在节点角部的弯弧内半径，当钢筋直径不大于25mm时，不宜小于$6d$；大于25mm时，不宜小于$8d$。钢筋弯弧外的混凝土中应配置防裂、防剥落的构造钢筋。

1.6.3.2　牛腿

1. 对于a不大于h_0的柱牛腿（图9.3.10），其截面尺寸应符合下列要求：

（1）牛腿的裂缝控制要求

$$F_{vk} \leqslant \beta\left(1-0.5\frac{F_{hk}}{F_{vk}}\right)\frac{f_{tk}bh_0}{0.5+\dfrac{a}{h_0}} \tag{9.3.10}$$

式中　F_{vk}——作用于牛腿顶部按荷载效应标准组合计算的竖向力值；

　　F_{hk}——作用于牛腿顶部按荷载效应标准组合计算的水平

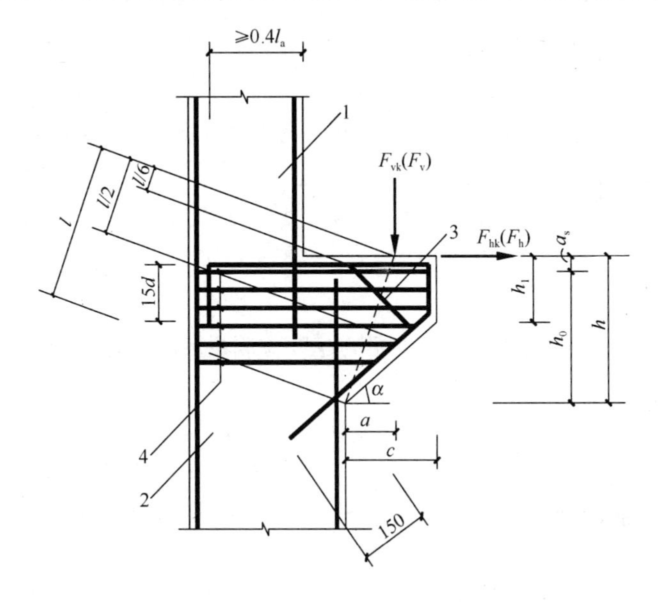

图 9.3.10 牛腿的外形及钢筋配置

1—上柱；2—下柱；3—弯起钢筋；4—水平箍筋

拉力值；

β——裂缝控制系数：支承吊车梁的牛腿取 0.65；其他牛腿取 0.80；

a——竖向力作用点至下柱边缘的水平距离，应考虑安装偏差 20mm；当考虑安装偏差后的竖向力作用点仍位于下柱截面以内时取等于 0；

b——牛腿宽度；

h_0——牛腿与下柱交接处的垂直截面有效高度，取 $h_1-a_s+c\cdot\tan\alpha$，当 α 大于 45°时，取 45°，c 为下柱边缘到牛腿外边缘的水平长度。

（2）牛腿的外边缘高度 h_1 不应小于 $h/3$，且不应小于 200mm。

（3）在牛腿顶受压面上，竖向力 F_{vk} 所引起的局部压应力不应超过 $0.75f_c$。

【混凝土设计规范：第 9.3.10 条】

1.6.4　墙

1. 竖向构件截面长边、短边（厚度）比值大于4时，宜按墙的要求进行设计。

支撑预制楼（屋面）板的墙，其厚度不宜小于140mm；对剪力墙结构尚不宜小于层高的1/25，对框架-剪力墙结构尚不宜小于层高的1/20。

当采用预制板时，支承墙的厚度应满足墙内竖向钢筋贯通的要求。

【混凝土设计规范：第9.4.1条】

2. 厚度大于160mm的墙应配置双排分布钢筋网；结构中重要部位的剪力墙，当其厚度不大于160mm时，也宜配置双排分布钢筋网。

双排分布钢筋网应沿墙的两个侧面布置，且应采用拉筋连系；拉筋直径不宜小于6mm，间距不宜大于600mm。

【混凝土设计规范：第9.4.2条】

3. 墙水平及竖向分布钢筋直径不宜小于8mm，间距不宜大于300mm。可利用焊接钢筋网片进行墙内配筋。

墙水平分布钢筋的配筋率 $\rho_{sh}\left(\frac{A_{sh}}{bs_v}\right.$，$s_v$ 为水平分布钢筋的间距$\left.\right)$ 和竖向分布钢筋的配筋率 $\rho_{sv}\left(\frac{A_{sv}}{bs_h}, s_h\right.$ 为竖向分布钢筋的间距$\left.\right)$ 不宜小于0.20%；重要部位的墙，水平和竖向分布钢筋的配筋率宜适当提高。

墙中温度、收缩应力较大的部位，水平分布钢筋的配筋率宜适当提高。

【混凝土设计规范：第9.4.4条】

4. 对于房屋高度不大于10m且不超过3层的墙，其截面厚度不应小于120mm，其水平与竖向分布钢筋的配筋率均不宜小于0.15%。

【混凝土设计规范：第9.4.5条】

5. 墙中配筋构造应符合下列要求：

（1）墙竖向分布钢筋可在同一高度搭接，搭接长度不应小于 $1.2l_a$。

（2）墙水平分布钢筋的搭接长度不应小于 $1.2l_a$。同排水平分布钢筋的搭接接头之间以及上、下相邻水平分布钢筋的搭接接头之间，沿水平方向的净间距不宜小于 500mm。

（3）墙中水平分布钢筋应伸至墙端，并向内水平弯折 $10d$，d 为钢筋直径。

（4）端部有翼墙或转角的墙，内墙两侧和外墙内侧的水平分布钢筋应伸至翼墙或转角外边，并分别向两侧水平弯折 $15d$。在转角墙处，外墙外侧的水平分布钢筋应在墙端外角处弯入翼墙，并与翼墙外侧的水平分布钢筋搭接。

（5）带边框的墙，水平和竖向分布钢筋宜分别贯穿柱、梁或锚固在柱、梁内。

【混凝土设计规范：第 9.4.6 条】

6. 墙洞口连梁应沿全长配置箍筋，箍筋直径不应小于 6mm，间距不宜大于 150mm。在顶层洞口连梁纵向钢筋伸入墙内的锚固长度范围内，应设置间距不大于 150mm 的箍筋，箍筋直径宜与跨内箍筋直径相同。同时，门窗洞边的竖向钢筋应满足受拉钢筋锚固长度的要求。

墙洞口上、下两边的水平钢筋除应满足洞口连梁正截面受弯承载力的要求外，尚不应少于 2 根直径不小于 12mm 的钢筋。对于计算分析中可忽略的洞口，洞边钢筋截面面积分别不宜小于洞口截断的水平分布钢筋总截面面积的一半。纵向钢筋自洞口边伸入墙内的长度不应小于受拉钢筋的锚固长度。

【混凝土设计规范：第 9.4.7 条】

7. 剪力墙墙肢两端应配置竖向受力钢筋，并与墙内的竖向分布钢筋共同用于墙的正截面受弯承载力计算。每端的竖向受力钢筋不宜少于 4 根直径为 12mm 或 2 根直径为 16mm 的钢筋，并宜沿该竖向钢筋方向配置直径不小于 6mm、间距为 250mm 的箍筋或拉筋。

【混凝土设计规范：第 9.4.8 条】

1.7　预应力混凝土结构构件

1.7.1　一般规定

预应力混凝土结构构件，除应根据设计状况进行承载力计算及正常使用极限状态验算外，尚应对施工阶段进行验算。

【混凝土设计规范：第 10.1.1 条】

1.7.2　预应力损失值计算

1. 预应力筋中的预应力损失值可按表 10.2.1 的规定计算。

当计算求得的预应力总损失值小于下列数值时，应按下列数值取用：

先张法构件　　　$100N/mm^2$；

后张法构件　　　$80N/mm^2$；

表 10.2.1　预应力损失值（N/mm^2）

<table>
<tr><th colspan="2">引起损失的因素</th><th>符号</th><th>先张法构件</th><th>后张法构件</th></tr>
<tr><td colspan="2">张拉端锚具变形和预应力筋内缩</td><td>σ_{l1}</td><td>按 GB 50010—2010 第 10.2.2 条的规定计算</td><td>按 GB 50010—2010 第 10.2.2 条和第 10.2.3 条的规定计算</td></tr>
<tr><td rowspan="3">预应力筋的摩擦</td><td>与孔道壁之间的摩擦</td><td rowspan="3">σ_{l2}</td><td>—</td><td>按 GB 50010—2010 第 10.2.4 条的规定计算</td></tr>
<tr><td>张拉端锚口摩擦</td><td colspan="2">按实测值或厂家提供的数据确定</td></tr>
<tr><td>在转向装置处的摩擦</td><td colspan="2">按实际情况确定</td></tr>
</table>

续表 10.2.1

引起损失的因素	符号	先张法构件	后张法构件
混凝土加热养护时，预应力筋与承受拉力的设备之间的温差	σ_{l3}	$2\Delta t$	—
预应力筋的应力松弛	σ_{l4}	消除应力钢丝、钢绞线 普通松弛： $0.4\left(\frac{\sigma_{con}}{f_{ptk}}-0.5\right)\sigma_{con}$ 低松弛： 当 $\sigma_{con}\leqslant 0.7f_{ptk}$ 时 $0.125\left(\frac{\sigma_{con}}{f_{ptk}}-0.5\right)\sigma_{con}$ 当 $0.7f_{ptk}<\sigma_{con}\leqslant 0.8f_{ptk}$ 时 $0.2\left(\frac{\sigma_{con}}{f_{ptk}}-0.575\right)\sigma_{con}$ 中强度预应力钢丝：$0.08\sigma_{con}$ 预应力螺纹钢筋：$0.03\sigma_{con}$	
混凝土的收缩和徐变	σ_{l5}	按本规范第 10.2.5 条的规定计算	
用螺旋式预应力筋作配筋的环形构件，当直径 d 不大于 3m 时，由于混凝土的局部挤压	σ_{l6}	—	30

注：1 表中 Δt 为混凝土加热养护时，预应力筋与承受拉力的设备之间的温差（℃）；

2 当 $\sigma_{con}/f_{ptk}\leqslant 0.5$ 时，预应力筋的应力松弛损失值可取为零。

【混凝土设计规范：第 10.2.1 条】

2. 直线预应力筋由于锚具变形和预应力筋内缩引起的预应力损失值 σ_{l1}，应按下列公式计算：

$$\sigma_{l1}=\frac{a}{L}E_s \tag{10.2.2}$$

式中 a——张拉端锚具变形和预应力筋内缩值（mm），可按表 10.2.2 采用；

l——张拉端至锚固端之间的距离（mm）。

块体拼成的结构，其预应力损失尚应计及块体间填缝的预压变形。当采用混凝土或砂浆为填缝材料时，每条填缝的预压变形值可取为 1mm。

表 10.2.2　锚具变形和预应力筋内缩值 a（mm）

锚具类别		a
支承式锚具（钢丝束镦头锚具等）	螺帽缝隙	1
	每块后加垫板的缝隙	1
夹片式锚具	有顶压时	5
	无顶压时	6～8

注：1　表中的锚具变形和预应力筋内缩值也可根据实测数据确定；

2　其他类型的锚具变形和预应力筋内缩值应根据实测数据确定。

【混凝土设计规范：第 10.2.2 条】

3. 后张法构件曲线预应力筋或折线预应力筋由于锚具变形和预应力筋内缩引起的预应力损失值 σ_{l1}，应根据曲线预应力筋或折线预应力筋与孔道壁之间反向摩擦影响长度 l_f 范围内的预应力筋变形值等于锚具变形和预应力筋内缩值的条件确定，反向摩擦系数可按表 10.2.4 中的数值采用。

反向摩擦影响长度 l_f 及常用束形的后张预应力筋在反向摩擦影响长度 l_f 范围内的预应力损失值 σ_{l1} 可按 GB 50010—2010 规范附录 J 计算。

【混凝土设计规范：第 10.2.3 条】

4. 预应力筋与孔道壁之间的摩擦引起的预应力损失值 σ_{l2}，宜按下列公式计算：

$$\sigma_{l2}=\sigma_{con}\left(1-\frac{1}{e^{kx+\mu\theta}}\right) \tag{10.2.4-1}$$

当 $(kx+\mu\theta)$ 不大于 0.3 时，σ_{l2} 可按下列近似公式计算：

$$\sigma_{l2}=(kx+\mu\theta)\sigma_{con} \tag{10.2.4-2}$$

注：当采用夹片式群锚体系时，在 σ_{con} 中宜扣除锚口摩擦损失。

式中　x——从张拉端至计算截面的孔道长度，可近似取该段孔道在纵轴上的投影长度（m）；

θ——从张拉端至计算截面曲线孔道各部分切线的夹角之和（rad）；

k——考虑孔道每米长度局部偏差的摩擦系数，按表 10.2.4 采用；

μ——预应力筋与孔道壁之间的摩擦系数，按表 10.2.4 采用。

表 10.2.4 摩擦系数

孔道成型方式	κ	μ	
		钢绞线、钢丝束	预应力螺纹钢筋
预埋金属波纹管	0.0015	0.25	0.50
预埋塑料波纹管	0.0015	0.15	—
预埋钢管	0.0010	0.30	—
抽芯成型	0.0014	0.55	0.60
无粘结预应力筋	0.0040	0.09	—

注：摩擦系数也可根据实测数据确定。

在公式（10.2.4-1）中，对按抛物线、圆弧曲线变化的空间曲线及可分段后叠加的广义空间曲线，夹角之和 θ 可按下列近似公式计算：

抛物线、圆弧曲线：$\theta = \sqrt{\alpha_v^2 + \alpha_h^2}$ （10.2.4-3）

广义空间曲线：$\theta = \Sigma\sqrt{\Delta\alpha_v^2 + \Delta\alpha_h^2}$ （10.2.4-4）

式中 α_v、α_h——按抛物线、圆弧曲线变化的空间曲线预应力筋在竖直向、水平向投影所形成抛物线、圆弧曲线的弯转角；

$\Delta\alpha_v$、$\Delta\alpha_h$——广义空间曲线预应力筋在竖直向、水平向投影所形成分段曲线的弯转角增量。

【混凝土设计规范：第 10.2.4 条】

5. 混凝土收缩、徐变引起受拉区和受压区纵向预应力筋的预应力损失值 σ_{l5}、σ'_{l5} 可按下列方法确定：

（1）一般情况

先张法构件

$$\sigma_{l5} = \frac{60 + 340\dfrac{\sigma_{pc}}{f_{cu}}}{1 - 15\rho} \qquad (10.2.5\text{-}1)$$

$$\sigma'_{l5} = \frac{60 + 340\dfrac{\sigma'_{pc}}{f_{cu}}}{1 - 15\rho'} \qquad (10.2.5\text{-}2)$$

后张法构件

$$\sigma_{l5}=\frac{55+300\dfrac{\sigma_{pc}}{f'_{cu}}}{1-15\rho} \tag{10.2.5-3}$$

$$\sigma'_{l5}=\frac{55+300\dfrac{\sigma'_{pc}}{f'_{cu}}}{1-15\rho'} \tag{10.2.5-4}$$

式中　σ_{pc}、σ'_{pc}——受拉区、受压区预应力筋合力点处的混凝土法向压应力；

f'_{cu}——施加预应力时的混凝土立方体抗压强度；

ρ、ρ'——受拉区、受压区预应力筋和普通钢筋的配筋率：对先张法构件，$\rho=(A_p+A_s)/A_0$，$\rho'=(A'_p+A'_s)/A_0$；对后张法构件，$\rho=(A_p+A_s)/A_n$，$\rho'=(A'_p+A'_s)/A_n$；对于对称配置预应力筋和普通钢筋的构件，配筋率 ρ、ρ'应按钢筋总截面面积的一半计算。

受拉区、受压区预应力筋合力点处的混凝土法向压应力 σ_{pc}、σ'_{pc}应按 GB 50010—2010 规范第 10.1.6 条及第 10.1.7 条的规定计算。此时，预应力损失值仅考虑混凝土预压前（第一批）的损失，其普通钢筋中的应力 σ_{l5}、σ'_{l5}值应取为零；σ_{pc}、σ'_{pc}值不得大于 $0.5f'_{cu}$；当 σ'_{pc} 为拉应力时，公式（10.2.5-2）、公式（10.2.5-4）中的 σ'_{pc}应取为零。计算混凝土法向应力 σ_{pc}、σ'_{pc}时，可根据构件制作情况考虑自重的影响。

当结构处于年平均相对湿度低于 40%的环境下，σ_{l5}、σ'_{l5}值应增加 30%。

（2）对重要的结构构件，当需要考虑与时间相关的混凝土收缩、徐变及预应力筋应力松弛预应力损失值时，宜按 GB 50010—2010 规范附录 K 进行计算。

【混凝土设计规范：第 10.2.5 条】

6. 后张法构件的预应力筋采用分批张拉时，应考虑后批张拉预应力筋所产生的混凝土弹性压缩或伸长对于先批张拉预应力筋的影响，可将先批张拉预应力筋的张拉控制应力值 σ_{con} 增加或减小 $\alpha_E\sigma_{pci}$。此处，σ_{pci} 为后批张拉预应力筋在先批张拉预应力筋重心处产生的混凝土法向应力。

【混凝土设计规范：第 10.2.6 条】

7. 预应力混凝土构件在各阶段的预应力损失值宜按表 10.2.7 的规定进行组合。

表 10.2.7　各阶段预应力损失值的组合

预应力损失值的组合	先张法构件	后张法构件
混凝土预压前（第一批）的损失	$\sigma_{l1}+\sigma_{l2}+\sigma_{l3}+\sigma_{l4}$	$\sigma_{l1}+\sigma_{l2}$
混凝土预压后(第二批）的损失	σ_{l5}	$\sigma_{l4}+\sigma_{l5}+\sigma_{l6}$

注：先张法构件由于预应力筋应力松弛引起的损失值 σ_{l4} 在第一批和第二批损失中所占的比例，如需区分，可根据实际情况确定。

【混凝土设计规范：第 10.2.7 条】

1.8　混凝土结构构件抗震设计

1.8.1　一般规定

1. 房屋建筑混凝土结构构件的抗震设计，应根据设防类别、烈度、结构类型和房屋高度采用不同的抗震等级，并应符合相应的计算和构造措施要求。丙类建筑的抗震等级应按表 11.1.3 确定。

表 11.1.3　混凝土结构的抗震等级

<table>
<tr><th colspan="2" rowspan="2">结构类型</th><th colspan="12">设防烈度</th></tr>
<tr><th colspan="2">6</th><th colspan="4">7</th><th colspan="4">8</th><th colspan="2">9</th></tr>
<tr><td rowspan="3">框架结构</td><td>高度（m）</td><td>≤24</td><td>>24</td><td colspan="2">≤24</td><td colspan="2">>24</td><td colspan="2">≤24</td><td colspan="2">>24</td><td colspan="2">≤24</td></tr>
<tr><td>普通框架</td><td>四</td><td>三</td><td colspan="2">三</td><td colspan="2">二</td><td colspan="2">二</td><td colspan="2">一</td><td colspan="2">一</td></tr>
<tr><td>大跨度框架</td><td colspan="2">三</td><td colspan="4">二</td><td colspan="4">一</td><td colspan="2">一</td></tr>
<tr><td rowspan="3">框架-剪力墙结构</td><td>高度（m）</td><td>≤60</td><td>>60</td><td>≤24</td><td colspan="2">>24 且≤60</td><td>>60</td><td>≤24</td><td colspan="2">>24 且≤60</td><td>>60</td><td>≤24</td><td>>24 且≤60</td></tr>
<tr><td>框架</td><td>四</td><td>三</td><td>四</td><td colspan="2">三</td><td>二</td><td>三</td><td colspan="2">二</td><td>一</td><td>二</td><td>一</td></tr>
<tr><td>剪力墙</td><td colspan="2">三</td><td>三</td><td colspan="3">二</td><td>二</td><td colspan="3">一</td><td colspan="2">一</td></tr>
</table>

续表 11.1.3

结构类型			设防烈度									
			6		7			8			9	
剪力墙结构	高度（m）		≤80	>80	≤24	>24且≤80	>80	≤24	>24且≤80	>80	≤24	24～60
	剪力墙		四	三	四	三	二	三	二	一	二	一
部分框支剪力墙结构	高度（m）		≤80	>80	≤24	>24且≤80	>80	≤24	>24且≤80	—	—	
	剪力墙	一般部位	四	三	四	三	二	三	二			
		加强部位	三	二	三	二	一	二	一			
	框支层框架		二		二		一	一				
筒体结构	框架-核心筒	框架	三		二			一			一	
		核心筒	二		二			一			一	
	筒中筒	内筒	三		二			一			一	
		外筒	三		二			一			一	
板柱-剪力墙结构	高度（m）		≤35	>35	≤35	>35		≤35	>35		—	
	板柱及周边框架		三	二	二	二		一				
	剪力墙		二	二	二	一		二	一			
单层厂房结构	铰接排架		四		三			二			一	

注：1　建筑场地为Ⅰ类时，除6度设防烈度外应允许按表内降低一度所对应的抗震等级采取抗震构造措施，但相应的计算要求不应降低；

2　接近或等于高度分界时，应允许结合房屋不规则程度及场地、地基条件确定抗震等级；

3　大跨度框架指跨度不小于18m的框架；

4　表中框架结构不包括异形柱框架；

5　房屋高度不大于60m的框架一核心筒结构按框架一剪力墙结构的要求设计时，应按表中框架一剪力墙结构确定抗震等级。

【混凝土设计规范：第11.1.3条】

1.8.2　材料

按一、二、三级抗震等级设计的框架和斜撑构件，其纵向受力普通钢筋应符合下列要求：

（1）钢筋的抗拉强度实测值与屈服强度实测值的比值不应小于1.25；

（2）钢筋的屈服强度实测值与屈服强度标准值的比值不应大于1.30；

（3）钢筋最大拉力下的总伸长率实测值不应小于9%。

【混凝土设计规范：第11.2.3条】

1.8.3 框架梁

1. 梁正截面受弯承载力计算中，计入纵向受压钢筋的梁端混凝土受压区高度应符合下列要求：

一级抗震等级

$$x \leqslant 0.25h_0 \tag{11.3.1-1}$$

二、三级抗震等级

$$x \leqslant 0.35h_0 \tag{11.3.1-2}$$

式中：x——混凝土受压区高度；

h_0——截面有效高度。

【混凝土设计规范：第11.3.1条】

2. 框架梁的钢筋配置应符合下列规定：

（1）纵向受拉钢筋的配筋率不应小于表11.3.6-1规定的数值；

表11.3.6-1 框架梁纵向受拉钢筋的最小配筋百分率（%）

抗震等级	梁中位置	
	支座	跨中
一级	0.40和$80f_t/f_y$中的较大值	0.30和$65f_t/f_y$中的较大值
二级	0.30和$65f_t/f_y$中的较大值	0.25和$55f_t/f_y$中的较大值
三级	0.25和$55f_t/f_y$中的较大值	0.20和$45f_t/f_y$中的较大值

（2）框架梁梁端截面的底部和顶部纵向受力钢筋截面面积的比值，除按计算确定外，一级抗震等级不应小于0.5；二、三级抗震等级不应小于0.3；

（3）梁端箍筋的加密区长度、箍筋最大间距和箍筋最小直径，应按表11.3.6-2采用；当梁端纵向受拉钢筋配筋率大于2%时，表中箍筋最小直径应增大2mm。

表11.3.6-2　框架梁梁端箍筋加密区的构造要求

抗震等级	加密区长度（mm）	箍筋最大间距（mm）	最小直径（mm）
一级	2倍梁高和500中的较大值	纵向钢筋直径的6倍，梁高的1/4和100中的最小值	10
二级	1.5倍梁高和500中的较大值	纵向钢筋直径的8倍，梁高的1/4和100中的最小值	8
三级		纵向钢筋直径的8倍，梁高的1/4和150中的最小值	8
四级		纵向钢筋直径的8倍，梁高的1/4和150中的最小值	6

注：箍筋直径大于12mm、数量不少于4肢且肢距不大于150mm时，一、二级的最大间距应允许适当放宽，但不得大于150mm。

【混凝土设计规范：第11.3.6条】

1.8.4　框架柱及框支柱

1. 框架柱的截面尺寸应符合下列要求：

（1）矩形截面柱，抗震等级为四级或层数不超过2层时，其最小截面尺寸不宜小于300mm，一、二、三级抗震等级且层数超过2层时不宜小于400mm；圆柱的截面直径，抗震等级为四级或层数不超过2层时不宜小于350mm，一、二、三级抗震等级且层数超过2层时不宜小于450mm；

（2）柱的剪跨比宜大于2；

（3）柱截面长边与短边的边长比不宜大于3。

【混凝土设计规范：第11.4.11条】

2. 框架柱和框支柱的钢筋配置，应符合下列要求：

（1）框架柱和框支柱中全部纵向受力钢筋的配筋百分率不应小于表11.4.12-1规定的数值，同时，每一侧的配筋百分率不应小于0.2；对Ⅳ类场地上较高的高层建筑，最小配筋百分率应增加0.1；

表11.4.12-1　柱全部纵向受力钢筋最小配筋百分率（%）

柱类型	抗震等级			
	一级	二级	三级	四级
中柱、边柱	0.9（1.0）	0.7（0.8）	0.6（0.7）	0.5（0.6）
角柱、框支柱	1.1	0.9	0.8	0.7

注：1　表中括号内数值用于框架结构的柱；

2　采用335MPa级、400MPa级纵向受力钢筋时，应分别按表中数值增加0.1和0.05采用；

3　当混凝土强度等级为C60以上时，应按表中数值增加0.1采用。

（2）框架柱和框支柱上、下两端箍筋应加密，加密区的箍筋最大间距和箍筋最小直径应符合表11.4.12-2的规定；

表11.4.12-2　柱端箍筋加密区的构造要求

抗震等级	箍筋最大间距（mm）	箍筋最小间距（mm）
一级	纵向钢筋直径的6倍和100中的较小值	10
二级	纵向钢筋直径的8倍和100中的较小值	8
三级	纵向钢筋直径的8倍和150（柱根100）中的较小值	8
四级	纵向钢筋直径的8倍和150（柱根100）中的较小值	6（柱根8）

注：柱根系指底层柱下端的箍筋加密区范围。

(3) 框支柱和剪跨比不大于 2 的框架柱应在柱全高范围内加密箍筋，且箍筋间距应符合本条第 2 款一级抗震等级的要求；

(4) 一级抗震等级框架柱的箍筋直径大于 12mm 且箍筋肢距不大于 150mm 及二级抗震等级框架柱的直径不小于 10mm 且箍筋肢距不大于 200mm 时，除底层柱下端外，箍筋间距应允许采用 150mm；四级抗震等级框架柱剪跨比不大于 2 时，箍筋直径不应小于 8mm。

【混凝土设计规范：第 11.4.12 条】

1.8.5　框架梁柱节点

1. 框架梁和框架柱的纵向受力钢筋在框架节点区的锚固和搭接应符合下列要求：

(1) 框架中间层中间节点处，框架梁的上部纵向钢筋应贯穿中间节点。贯穿中柱的每根梁纵向钢筋直径，对于 9 度设防烈度的各类框架和一级抗震等级的框架结构，当柱为矩形截面时，不宜大于柱在该方向截面尺寸的 1/25，当柱为圆形截面时，不宜大于纵向钢筋所在位置柱截面弦长的 1/25；对一、二、三级抗震等级，当柱为矩形截面时，不宜大于柱在该方向截面尺寸的 1/20，对圆柱截面，不宜大于纵向钢筋所在位置柱截面弦长的 1/20。

(2) 对于框架中间层中间节点、中间层端节点、顶层中间节点以及顶层端节点，梁、柱纵向钢筋在节点部位的锚固和搭接，应符合图 11.6.7 的相关构造规定。图中 l_{lE} 按 GB 50010—2010 规范第 11.1.7 条规定取用，l_{abE} 按下式取用：

$$l_{abE} = \zeta_{aE} l_{ab} \tag{11.6.7}$$

式中　ζ_{aE}——纵向受拉钢筋锚固长度修正系数，按第 11.1.7 条规定取用。

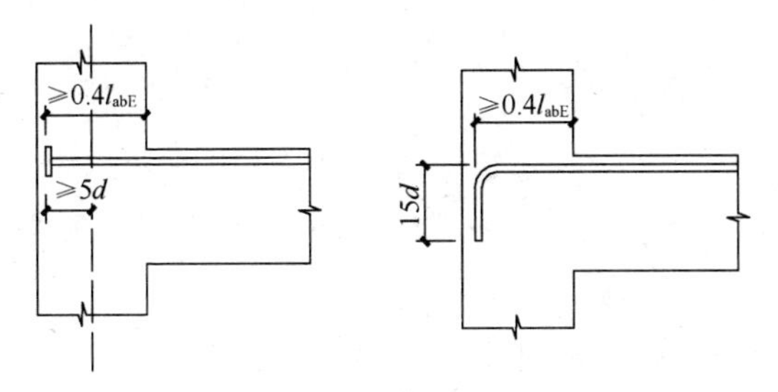

(a)中间层端节点梁筋加锚头(锚板)锚固　(b)中间层端间节点梁筋90°弯折锚固

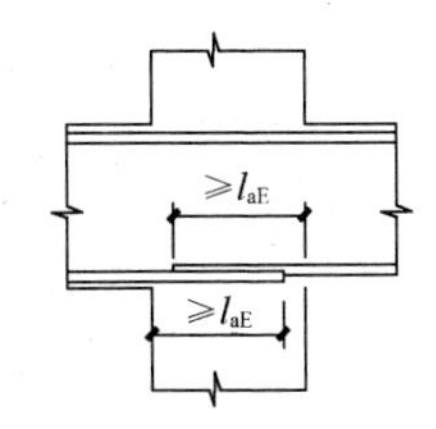

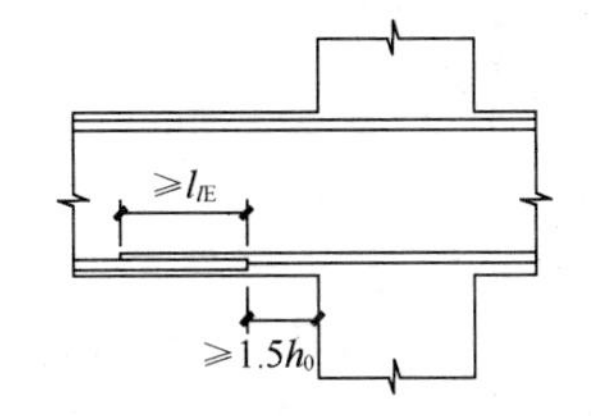

(c) 中间层中间节点梁筋在节点内直锚固　(d) 中间层中间节点梁筋在节点外搭接

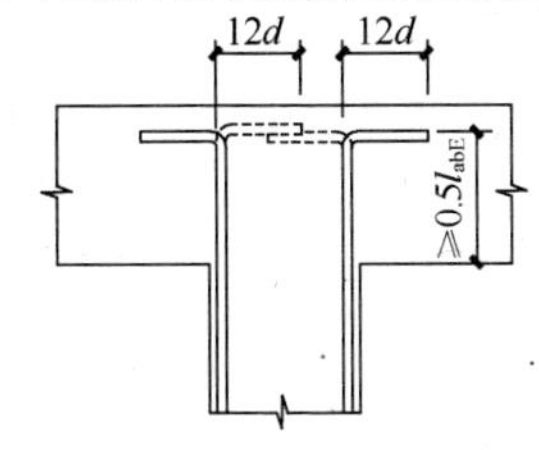

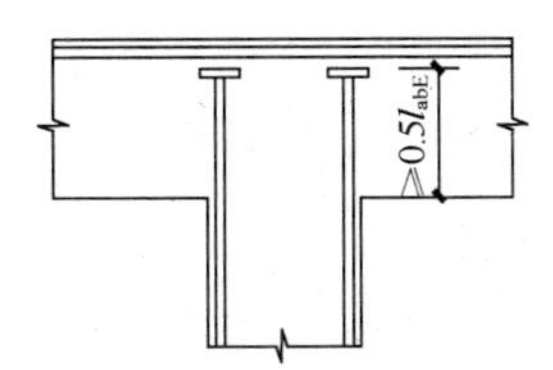

(e) 顶层中间节点柱筋90°弯折锚固　(f) 顶层中间节点柱筋加锚头(锚板)锚固

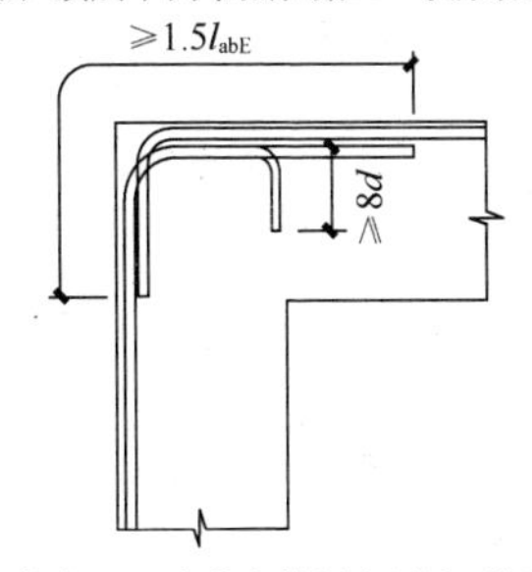

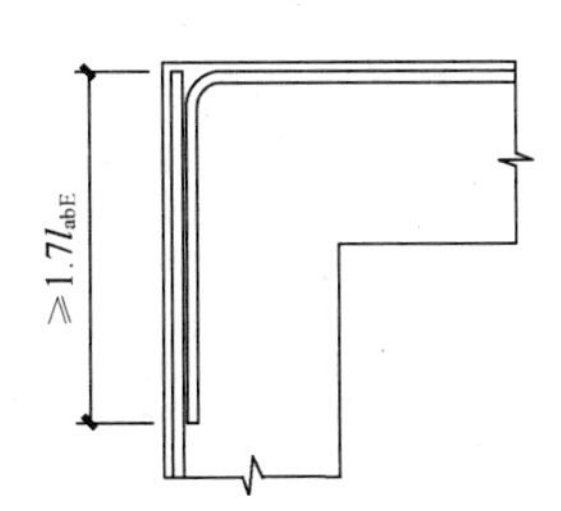

(g) 钢筋在顶层端节点外侧和梁端顶部弯折搭接　(h) 钢筋在顶层端节点外侧直线搭接

图 11.6.7　梁和柱的纵向受力钢筋在节点区的锚固和搭接

【混凝土设计规范：第 11.6.7 条】

1.8.6　剪力墙及连梁

1. 对于一、二级抗震等级的连梁，当跨高比不大于 2.5 时，除普通箍筋外宜另配置斜向交叉钢筋，其截面限制条件及斜截面受剪承载力可按下列规定计算：

（1）当洞口连梁截面宽度不小于 250mm，可采用交叉斜筋配筋（图 11.7.10-1），其截面限制条件及斜截面受剪承载力应符合下列规定：

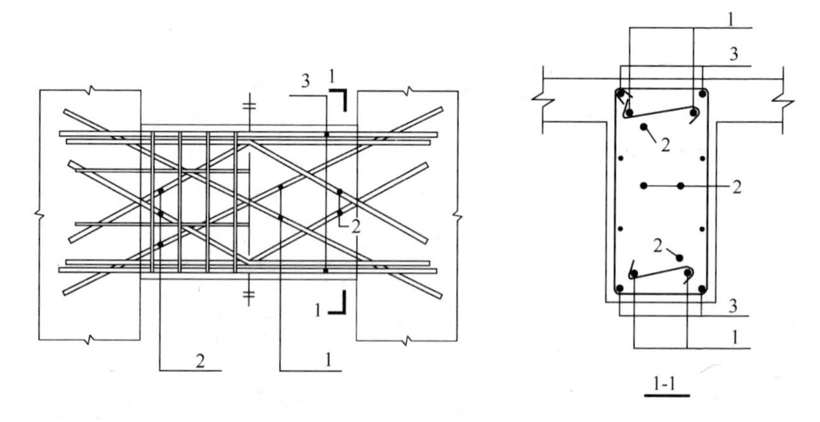

图 11.7.10-1　交叉斜筋配筋连梁

1—对角斜筋；2—折线筋；3—纵向钢筋

1）受剪截面应符合下列要求：

$$V_{wb} \leqslant \frac{1}{\gamma_{RE}}(0.25\beta_c f_c b h_0) \qquad (11.7.10\text{-}1)$$

2）斜截面受剪承载力应符合下列要求：

$$V_{wb} \leqslant \frac{1}{\gamma_{RE}}[0.4 f_t b h_0 + (2.0\sin\alpha + 0.6\eta) f_{yd} A_{sd}]$$

(11.7.10-2)

$$\eta = (f_{sv} A_{sv} h_0)/(s f_{yd} A_{yd}) \qquad (11.7.10\text{-}3)$$

式中 η——箍筋与对角斜筋的配筋强度比，当小于 0.6 时取 0.6，当大于 1.2 时取 1.2；

α——对角斜筋与梁纵轴的夹角；

f_{yd}——对角斜筋的抗拉强度设计值；

A_{sd}——单向对角斜筋的截面面积；

A_{sv}——同一截面内箍筋各肢的全部截面面积。

（2）当连梁截面宽度不小于 400mm 时，可采用集中对角斜筋配筋（图 11.7.10-2）或对角暗撑配筋（图 11.7.10-3），其截面限制条件及斜截面受剪承载力应符合下列规定：

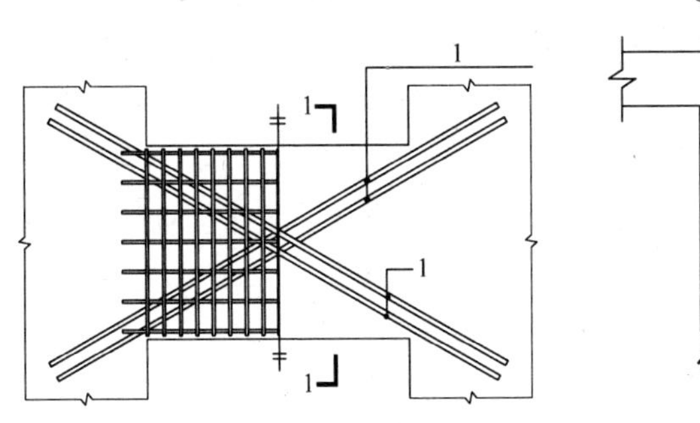

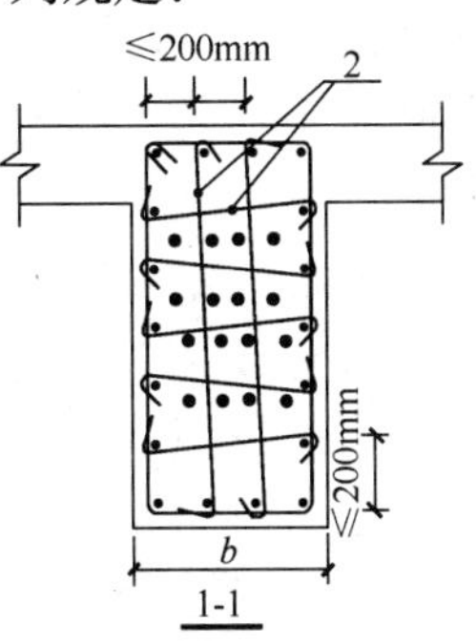

图 11.7.10-2 集中对角斜筋配筋连梁

1—对角斜筋；2—拉筋

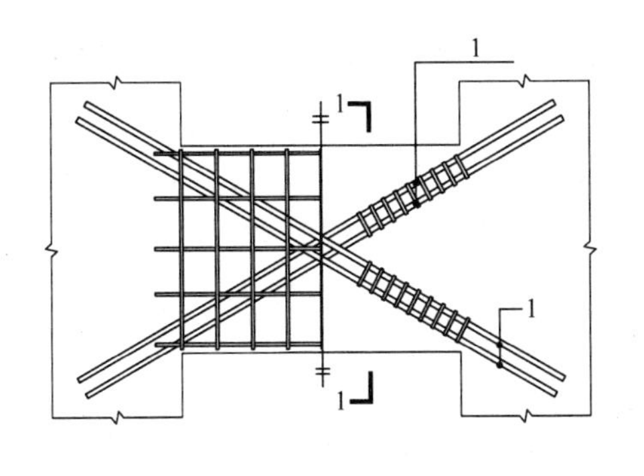

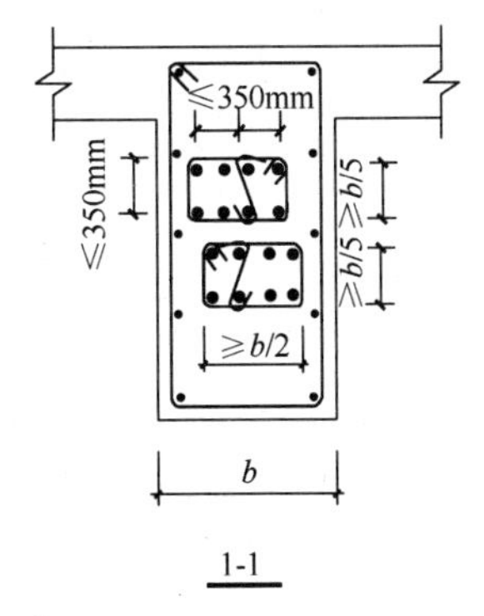

图 11.7.10-3 对角暗撑配筋连梁

1—对角暗撑

1）受剪截面应符合式（11.7.10-1）的要求。

2）斜截面受剪承载力应符合下列要求：

$$V_{wb} \leqslant \frac{2}{\gamma_{RE}} f_{yd} A_{sd} \sin\alpha \qquad (11.7.10\text{-}4)$$

【混凝土设计规范：第 11.7.10 条】

2. 剪力墙及筒体洞口连梁的纵向钢筋、斜筋及箍筋的构造应符合下列要求：

（1）连梁沿上、下边缘单侧纵向钢筋的最小配筋率不应小0.15%，且配筋不宜少于 2ϕ12；交叉斜筋配筋连梁单向对角斜筋不宜少于 2ϕ12，单组折线筋的截面面积可取为单向对角斜筋截面面积的一半，且直径不宜小于 12mm；集中对角斜筋配筋连梁和对角暗撑连梁中每组对角斜筋应至少由 4 根直径不小于 14mm 的钢筋组成。

（2）交叉斜筋配筋连梁的对角斜筋在梁端部位应设置不少于 3 根拉筋，拉筋的间距不应大于连梁宽度和 200mm 的较小值，直径不应小于 6mm；集中对角斜筋配筋连梁应在梁截面内沿水平方向及竖直方向设置双向拉筋，拉筋应钩住外侧纵向钢筋，间距不应大于 200mm，直径不应小于 8mm；对角暗撑配筋连梁中暗撑箍筋的外缘沿梁截面宽度方向不宜小于梁宽的一半，另一方向不宜小于梁宽的 1/5；对角暗撑约束箍筋的间距不宜大于暗撑钢筋直径的 6 倍，当计算间距小于 100mm 时可取 100mm，箍筋肢距不应大于 350mm。

除集中对角斜筋配筋连梁以外，其余连梁的水平钢筋及箍筋形成的钢筋网之间应采用拉筋拉结，拉筋直径不宜小于 6mm，间距不宜大于 400mm。

（3）沿连梁全长箍筋的构造宜按 GB 50010—2010 规范 11.3.6 条和第 11.3.8 条框架梁梁端加密区箍筋的构造要求采用；对角暗撑配筋连梁沿连梁全长箍筋的间距可按 GB 50010—2010 规范表 11.3.6-2 中规定值的两倍取用。

（4）连梁纵向受力钢筋、交叉斜筋伸入墙内的锚固长度不应

小于 l_{aE}，且不应小于 600mm；顶层连梁纵向钢筋伸入墙体的长度范围内，应配置间距不大于 150mm 的构造箍筋，箍筋直径应与该连梁的箍筋直径相同。

（5）剪力墙的水平分布钢筋可作为连梁的纵向构造钢筋在连梁范围内贯通。当梁的腹板高度 h_w。不小于 450mm 时，其两侧面沿梁高范围设置的纵向构造钢筋的直径不应小于 10mm，间距不应大于 200mm；对跨高比不大于 2.5 的连梁，梁两侧的纵向构造钢筋的面积配筋率尚不应小于 0.3%。

【混凝土设计规范：第 11.7.11 条】

3. 剪力墙的水平和竖向分布钢筋的配筋应符合下列规定：

（1）一、二、三级抗震等级的剪力墙的水平和竖向分布钢筋配筋率均不应小于 0.25%；四级抗震等级剪力墙不应小于 0.2%；

（2）部分框支剪力墙结构的剪力墙底部加强部位，水平和竖向分布钢筋配筋率不应小于 0.3%。

注：对高度小于 24m 且剪压比很小的四级抗震等级剪力墙，其竖向分布筋最小配筋率应允许按 0.15%采用。

【混凝土设计规范：第 11.7.14 条】

4. 剪力墙端部设置的约束边缘构件（暗柱、端柱、翼墙和转角墙）应符合下列要求（图 11.7.18）：

（1）约束边缘构件沿墙肢的长度 l_c 及配箍特征值 λ_v 宜满足表 11.7.18 的要求，箍筋的配置范围及相应的配箍特征值 λ_v 和 $\lambda_v/2$ 的区域如图 11.7.18 所示，其体积配筋率 ρ_v，应符合下列要求：

$$\rho_v \geqslant \lambda_v \frac{f_c}{f_{yv}} \tag{11.7.18}$$

式中 λ_v——配箍特征值，计算时可计入拉筋。

计算体积配箍率时，可适当计入满足构造要求且在墙端有可靠锚固的水平分布钢筋的截面面积。

（2）一、二、三级抗震等级剪力墙约束边缘构件的纵向钢筋的截面面积，对图 11.7.18 所示暗柱、端柱、翼墙与转角墙分别不应小于图中阴影部分面积的 1.2%、1.0%和 1.0%。

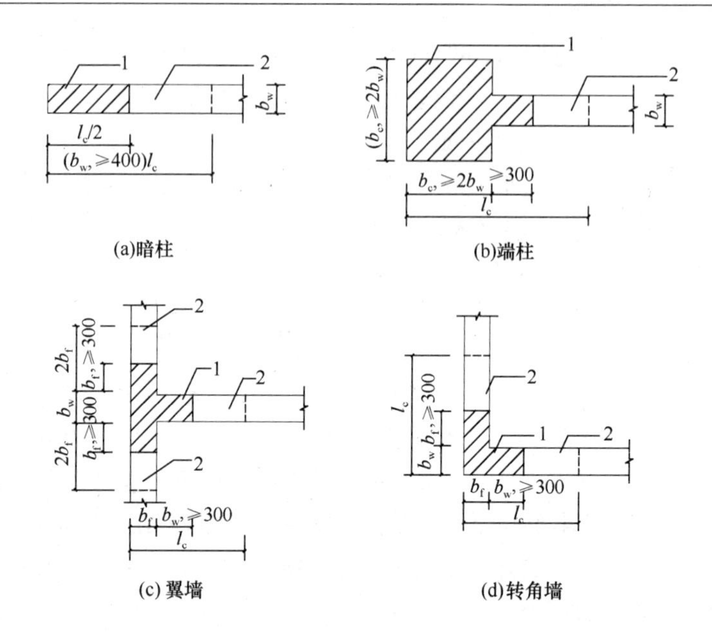

图 11.7.18　剪力墙的约束边缘构件

1—配箍特征值为 λ_v 的区域；2—配箍特征值为 $\lambda_v/2$ 的区域

（3）约束边缘构件的箍筋或拉筋沿竖向的间距，对一级抗震等级不宜大于 100mm，对二、三级抗震等级不宜大于 150mm。

表 11.7.18　约束边缘构件沿墙肢的长度 l_c 及其配箍特征值 λ_v

抗震等级(设防烈度)		一级(9 度)		一级(7、8 度)		二级、三级	
轴压比		≤0.2	>0.2	≤0.3	>0.3	≤0.4	>0.4
λ_v		0.12	0.20	0.12	0.20	0.12	0.20
l_c (mm)	暗柱	$0.20h_w$	$0.25h_w$	$0.15h_w$	$0.20h_w$	$0.15h_w$	$0.20h_w$
	端柱、翼墙或转角墙	$0.15h_w$	$0.20h_w$	$0.10h_w$	$0.15h_w$	$0.10h_w$	$0.15h_w$

注：1　两侧翼墙长度小于其厚度 3 倍时，视为无翼墙剪力墙；端柱截面边长小于墙厚 2 倍时，视为无端柱剪力墙；

2　约束边缘构件沿墙肢长度 l_c 除满足表 11.7.18 的要求外，且不宜小于墙厚和 400mm；当有端柱、翼墙或转角墙时，尚不应小于翼墙厚度或端柱沿墙肢方向截面高度加 300mm；

3　h_w 为剪力墙的墙肢截面高度。

【混凝土设计规范：第 11.7.18 条】

5. 剪力墙端部设置的构造边缘构件（暗柱、端柱、翼墙和转角墙）的范围，应按图 11.7.19 确定，构造边缘构件的纵向钢筋除应满足计算要求外，尚应符合表 11.7.19 的要求。

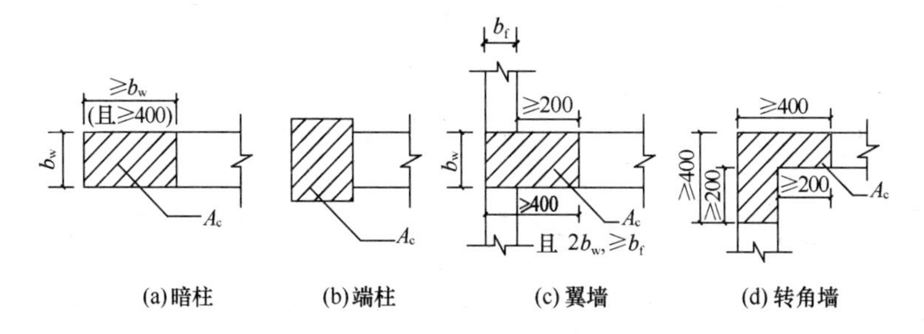

图 11.7.19 剪力墙的构造边缘构件

表 11.7.19 构造边缘构件的构造配筋要求

抗震等级	底部加强部位			其他部位		
	纵向钢筋最小配筋量（取较大值）	箍筋、拉筋		纵向钢筋最小配筋量（取较大值）	箍筋、拉筋	
		最小直径（mm）	最大间距（mm）		最小直径（mm）	最大间距（mm）
一	$0.01A_c$，6ϕ16	8	100	$0.008A_c$，6ϕ14	8	150
二	$0.008A_c$，6ϕ14	8	150	$0.006A_c$，6ϕ12	8	200
三	$0.006A_c$，6ϕ12	6	150	$0.005A_c$，4ϕ12	6	200
四	$0.005A_c$，4ϕ12	6	200	$0.004A_c$，4ϕ12	6	250

注：1 A_c 为图 11.7.19 中所示的阴影面积；

2 对其他部位，拉筋的水平间距不应大于纵向钢筋间距的 2 倍，转角处宜设置箍筋；

3 当端柱承受集中荷载时，应满足框架柱的配筋要求。

【混凝土设计规范：第 11.7.19 条】

2　高层建筑混凝土结构设计

2.1　结构设计基本规定

2.1.1　房屋适用高度和高宽比

1. 钢筋混凝土高层建筑结构的最大适用高度应区分为 A 级和 B 级。A 级高度钢筋混凝土乙类和丙类高层建筑的最大适用高度应符合表 3.3.1-1 的规定，B 级高度钢筋混凝土乙类和丙类高层建筑的最大适用高度应符合表 3.3.1-2 的规定。

平面和竖向均不规则的高层建筑结构，其最大适用高度宜适当降低。

表 3.3.1-1　A 级高度钢筋混凝土高层建筑的最大适用高度（m）

结构体系		非抗震设计	抗震设防烈度				
			6 度	7 度	8 度		9 度
					0.20g	0.30g	
框架		70	60	50	40	35	—
框架-剪力墙		150	130	120	100	80	50
剪力墙	全部落地剪力墙	150	140	120	100	80	60
	部分框支剪力墙	130	120	100	80	50	不应采用
筒　体	框架-核心筒	160	150	130	100	90	70
	筒中筒	200	180	150	120	100	80
板柱-剪力墙		110	80	70	55	40	不应采用

注：1　表中框架不含异形柱框架；
2　部分框支剪力墙结构指地面以上有部分框支剪力墙的剪力墙结构；
3　甲类建筑，6、7、8 度时宜按本地区抗震设防烈度提高一度后符合本表的要求，9 度时应专门研究；
4　框架结构、板柱-剪力墙结构以及 9 度抗震设防的表列其他结构，当房屋高度超过本表数值时，结构设计应有可靠依据，并采取有效地加强措施。

表 3.3.1-2 B级高度钢筋混凝土高层建筑的最大适用高度（m）

结构体系		非抗震设计	抗震设防烈度			
			6度	7度	8度	
					0.20g	0.30g
框架-剪力墙		170	160	140	120	100
剪力墙	全部落地剪力墙	180	170	150	130	110
	部分框支剪力墙	150	140	120	100	80
筒体	框架-核心筒	220	210	180	140	120
	筒中筒	300	280	230	170	150

注：1 部分框支剪力墙结构指地面以上有部分框支剪力墙的剪力墙结构；
2 甲类建筑，6、7度时宜按本地区设防烈度提高一度后符合本表的要求，8度时应专门研究；
3 当房屋高度超过表中数值时，结构设计应有可靠依据，并采取有效地加强措施。

【高层混凝土结构规程：第3.3.1条】

2. 钢筋混凝土高层建筑结构的高宽比不宜超过表3.3.2的规定。

表 3.3.2 钢筋混凝土高层建筑结构适用的最大高宽比

结构体系	非抗震设计	抗震设防烈度		
		6度、7度	8度	9度
框架	5	4	3	—
板柱-剪力墙	6	5	4	—
框架-剪力墙、剪力墙	7	6	5	4
框架-核心筒	8	7	6	4
筒中筒	8	8	7	5

【高层混凝土结构规程：第3.3.2条】

2.1.2　结构平面布置

1. 在高层建筑的一个独立结构单元内，结构平面形状宜简单、规则，质量、刚度和承载力分布宜均匀。不应采用严重不规则的平面布置。

【高层混凝土结构规程：第 3.4.1 条】

2. 高层建筑宜选用风作用效应较小的平面形状。

【高层混凝土结构规程：第 3.4.2 条】

3. 抗震设计的混凝土高层建筑，其平面布置宜符合下列规定：

(1) 平面宜简单、规则、对称，减少偏心；

(2) 平面长度不宜过长（图 3.4.3），L/B 宜符合表 3.4.3 的要求；

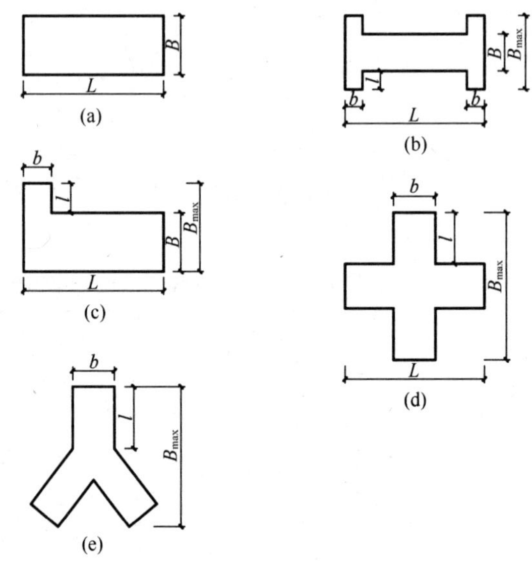

图 3.4.3　建筑平面示意

(3) 平面突出部分的长度 l 不宜过大、宽度 b 不宜过小（图 3.4.3），l/B_{max}、l/b 宜符合表 3.4.3 的要求。

表 3.4.3 平面尺寸及突出部位尺寸的比值限值

设防烈度	L/B	l/B_{max}	l/b
6、7 度	≤6.0	≤0.35	≤2.0
8、9 度	≤5.0	≤0.30	≤1.5

【高层混凝土结构规程：第 3.4.3 条】

4. 设置防震缝时，应符合下列规定：

（1）防震缝宽度应符合下列规定：

1）框架结构房屋，高度不超过 15m 时不应小于 100mm；超过 15m 时，6 度、7 度、8 度和 9 度分别每增加高度 5m、4m、3m 和 2m，宜加宽 20mm；

2）框架-剪力墙结构房屋不应小于本款 1）项规定数值的 70%，剪力墙结构房屋不应小于本款 1）项规定数值的 50%，且二者均不宜小于 100mm。

（2）防震缝两侧结构体系不同时，防震缝宽度应按不利的结构类型确定；

（3）防震缝两侧的房屋高度不同时，防震缝宽度可按较低的房屋高度确定；

（4）8、9 度抗震设计的框架结构房屋，防震缝两侧结构层高相差较大时，防震缝两侧框架柱的箍筋应沿房屋全高加密，并可根据需要沿房屋全高在缝两侧各设置不少于两道垂直于防震缝的抗撞墙；

（5）当相邻结构的基础存在较大沉降差时，宜增大防震缝的宽度；

（6）防震缝宜沿房屋全高设置，地下室、基础可不设防震缝，但在与上部防震缝对应处应加强构造和连接；

（7）结构单元之间或主楼与裙房之间不宜采用牛腿托梁的做法设置防震缝，否则应采取可靠措施。

【高层混凝土结构规程：第 3.4.10 条】

5. 高层建筑结构伸缩缝的最大间距宜符合表 3.4.12 的规定。

表 3.4.12　伸缩缝的最大间距

结构体系	施工方法	最大间距（m）
框架结构	现浇	55
剪力墙结构	现浇	45

注：1　框架-剪力墙的伸缩缝间距可根据结构的具体布置情况取表中框架结构与剪力墙结构之间的数值；

2　当屋面无保温或隔热措施、混凝土的收缩较大或室内结构因施工外露时间较长时，伸缩缝间距应适当减小；

3　位于气候干燥地区、夏季炎热且暴雨频繁地区的结构，伸缩缝的间距宜适当减小。

【高层混凝土结构规程：第 3.4.12 条】

2.1.3　构件承载力设计

1. 高层建筑结构构件的承载力应按下列公式验算：

持久设计状况、短暂设计状况

$$\gamma_0 S_d \leqslant R_d \tag{3.8.1-1}$$

地震设计状况

$$S_d \leqslant R_d/\gamma_{RE} \tag{3.8.1-2}$$

式中　γ_0——结构重要性系数，对安全等级为一级的结构构件不应小于 1.1，对安全等级为二级的结构构件不应小于 1.0；

S_d——作用组合的效应设计值，应符合（JGJ 3—2010）规程第 5.6.1～5.6.4 条的规定；

R_d——构件承载力设计值；

γ_{RE}——构件承载力抗震调整系数。

【高层混凝土结构规程：第 3.8.1 条】

2. 抗震设计时，钢筋混凝土构件的承载力抗震调整系数应按表 3.8.2 采用；型钢混凝土构件和钢构件的承载力抗震调整系数应按（JGJ 3—2010）规程第 11.1.7 条的规定采用。当仅考虑竖向地震作用组合时，各类结构构件的承载力抗震调整系数均应取为 1.0。

表 3.8.2 承载力抗震调整系数

构件类别	梁	轴压比小于 0.15 的柱	轴压比不小于 0.15 的柱	剪力墙		各类构件	节点
受力状态	受弯	偏压	偏压	偏压	局部承压	受剪、偏拉	受剪
γ_{RE}	0.75	0.75	0.80	0.85	1.0	0.85	0.85

【高层混凝土结构规程：第 3.8.2 条】

2.1.4 抗震等级

1. 各抗震设防类别的高层建筑结构，其抗震措施应符合下列要求：

(1) 甲类、乙类建筑：应按本地区抗震设防烈度提高一度的要求加强其抗震措施，但抗震设防烈度为 9 度时应按比 9 度更高的要求采取抗震措施；当建筑场地为Ⅰ类时，应允许仍按本地区抗震设防烈度的要求采取抗震构造措施。

(2) 丙类建筑：应按本地区抗震设防烈度确定其抗震措施；当建筑场地为Ⅰ类时，除 6 度外，应允许按本地区抗震设防烈度降低一度的要求采取抗震构造措施。

【高层混凝土结构规程：第 3.9.1 条】

2. 当建筑场地为Ⅲ、Ⅳ类时，对设计基本地震加速度为 $0.15g$ 和 $0.30g$ 的地区，宜分别按抗震设防烈度 8 度（$0.20g$）和 9 度（$0.40g$）时各类建筑的要求采取抗震构造措施。

【高层混凝土结构规程：第 3.9.2 条】

3. 抗震设计时，高层建筑钢筋混凝土结构构件应根据抗震设防分类、烈度、结构类型和房屋高度采用不同的抗震等级，并应符合相应的计算和构造措施要求。A 级高度丙类建筑钢筋混凝土结构的抗震等级应按表 3.9.3 确定。当本地区的设防烈度为 9 度时，A 级高度乙类建筑的抗震等级应按特一级采用，甲类建筑应采取更有效的抗震措施。

注：(JGJ 3—2010) 规程“特一级和一、二、三、四级”即“抗震等级为特一级和一、二、三、四级”的简称。

表 3.9.3　A 级高度的高层建筑结构抗震等级

结构类型			烈度						
			6 度		7 度		8 度		9 度
框架结构			三		二		一		一
框架-剪力墙结构	高度（m）		≤60	>60	≤60	>60	≤60	>60	≤50
	框架		四	三	三	二	二	一	一
	剪力墙		三		二		一		一
剪力墙结构	高度（m）		≤80	>80	≤80	>80	≤80	>80	≤60
	剪力墙		四	三	三	二	二	一	一
部分框支剪力墙结构	非底部加强部位的剪力墙		四	三	三	二	二	——	——
	底部加强部位的剪力墙		三	二	二	一	一		
	框支框架		二		二	一	一		
筒体结构	框架-核心筒	框架	三		二		一		一
		核心筒	二		二		一		一
	筒中筒	内筒	三		二		一		一
		外筒							
板柱-剪力墙结构	高度		≤35	>35	≤35	>35	≤35	>35	——
	框架、板柱及柱上板带		三	二	二	二	一	一	
	剪力墙		二	二	二	一	二	一	

注：1　接近或等于高度分界时，应结合房屋不规则程度及场地、地基条件适当确定抗震等级；

2　底部带转换层的筒体结构，其转换框架的抗震等级应按表中部分框支剪力墙结构的规定采用；

3　当框架-核心筒结构的高度不超过 60m 时，其抗震等级应允许按框架-剪力墙结构采用。

【高层混凝土结构规程：第 3.9.3 条】

4. 抗震设计时，B 级高度丙类建筑钢筋混凝土结构的抗震等级应按表 3.9.4 确定。

表 3.9.4　B级高度的高层建筑结构抗震等级

结构类型		烈度		
		6度	7度	8度
框架-剪力墙	框架	二	一	一
	剪力墙	二	一	特一
剪力墙	剪力墙	二	一	一
部分框支剪力墙	非底部加强部位剪力墙	二	一	一
	底部加强部位剪力墙	一	一	特一
	框支框架	一	特一	特一
框架-核心筒	框架	二	一	一
	筒体	二	一	特一
筒中筒	外筒	二	一	特一
	内筒	二	一	特一

注：底部带转换层的筒体结构，其转换框架和底部加强部位筒体的抗震等级应按表中部分框支剪力墙结构的规定采用。

【高层混凝土结构规程：第 3.9.4 条】

2.2　荷载和地震作用

2.2.1　竖向荷载

1. 直升机平台的活荷载应采用下列两款中能使平台产生最大内力的荷载：

（1）直升机总重量引起的局部荷载，按由实际最大起飞重量决定的局部荷载标准值乘以动力系数确定。对具有液压轮胎起落架的直升机，动力系数可取 1.4；当没有机型技术资料时，局部荷载标准值及其作用面积可根据直升机类型按表 4.1.5 取用。

（2）等效均布活荷载 $5kN/m^2$。

表 4.1.5　局部荷载标准值及其作用面积

直升机类型	局部荷载标准值（kN）	作用面积（m^2）
轻型	20.0	0.20×0.20
中型	40.0	0.25×0.25
重型	60.0	0.30×0.30

【高层混凝土结构规程：第 4.1.5 条】

2.2.2　风荷载

1. 基本风压应按照现行国家标准《建筑结构荷载规范》GB 50009 的规定采用。对风荷载比较敏感的高层建筑，承载力设计时应按基本风压的 1.1 倍采用。

【高层混凝土结构规程：第 4.2.2 条】

2.2.3　地震作用

1. 各抗震设防类别高层建筑的地震作用，应符合下列规定：

(1) 甲类建筑：应按批准的地震安全性评价结果且高于本地区抗震设防烈度的要求确定；

(2) 乙、丙类建筑：应按本地区抗震设防烈度计算。

【高层混凝土结构规程：第 4.3.1 条】

2. 高层建筑结构的地震作用计算应符合下列规定：

(1) 一般情况下，应至少在结构两个主轴方向分别计算水平地震作用；有斜交抗侧力构件的结构，当相交角度大于 15°时，应分别计算各抗侧力构件方向的水平地震作用。

(2) 质量与刚度分布明显不对称的结构，应计算双向水平地震作用下的扭转影响；其他情况，应计算单向水平地震作用下的扭转影响。

(3) 高层建筑中的大跨度、长悬臂结构，7 度（0.15g）、8 度抗震设计时应计入竖向地震作用。

(4) 9度抗震设计时应计算竖向地震作用。

【高层混凝土结构规程：第4.3.2条】

3. 计算单向地震作用时应考虑偶然偏心的影响。每层质心沿垂直于地震作用方向的偏移值可按下式采用：

$$e_i = \pm 0.05L_i \quad (4.3.3)$$

式中 e_i——第i层质心偏移值（m），各楼层质心偏移方向相同；

L_i——第i层垂直于地震作用方向的建筑物总长度（m）。

【高层混凝土结构规程：第4.3.3条】

4. 高层建筑结构应根据不同情况，分别采用下列地震作用计算方法：

(1) 高层建筑结构宜采用振型分解反应谱法；对质量和刚度不对称、不均匀的结构以及高度超过100m的高层建筑结构应采用考虑扭转耦联振动影响的振型分解反应谱法。

(2) 高度不超过40m、以剪切变形为主且质量和刚度沿高度分布比较均匀的高层建筑结构，可采用底部剪力法。

(3) 7～9度抗震设防的高层建筑，下列情况应采用弹性时程分析法进行多遇地震下的补充计算：

1) 甲类高层建筑结构；

2) 表4.3.4所列的乙、丙类高层建筑结构；

3) 不满足（JGJ 3—2010）规程第3.5.2～3.5.6条规定的高层建筑结构；

4)（JGJ 3—2010）规程第10章规定的复杂高层建筑结构。

表4.3.4 采用时程分析法的高层建筑结构

设防烈度、场地类别	建筑高度范围
8度Ⅰ、Ⅱ类场地和7度	＞100m
8度Ⅲ、Ⅳ类场地	＞80m
9度	＞60m

注：场地类别应按现行国家标准《建筑抗震设计规范》GB 50011的规定采用。

【高层混凝土结构规程：第4.3.4条】

5. 多遇地震水平地震作用计算时，结构各楼层对应于地震作用标准值的剪力应符合下式要求：

$$V_{Eki} \geqslant \lambda \sum_{j=i}^{n} G_j \tag{4.3.12}$$

式中 V_{Eki}——第 i 层对应于水平地震作用标准值的剪力；

λ——水平地震剪力系数，不应小于表 4.3.12 规定的值；对于竖向不规则结构的薄弱层，尚应乘以 1.15 的增大系数；

G_j——第 j 层的重力荷载代表值；

n——结构计算总层数。

表 4.3.12　楼层最小地震剪力系数值

类　别	6 度	7 度	8 度	9 度
扭转效应明显或基本周期小于 3.5s 的结构	0.008	0.016（0.024）	0.032（0.048）	0.064
基本周期大于 5.0s 的结构	0.006	0.012（0.018）	0.024（0.036）	0.048

注：1　基本周期介于 3.5s 和 5.0s 之间的结构，应允许线性插入取值；

2　7、8 度时括号内数值分别用于设计基本地震加速度为 0.15g 和 0.30g 的地区。

【高层混凝土结构规程：第 4.3.12 条】

6. 计算各振型地震影响系数所采用的结构自振周期应考虑非承重墙体的刚度影响予以折减。

【高层混凝土结构规程：第 4.3.16 条】

2.3　结构计算分析

2.3.1　重力二阶效应及结构稳定

1. 高层建筑结构的整体稳定性应符合下列规定：

(1) 剪力墙结构、框架-剪力墙结构、简体结构应符合下式要求：

$$EJ_{d} \geqslant 1.4H^{2}\sum_{i=1}^{n}G_{i} \quad (5.4.4\text{-}1)$$

(2) 框架结构应符合下式要求：

$$D_{i} \geqslant 10\sum_{i=1}^{n}G_{j}/h_{i} \quad (i=1,2,\cdots,n) \quad (5.4.4\text{-}2)$$

【高层混凝土结构规程：第 5.4.4 条】

2.3.2 荷载组合和地震作用组合的效应

1. 持久设计状况和短暂设计状况下，当荷载与荷载效应按线性关系考虑时，荷载基本组合的效应设计值应按下式确定：

$$S_{d}=\gamma_{G}S_{Gk}+\gamma_{L}\Psi_{Q}\gamma_{Q}S_{qk}+\Psi_{w}\gamma_{w}S_{wk} \quad (5.6.1)$$

式中 S_{d}——荷载组合的效应设计值；

γ_{G}——永久荷载分项系数；

γ_{Q}——楼面活荷载分项系数；

γ_{w}——风荷载的分项系数；

γ_{L}——考虑结构设计使用年限的荷载调整系数，设计使用年限为 50 年时取 1.0，设计使用年限为 100 年时取 1.1；

S_{Gk}——永久荷载效应标准值；

S_{qk}——楼面活荷载效应标准值；

S_{wk}——风荷载效应标准值；

Ψ_{Q}、Ψ_{w}——分别为楼面活荷载组合值系数和风荷载组合值系数。当永久荷载效应起控制作用时应分别取 0.7 和 0.0；当可变荷载效应起控制作用时应分别取 1.0 和 0.6 或 0.7 和 1.0。

注：对书库、档案库、储藏室、通风机房和电梯机房，本条楼面活荷载组合值系数取 0.7 的场合应取为 0.9。

【高层混凝土结构规程：第 5.6.1 条】

2. 持久设计状况和短暂设计状况下，荷载基本组合的分项系数应按下列规定采用：

（1）永久荷载的分项系数 γ_G：当其效应对结构承载力不利时，对由可变荷载效应控制的组合应取1.2，对由永久荷载效应控制的组合应取1.35；当其效应对结构承载力有利时，应取1.0。

（2）楼面活荷载的分项系数 γ_Q：一般情况下应取1.4。

（3）风荷载的分项系数 γ_w 应取1.4。

【高层混凝土结构规程：第5.6.2条】

3. 地震设计状况下，当作用与作用效应按线性关系考虑时，荷载和地震作用基本组合的效应设计值应按下式确定：

$$S_d = \gamma_G S_{GE} + \gamma_{Eh} S_{Ehk} + \gamma_{Ev} S_{Evk} + \Psi_w \gamma_w S_{wk} \qquad (5.6.3)$$

式中　S_d——荷载和地震作用组合的效应设计值；

S_{GE}——重力荷载代表值的效应；

S_{Ehk}——水平地震作用标准值的效应，尚应乘以相应的增大系数、调整系数；

S_{Evk}——竖向地震作用标准值的效应，尚应乘以相应的增大系数、调整系数；

γ_G——重力荷载分项系数；

γ_w——风荷载分项系数；

γ_{Eh}——水平地震作用分项系数；

γ_{Ev}——竖向地震作用分项系数；

Ψ_w——风荷载的组合值系数，应取0.2。

【高层混凝土结构规程：第5.6.3条】

4. 地震设计状况下，荷载和地震作用基本组合的分项系数应按表5.6.4采用。当重力荷载效应对结构的承载力有利时，表5.6.4中 γ_G 不应大于1.0。

表5.6.4　地震设计状况时荷载和作用的分项系数

参与组合的荷载和作用	γ_G	γ_{Eh}	γ_{Ev}	γ_w	说　明
重力荷载及水平地震作用	1.2	1.3	—	—	抗震设计的高层建筑结构均应考虑

续表 5.6.4

参与组合的荷载和作用	γ_G	γ_{Eh}	γ_{Ev}	γ_w	说明
重力荷载及竖向地震作用	1.2	—	1.3	—	9 度抗震设计时考虑；水平长悬臂和大跨度结构 7 度(0.15g)、8 度、9 度抗震设计时考虑
重力荷载、水平地震及竖向地震作用	1.2	1.3	0.5	—	9 度抗震设计时考虑；水平长悬臂和大跨度结构 7 度(0.15g)、8 度、9 度抗震设计时考虑
重力荷载、水平地震用及风荷载	1.2	1.3	—	1.4	60m 以上的高层建筑考虑
重力荷载、水平地震作用、竖向地震作用及风荷载	1.2	1.3	0.5	1.4	60m 以上的高层建筑。9 度抗震设计时考虑；水平长悬臂和大跨度结构 7 度（0.15g)、8 度、9 度抗震设计时考虑
	1.2	0.5	1.3	1.4	水平长悬臂结构和大跨度结构，7 度（0.15g)、8 度、9 度抗震设计时考虑

注：1 g 为重力加速度：
2 “—”表示组合中不考虑该项荷载或作用效应。

【高层混凝土结构规程：第 5.6.4 条】

2.4 框架结构设计

2.4.1 一般规定

1. 框架结构按抗震设计时，不应采用部分由砌体墙承重之混合形式。框架结构中的楼、电梯间及局部出屋顶的电梯机房、楼梯间、水箱间等，应采用框架承重，不应采用砌体墙承重。

【高层混凝土结构规程：第 6.1.6 条】

2.4.2　框架梁构造要求

1. 框架梁设计应符合下列要求：

（1）抗震设计时，计入受压钢筋作用的梁端截面混凝土受压区高度与有效高度之比值，一级不应大于 0.25，二、三级不应大于 0.35。

（2）纵向受拉钢筋的最小配筋百分率 ρ_{min}（%），非抗震设计时，不应小于 0.2 和 $45f_t/f_y$ 二者的较大值；抗震设计时，不应小于表 6.3.2-1 规定的数值。

表 6.3.2-1　梁纵向受拉钢筋最小配筋百分率 ρ_{min}（%）

抗震等级	位　置	
	支座（取较大值）	跨中（取较大值）
一级	0.40 和 $80f_t/f_y$	0.30 和 $65f_t/f_y$
二级	0.30 和 $65f_t/f_y$	0.25 和 $55f_t/f_y$
三、四级	0.25 和 $55f_t/f_y$	0.20 和 $45f_t/f_y$

（3）抗震设计时。梁端截面的底面和顶面纵向钢筋截面面积的比值，除按计算确定外，一级不应小于 0.5，二、三级不应小于 0.3。

（4）抗震设计时，梁端箍筋的加密区长度、箍筋最大间距和最小直径应符合表 6.3.2-2 的要求；当梁端纵向钢筋配筋率大于 2%时，表中箍筋最小直径应增大 2mm。

表 6.3.2-2　梁端箍筋加密区的长度、箍筋最大间距和最小直径

抗震等级	加密区长度（取较大值）(mm)	箍筋最大间距（取最小值）(mm)	箍筋最小直径 (mm)
一	$2.0h_b$，500	$h_b/4$，$6d$，100	10
二	$1.5h_b$，500	$h_b/4$，$8d$，100	8
三	$1.5h_b$，500	$h_b/4$，$8d$，150	8
四	$1.5h_b$，500	$h_b/4$，$8d$，150	6

注：1　d 为纵向钢筋直径，h_b 为梁截面高度：
　　2　一、二级抗震等级框架梁，当箍筋直径大于 12mm、肢数不少于 4 肢且肢距不大于 150mm 时，箍筋加密区最大间距应允许适当放松，但不应大于 150mm。

【高层混凝土结构规程：第 6.3.2 条】

2. 框架梁上开洞时，洞口位置宜位于梁跨中 1/3 区段，洞口高度不应大于梁高的 40%；开洞较大时应进行承载力验算。梁上洞口周边应配置附加纵向钢筋和箍筋（图 6.3.7），并应符合计算及构造要求。

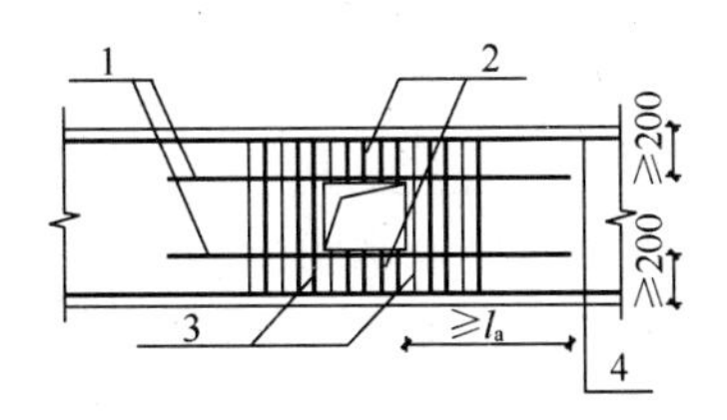

图 6.3.7 梁上洞口周边配筋构造示意

1—洞口上、下附加纵向钢筋；2—洞口上、下附加箍筋；3—洞口两侧附加箍筋；4—梁纵向钢筋；l_a—受拉钢筋的锚固长度

【高层混凝土结构规程：第 6.3.7 条】

2.4.3 框架柱构造要求

1. 柱截面尺寸宜符合下列规定：

(1) 矩形截面柱的边长，非抗震设计时不宜小于 250mm，抗震设计时，四级不宜小于 300mm，一、二、三级时不宜小于 400mm；圆柱直径，非抗震和四级抗震设计时不宜小于 350mm，一、二、三级时不宜小于 450mm。

(2) 柱剪跨比宜大于 2。

(3) 柱截面高宽比不宜大于 3。

【高层混凝土结构规程：第 6.4.1 条】

2. 抗震设计时，钢筋混凝土柱轴压比不宜超过表 6.4.2 的规定；对于Ⅳ类场地上较高的高层建筑，其轴压比限值应适当减小。

表 6.4.2 柱轴压比限值

结构类型	抗震等级			
	一	二	三	四
框架结构	0.65	0.75	0.85	—

续表 6.4.2

结构类型	抗震等级			
	一	二	三	四
板柱-剪力墙、框架-剪力墙、框架-核心筒、筒中筒结构	0.75	0.85	0.90	0.95
部分框支剪力墙结构	0.60	0.70	—	

注：1　轴压比指柱考虑地震作用组合的轴压力设计值与柱全截面面积和混凝土轴心抗压强度设计值乘积的比值；

2　表内数值适用于混凝土强度等级不高于 C60 的柱。当混凝土强度等级为 C65～C70 时，轴压比限值应比表中数值降低 0.05；当混凝土强度等级为 C75～C80 时，轴压比限值应比表中数值降低 0.10；

3　表内数值适用于剪跨比大于 2 的柱；剪跨比不大于 2 但不小于 1.5 的柱，其轴压比限值应比表中数值减小 0.05；剪跨比小于 1.5 的柱，其轴压比限值应专门研究并采取特殊构造措施；

4　当沿柱全高采用井字复合箍，箍筋间距不大于 100mm、肢距不大于 200mm、直径不小于 12mm，或当沿柱全高采用复合螺旋箍，箍筋螺距不大于 100mm、肢距不大于 200mm、直径不小于 12mm，或当沿柱全高采用连续复合螺旋箍，且螺距不大于 80mm、肢距不大于 200mm、直径不小于 10mm 时，轴压比限值可增加 0.10；

5　当柱截面中部设置由附加纵向钢筋形成的芯柱，且附加纵向钢筋的截面面积不小于柱截面面积的 0.8%时，柱轴压比限值可增加 0.05。当本项措施与注 4 的措施共同采用时，柱轴压比限值可比表中数值增加 0.15，但箍筋的配箍特征值仍可按轴压比增加 0.10 的要求确定；

6　调整后的柱轴压比限值不应大于 1.05。

【高层混凝土结构规程：第 6.4.2 条】

3. 柱纵向钢筋和箍筋配置应符合下列要求：

(1) 柱全部纵向钢筋的配筋率，不应小于表 6.4.3-1 的规定值，且柱截面每一侧纵向钢筋配筋率不应小于 0.2%；抗震设计时，对Ⅳ类场地上较高的高层建筑，表中数值应增加 0.1。

表 6.4.3-1 柱纵向受力钢筋最小配筋百分率（%）

柱类型	抗震等级				非抗震
	一级	二级	三级	四级	
中柱、边柱	0.9（1.0）	0.7（0.8）	0.6（0.7）	0.5（0.6）	0.5
角柱	1.1	0.9	0.8	0.7	0.5
框支柱	1.1	0.9	—	—	0.7

注：1 表中括号内数值适用于框架结构；

2 采用 335MPa 级、400MPa 级纵向受力钢筋时，应分别按表中数值增加 0.1 和 0.05 采用；

3 当混凝土强度等级高于 C60 时，上述数值应增加 0.1 采用。

（2）抗震设计时，柱箍筋在规定的范围内应加密，加密区的箍筋间距和直径，应符合下列要求：

1）箍筋的最大间距和最小直径，应按表 6.4.3-2 采用：

表 6.4.3-2 柱端箍筋加密区的构造要求

抗震等级	箍筋最大间距（mm）	箍筋最小直径（mm）
一级	$6d$ 和 100 的较小值	10
二级	$8d$ 和 100 的较小值	8
三级	$8d$ 和 150（柱根 100）的较小值	8
四级	$8d$ 和 150（柱根 100）的较小值	6（柱根 8）

注：1 d 为柱纵向钢筋直径（mm）；

2 柱根指框架柱底部嵌固部位。

2）一级框架柱的箍筋直径大于 12mm 且箍筋肢距不大于 150mm 及二级框架柱箍筋直径不小于 10mm 且肢距不大于 200mm 时，除柱根外最大间距应允许采用 150mm；三级框架柱的截面尺寸不大于 400mm 时，箍筋最小直径应允许采用 6mm；四级框架柱的剪跨比不大于 2 或柱中全部纵向钢筋的配筋率大于 3%时，箍筋直径不应小于 8mm；

3）剪跨比不大于 2 的柱，箍筋间距不应大于 100mm。

【高层混凝土结构规程：第 6.4.3 条】

4. 柱加密区范围内箍筋的体积配箍率，应符合下列规定：

（1）柱箍筋加密区箍筋的体积配箍率，应符合下式要求：

$$\rho_v \geqslant \lambda_v f_c / f_{yv}$$

式中 ρ_v——柱箍筋的体积配箍率；

λ_v——柱最小配箍特征值，宜按表6.4.7采用；

f_c——混凝土轴心抗压强度设计值，当柱混凝土强度等级低于C35时，应按C35计算；

f_{yv}——柱箍筋或拉筋的抗拉强度设计值。

表6.4.7 柱端箍筋加密区最小配箍特征值λ_v

抗震等级	箍筋形式	柱轴压比								
		≤0.30	0.40	0.50	0.60	0.70	0.80	0.90	1.00	1.05
一	普通箍、复合箍	0.10	0.11	0.13	0.15	0.17	0.20	0.23	—	—
一	螺旋箍、复合或连续复合螺旋箍	0.08	0.09	0.11	0.13	0.15	0.18	0.21	—	—
二	普通箍、复合箍	0.08	0.09	0.11	0.13	0.15	0.17	0.19	0.22	0.24
二	螺旋箍、复合或连续复合螺旋箍	0.06	0.07	0.09	0.11	0.13	0.15	0.17	0.20	0.22
三	普通箍、复合箍	0.06	0.07	0.09	0.11	0.13	0.15	0.17	0.20	0.22
三	螺旋箍、复合或连续复合螺旋箍	0.05	0.06	0.07	0.09	0.11	0.13	0.15	0.18	0.20

注：普通箍指单个矩形箍或单个圆形箍；螺旋箍指单个连续螺旋箍筋；复合箍由矩形、多边形、圆形箍或拉筋组成的箍筋；复合螺旋箍指由螺旋箍与矩形、多边形、圆形箍或拉筋组成的箍筋；连续复合螺旋箍指全部螺旋箍由同一根钢筋加工而成的箍筋。

（2）对一、二、三、四级框架柱，其箍筋加密区范围内箍筋的体积配箍率尚且分别不应小于0.8%、0.6%、0.4%和0.4%。

（3）剪跨比不大于2的柱宜采用复合螺旋箍或井字复合箍，

其体积配箍率不应小于 1.2%；设防烈度为 9 度时，不应小于 1.5%。

（4）计算复合箍筋的体积配箍率时，可不扣除重叠部分的箍筋体积；计算复合螺旋箍筋的体积配箍率时，其非螺旋箍筋的体积应乘以换算系数 0.8。

【高层混凝土结构规程：第 6.4.7 条】

2.4.4　钢筋的连接和锚固

1. 非抗震设计时，框架梁、柱的纵向钢筋在框架节点区的锚固和搭接（图 6.5.4）应符合下列要求：

（1）顶层中节点柱纵向钢筋和边节点柱内侧纵向钢筋应伸至柱顶；当从梁底边计算的直线锚固长度不小于 l_a 时，可不必水

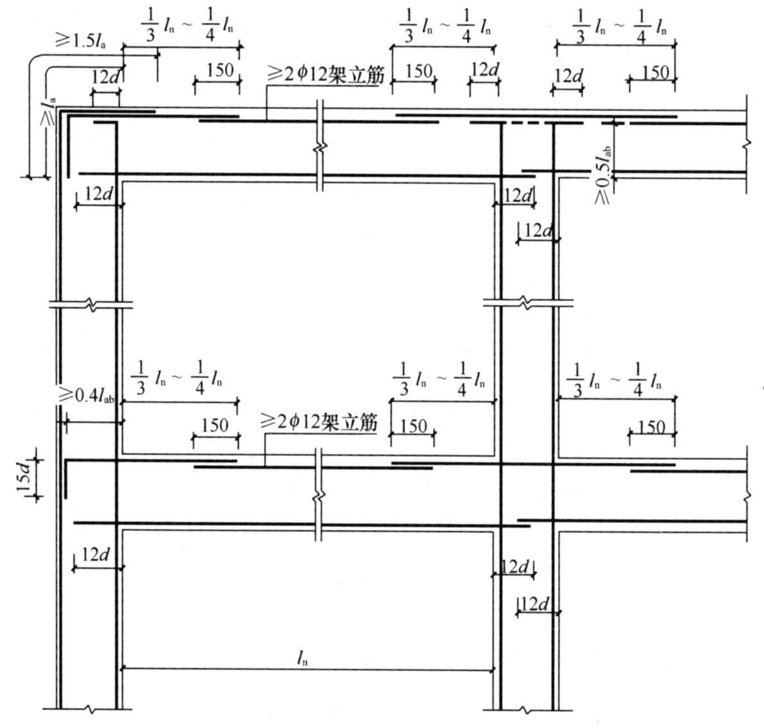

图 6.5.4　非抗震设计时框架梁、柱纵向钢筋在节点区的锚固示意

平弯折，否则应向柱内或梁、板内水平弯折，当充分利用柱纵向钢筋的抗拉强度时，其锚固段弯折前的竖直投影长度不应小于 $0.5l_{ab}$，弯折后的水平投影长度不宜小于12倍的柱纵向钢筋直径。此处，l_{ab} 为钢筋基本锚固长度，应符合现行国家标准《混凝土结构设计规范》GB 50010的有关规定。

（2）顶层端节点处，在梁宽范围以内的柱外侧纵向钢筋可与梁上部纵向钢筋搭接，搭接长度不应小于 $1.5l_a$；在梁宽范围以外的柱外侧纵向钢筋可伸入现浇板内，其伸入长度与伸入梁内的相同。当柱外侧纵向钢筋的配筋率大于1.2%时，伸入梁内的柱纵向钢筋宜分两批截断，其截断点之间的距离不宜小于20倍的柱纵向钢筋直径。

（3）梁上部纵向钢筋伸入端节点的锚固长度，直线锚固时不应小于 l_a，且伸过柱中心线的长度不宜小于5倍的梁纵向钢筋直径；当柱截面尺寸不足时，梁上部纵向钢筋应伸至节点对边并向下弯折，弯折水平段的投影长度不应小于 $0.4l_{ab}$，弯折后竖直投影长度不应小于15倍纵向钢筋直径。

（4）当计算中不利用梁下部纵向钢筋的强度时，其伸入节点内的锚固长度应取不小于12倍的梁纵向钢筋直径。当计算中充分利用梁下部钢筋的抗拉强度时，梁下部纵向钢筋可采用直线方式或向上90°弯折方式锚固于节点内，直线锚固时的锚固长度不应小于 l_a；弯折锚固时，弯折水平段的投影长度不应小于 $0.4l_{ab}$ 弯折后竖直投影长度不应小于15倍纵向钢筋直径。

（5）当采用锚固板锚固措施时，钢筋锚固构造应符合现行国家标准《混凝土结构设计规范》GB 50010的有关规定。

【高层混凝土结构规程：第6.5.4条】

2. 抗震设计时，框架梁、柱的纵向钢筋在框架节点区的锚固和搭接（图6.5.5）应符合下列要求：

（1）顶层中节点柱纵向钢筋和边节点柱内侧纵向钢筋应伸至柱顶。当从梁底边计算的直线锚固长度不小于 l_{aE} 时，可不必水平弯折，否则应向柱内或梁内、板内水平弯折，锚固段弯折前的竖直投影长度不应小于 $0.5l_{abE}$ ，弯折后的水平投影长度不宜小于 12 倍的柱纵向钢筋直径。此处，l_{abE} 为抗震时钢筋的基本锚固长度，一、二级取 $1.15l_{ab}$ ，三、四级分别取 $1.05l_{ab}$ 和 $1.00l_{ab}$ 。

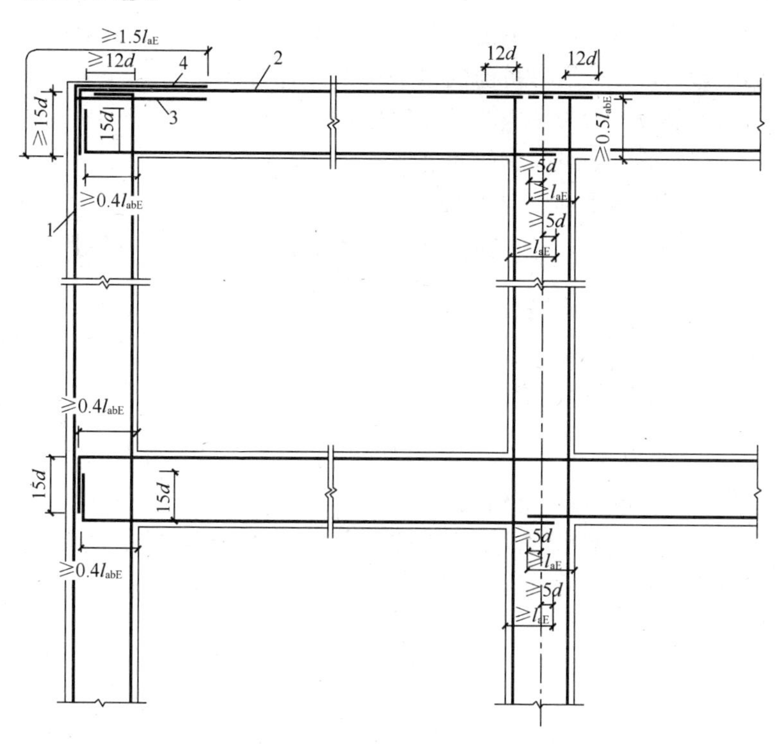

图 6.5.5 抗震设计时框架梁、柱纵向钢筋在节点区的锚固示意
1—柱外侧纵向钢筋；2—梁上部纵向钢筋；3—伸入梁内的柱外侧纵向钢筋；
4—不能伸入梁内的柱外侧纵向钢筋，可伸入板内

（2）顶层端节点处，柱外侧纵向钢筋可与梁上部纵向钢筋搭接，搭接长度不应小于 $1.5l_{aE}$ ，且伸入梁内的柱外侧纵向钢筋截面面积不宜小于柱外侧全部纵向钢筋截面面积的 65%；在梁宽范围以外的柱外侧纵向钢筋可伸入现浇板内，其伸入长度与伸

入梁内的相同。当柱外侧纵向钢筋的配筋率大于1.2%时，伸入梁内的柱纵向钢筋宜分两批截断，其截断点之间的距离不宜小于20倍的柱纵向钢筋直径。

（3）梁上部纵向钢筋伸入端节点的锚固长度，直线锚固时不应小于 l_{aE}，且伸过柱中心线的长度不应小于5倍的梁纵向钢筋直径；当柱截面尺寸不足时，梁上部纵向钢筋应伸至节点对边并向下弯折，锚固段弯折前的水平投影长度不应小于0.4 l_{abE}，弯折后的竖直投影长度应取15倍的梁纵向钢筋直径。

（4）梁下部纵向钢筋的锚固与梁上部纵向钢筋相同，但采用90°弯折方式锚固时，竖直段应向上弯入节点内。

【高层混凝土结构规程：第6.5.5条】

2.5　剪力墙结构设计

2.5.1　截面设计及构造

1. 剪力墙的约束边缘构件可为暗柱、端柱和翼墙（图7.2.15），并应符合下列规定：

（1）约束边缘构件沿墙肢的长度 l_c 和箍筋配箍特征值 λ_k 应符合表7.2.15的要求，其体积配箍率 ρ_v 应按下式计算：

$$\rho_v \geqslant \lambda_v \frac{f_c}{f_{yv}} \tag{7.2.15}$$

式中　ρ_v——箍筋体积配箍率。可计入箍筋、拉筋以及符合构造要求的水平分布钢筋，计入的水平分布钢筋的体积配箍率不应大于总体积配箍率的30%；

λ_v——约束边缘构件配箍特征值；

f_c——混凝土轴心抗压强度设计值；混凝土强度等级低于C35时，应取C35的混凝土轴心抗压强度设计值；

f_{yv}——箍筋、拉筋或水平分布钢筋的抗拉强度设计值。

表 7.2.15 约束边缘构件沿墙肢的长度 l_c 及其配箍特征值 λ_v

项　目	一级（9度）		一级（6、7、8度）		二、三级	
	$\mu_N \leqslant 0.2$	$\mu_N > 0.2$	$\mu_N \leqslant 0.3$	$\mu_N > 0.3$	$\mu_N \leqslant 0.4$	$\mu_N > 0.4$
l_c（暗柱）	$0.20h_w$	$0.25h_w$	$0.15h_w$	$0.20h_w$	$0.15h_w$	$0.20h_w$
l_c（翼墙或端柱）	$0.15h_w$	$0.20h_w$	$0.10h_w$	$0.15h_w$	$0.10h_w$	$0.15h_w$
λ_v	0.12	0.20	0.12	0.20	0.12	0.20

注：1 μ_N 为墙肢在重力荷载代表值作用下的轴压比，h_w 为墙肢的长度；

2 剪力墙的翼墙长度小于翼墙厚度的 3 倍或端柱截面边长小于 2 倍墙厚时，按无翼墙、无端柱查表；

3 l_c 为约束边缘构件沿墙肢的长度（图 7.2.15）。对暗柱不应小于墙厚和 400mm 的较大值；有翼墙或端柱时，不应小于翼墙厚度或端柱沿墙肢方向截面高度加 300mm。

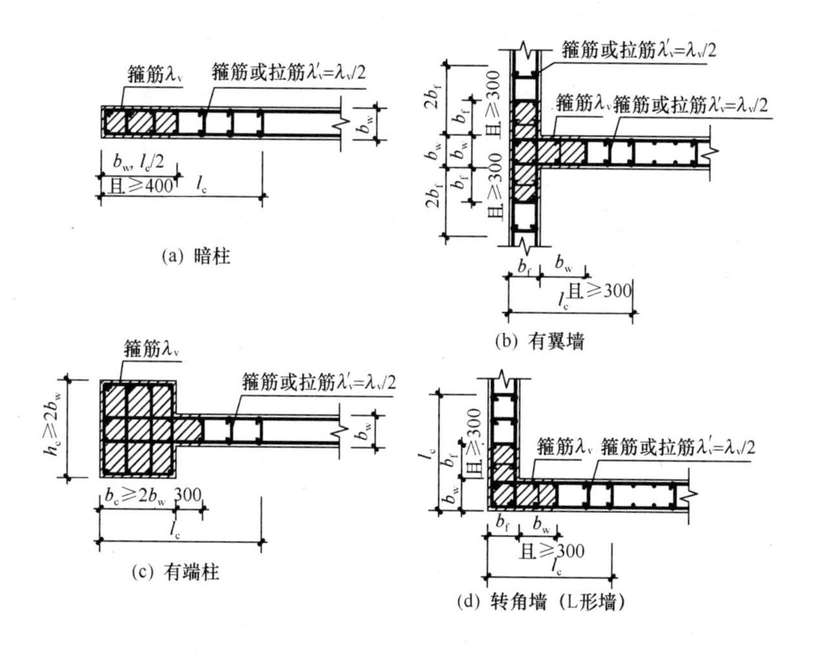

图 7.2.15 剪力墙的约束边缘构件

（2）剪力墙约束边缘构件阴影部分（图 7.2.15）的竖向钢筋除应满足正截面受压（受拉）承载力计算要求外，其配筋率

一、二、三级时分别不应小于 1.2%、1.0%和 1.0%，并分别不应少于 8ϕ16、6ϕ16 和 6ϕ14 的钢筋（ϕ 表示钢筋直径）；

（3）约束边缘构件内箍筋或拉筋沿竖向的间距，一级不宜大于 100mm，二、三级不宜大于 150mm；箍筋、拉筋沿水平方向的肢距不宜大于 300mm，不应大于竖向钢筋间距的 2 倍。

【高层混凝土结构规程：第 7.2.15 条】

2. 剪力墙竖向和水平分布钢筋的配筋率，一、二、三级时均不应小于 0.25%，四级和非抗震设计时均不应小于 0.20%。

【高层混凝土结构规程：第 7.2.17 条】

3. 剪力墙的钢筋锚固和连接应符合下列规定：

（1）非抗震设计时，剪力墙纵向钢筋最小锚固长度应取 l_a；抗震设计时，剪力墙纵向钢筋最小锚固长度应取 l_{aE}。l_a、l_{aE} 的取值应符合 JGJ 3—2010 规程第 6.5 节的有关规定。

（2）剪力墙竖向及水平分布钢筋采用搭接连接时（图 7.2.20），一、二级剪力墙的底部加强部位，接头位置应错开，同一截面连接的钢筋数量不宜超过总数量的 50%，错开净距不宜小于 500mm；其他情况剪力墙的钢筋可在同一截面连接。分布钢筋的搭接长度，非抗震设计时不应小于 1.2 l_a，抗震设计时应小于 1.2 l_{aE}。

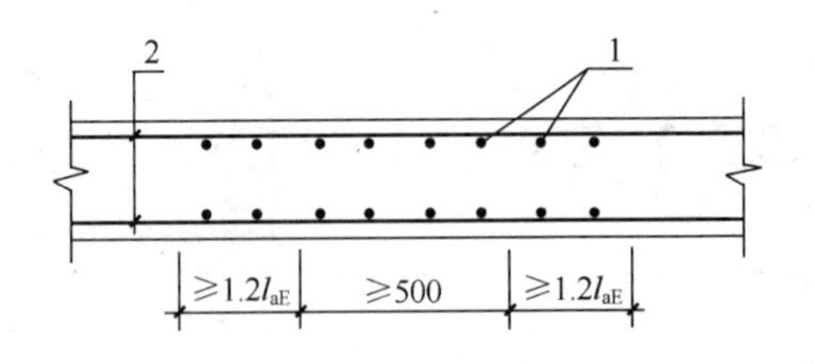

图 7.2.20　剪力墙分布钢筋的搭接连接

1—竖向分布钢筋；2—水平分布钢筋；非抗震设计时图中 l_{aE} 取 l_a

（3）暗柱及端柱内纵向钢筋连接和锚固要求宜与框架柱相同，宜符合 JGJ 3—2010 规程第 6.5 节的有关规定。

【高层混凝土结构规程：第 7.2.20 条】

4. 连梁的配筋构造（图 7.2.27）应符合下列规定：

（1）连梁顶面、底面纵向水平钢筋伸入墙肢的长度，抗震设计时不应小于 l_{aE}，非抗震设计时不应小于 l_a，且均不应小于 600mm。

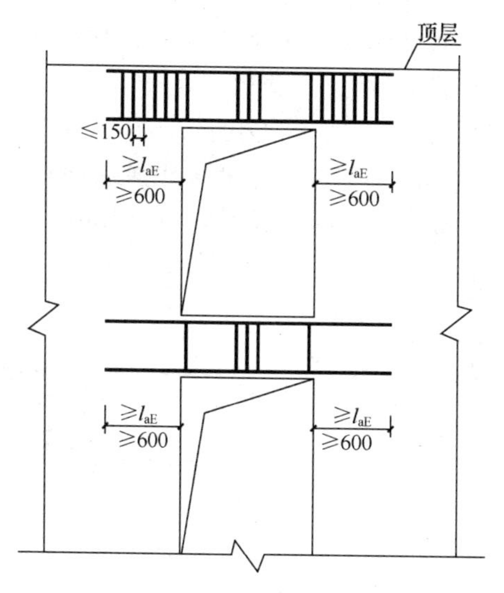

图 7.2.27 连梁配筋构造示意

注：非抗震设计时图中 l_{aE} 取 l_a

（2）抗震设计时，沿连梁全长箍筋的构造应符合 JGJ 3—2010 规程第 6.3.2 条框架梁梁端箍筋加密区的箍筋构造要求；非抗震设计时，沿连梁全长的箍筋直径不应小于 6mm，间距不应大于 150mm。

（3）顶层连梁纵向水平钢筋伸入墙肢的长度范围内应配置箍筋，箍筋间距不宜大于 150mm，直径应与该连梁的箍筋直径相同。

（4）连梁高度范围内的墙肢水平分布钢筋应在连梁内拉通作为连梁的腰筋。连梁截面高度大于 700mm 时，其两侧面腰筋的直径不应小于 8mm，间距不应大于 200mm；跨高比不大于 2.5 的连梁，其两侧腰筋的总面积配筋率不应小于 0.3%。

【高层混凝土结构规程：第 7.2.27 条】

5. 剪力墙开小洞口和连梁开洞应符合下列规定：

（1）剪力墙开有边长小于800mm的小洞口、且在结构整体计算中不考虑其影响时，应在洞口上、下和左、右配置补强钢筋，补强钢筋的直径不应小于12 mm，截面面积应分别不小于被截断的水平分布钢筋和竖向分布钢筋的面积（图7.2.28a）；

（2）穿过连梁的管道宜预埋套管，洞口上、下的截面有效高度不宜小于梁高的1/3，且不宜小于200mm；被洞口削弱的截面应进行承载力验算，洞口处应配置补强纵向钢筋和箍筋（图7.2.28b），补强纵向钢筋的直径不应小于12mm。

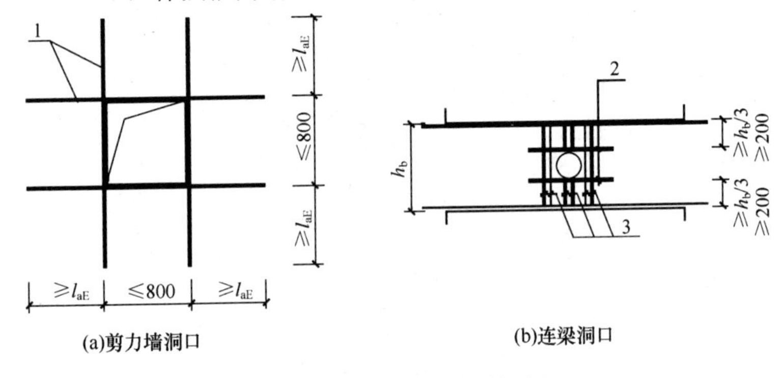

图7.2.28 洞口补强配筋示意

1—墙洞口周边补强钢筋；2—连梁洞口上、下补强纵向箍筋；
3—连梁洞口补强箍筋；非抗震设计时图中l_{aE}取l_a

【高层混凝土结构规程：第7.2.28条】

2.6 框架-剪力墙结构设计

2.6.1 一般规定

1. 框架-剪力墙结构应设计成双向抗侧力体系；抗震设计时，结构两主轴方向均应布置剪力墙。

【高层混凝土结构规程：第8.1.5条】

2. 长矩形平面或平面有一部分较长的建筑中，其剪力墙的布置尚宜符合下列规定：

（1）横向剪力墙沿长方向的间距宜满足表 8.1.8 的要求，当这些剪力墙之间的楼盖有较大开洞时，剪力墙的间距应适当减小；

（2）纵向剪力墙不宜集中布置在房屋的两尽端。

表 8.1.8　剪力墙间距（m）

楼盖形式	非抗震设计（取较小值）	抗震设防烈度		
		6 度、7 度（取较小值）	8 度（取较小值）	9 度（取较小值）
现　浇	5.0*B*，60	4.0*B*，50	3.*B*，40	2.0*B*，30
装配整体	3.5*B*，50	3.0*B*，40	2.5*B*，30	—

注：1　表中 *B* 为剪力墙之间的楼盖宽度（m）；
2　装配整体式楼盖的现浇层应符合 JGJ 3—2010 规程第 3.6.2 条的有关规定；
3　现浇层厚度大于 60mm 的叠合楼板可作为现浇板考虑；
4　当房屋端部未布置剪力墙时，第一片剪力墙与房屋端部的距离，不宜大于表中剪力墙间距的 1/2。

【高层混凝土结构规程：第 8.1.8 条】

2.6.2　截面设计及构造

1. 框架-剪力墙结构、板柱-剪力墙结构中，剪力墙的竖向、水平分布钢筋的配筋率，抗震设计时均不应小于 0.25%。非抗震设计时均不应小于 0.20%，并应至少双排布置。各排分布筋之间应设置拉筋，拉筋的直径不应小于 6mm、间距不应大于 600mm。

【高层混凝土结构规程：第 8.2.1 条】

2.7　筒体结构设计

2.7.1　一般规定

1. 筒中筒结构的高度不宜低于 80m，高宽比不宜小于 3。对高度不超过 60m 的框架-核心筒结构，可按框架-剪力墙结构设计。

【高层混凝土结构规程：第 9.1.2 条】

2. 筒体结构的楼盖外角宜设置双层双向钢筋（图 9.1.4），单层单向配筋率不宜小于 0.3%，钢筋的直径不应小于 8mm，间距不应大于 150mm，配筋范围不宜小于外框架（或外筒）至内筒外墙中距的 1/3 和 3m。

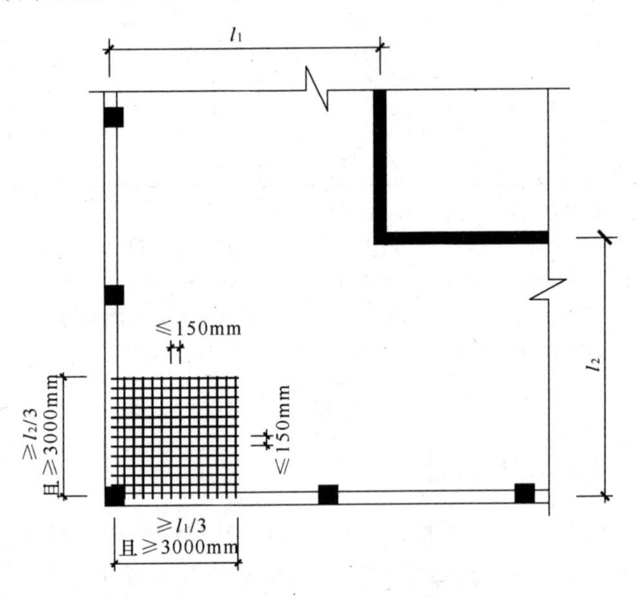

图 9.1.4 板角配筋示意

【高层混凝土结构规程：第 9.1.4 条】

2.7.2 框架-核心筒结构

1. 框架-核心筒结构的周边柱间必须设置框架梁。

【高层混凝土结构规程：第 9.2.3 条】

2.7.3 筒中筒结构

1. 外框筒梁和内筒连梁的构造配筋应符合下列要求：

（1）非抗震设计时，箍筋直径不应小于 8mm；抗震设计时，箍筋直径不应小于 10mm。

（2）非抗震设计时，箍筋间距不应大于 150mm；抗震设计时，箍筋间距沿梁长不变，且不应大于 100mm，当梁内设置交叉暗撑时，箍筋间距不应大于 200mm。

（3）框筒梁上、下纵向钢筋的直径均不应小于 16mm，腰筋的直径不应小于 10mm，腰筋间距不应大于 200mm。

【高层混凝土结构规程：第 9.3.7 条】

2. 跨高比不大于 2 的框筒梁和内筒连梁宜增配对角斜向钢筋。跨高比不大于 1 的框筒梁和内筒连梁宜采用交叉暗撑（图 9.3.8），且应符合下列规定：

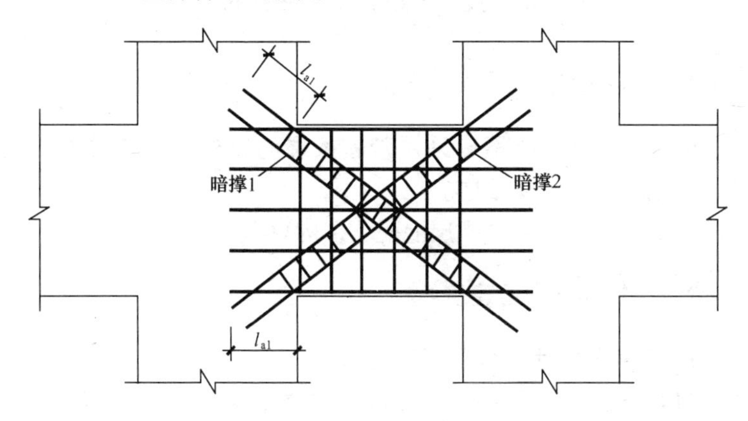

图 9.3.8　梁内交叉暗撑的配筋

（1）梁的截面宽度不宜小于 400mm；

（2）全部剪力应由暗撑承担，每根暗撑应由不少于 4 根纵向钢筋组成，纵筋直径不应小于 14mm，其总面积 A_s 应按下列公式计算：

1）持久、短暂设计状况

$$A_s \geqslant \frac{V_b}{2 f_y \sin\alpha} \tag{9.3.8-1}$$

2）地震设计状况

$$A_s \geqslant \frac{\gamma_{RE} V_b}{2 f_y \sin\alpha} \qquad (9.3.8\text{-}2)$$

式中：α——暗撑与水平线的夹角；

（3）两个方向暗撑的纵向钢筋应采用矩形箍筋或螺旋箍筋绑成一体，箍筋直径不应小于 8mm，箍筋间距不应大于 150mm；

（4）纵筋伸入竖向构件的长度不应小于 l_{a1}，非抗震设计时 l_{a1} 可取 l_a，抗震设计时 l_{a1} 宜取 1.15 l_a；

（5）梁内普通箍筋的配置应符合 JGJ 3—2010 规程第 9.3.7 条的构造要求。

【高层混凝土结构规程：第 9.3.8 条】

2.8　复杂高层建筑结构设计

2.8.1　一般规定

9 度抗震设计时不应采用带转换层的结构、带加强层的结构、错层结构和连体结构。

【高层混凝土结构规程：第 10.1.2 条】

2.8.2　带转换层高层建筑结构

1. 转换梁设计应符合下列要求：

（1）转换梁上、下部纵向钢筋的最小配筋率，非抗震设计时均不应小于 0.30%；抗震设计时，特一、一、和二级分别不应小于 0.60%、0.50%和 0.40%。

（2）离柱边 1.5 倍梁截面高度范围内的梁箍筋应加密。加密区箍筋直径不应小于 10mm、间距不应大于 100mm。加密区箍筋的最小面积配筋率，非抗震设计时不应小于 $0.9f_t/f_{yv}$；抗震设计时，特一、一和二级分别不应小于 $1.3f_t/f_{yv}$、$1.2f_t/f_{yv}$ 和 f_t/f_{yv}。

（3）偏心受拉的转换梁的支座上部纵向钢筋至少应有 50% 沿梁全长贯通，下部纵向钢筋应全部直通到柱内；沿梁腹板高度

应配置间距不大于 200mm、直径不小于 16mm 的腰筋。

【高层混凝土结构规程：第 10.2.7 条】

2. 转换梁设计尚应符合下列规定：

（1）转换梁与转换柱截面中线宜重合。

（2）转换梁截面高度不宜小于计算跨度的 1/8。托柱转换梁截面宽度不应小于其上所托柱在梁宽方向的截面宽度。框支梁截面宽度不宜大于框支柱相应方向的截面宽度，且不宜小于其上墙体截面厚度的 2 倍和 400mm 的较大值。

（3）转换梁截面组合的剪力设计值应符合下列规定：

持久、短暂设计状况 $V \leqslant 0.20\beta_c f_c b h_0$ （10.2.8-1）

地震设计状况 $V \leqslant \frac{1}{\gamma_{RE}}(0.15\beta_c f_c b h_0)$ （10.2.8-2）

（4）托柱转换梁应沿腹板高度配置腰筋，其直径不宜小于 12mm、间距不宜大于 200mm。

（5）转换梁纵向钢筋接头宜采用机械连接，同一连接区段内接头钢筋截面面积不宜超过全部纵筋截面面积的 50%，接头位置应避开上部墙体开洞部位、梁上托柱部位及受力较大部位。

（6）转换梁不宜开洞。若必须开洞时，洞口边离开支座柱边的距离不宜小于梁截面高度；被洞口削弱的截面应进行承载力计算，因开洞形成的上、下弦杆应加强纵向钢筋和抗剪箍筋的配置。

（7）对托柱转换梁的托柱部位和框支梁上部的墙体开洞部位，梁的箍筋应加密配置，加密区范围可取梁上托柱边或墙边两侧各 1.5 倍转换梁高度；箍筋直径、间距及面积配筋率应符合 JGJ 3—2010 规程第 10.2.7 条第 2 款的规定。

（8）框支剪力墙结构中的框支梁上、下纵向钢筋和腰筋（图 10.2.8）应在节点区可靠锚固，水平段应伸至柱边，且非抗震设计时不应小于 $0.4l_{ab}$，抗震设计时不应小于 $0.4l_{abE}$，梁上部第一排纵向钢筋应向柱内弯折锚固，且应延伸过梁底不小于 l_a（非抗震设计）或 l_{aE}（抗震设计）；当梁上部配置多排纵向钢筋时，其内排钢筋锚入柱内的长度可适当减小，但水平段长度和弯下段长度之和不应小于钢筋锚固长度 l_a（非抗震设计）或 l_{aE}（抗震设计）。

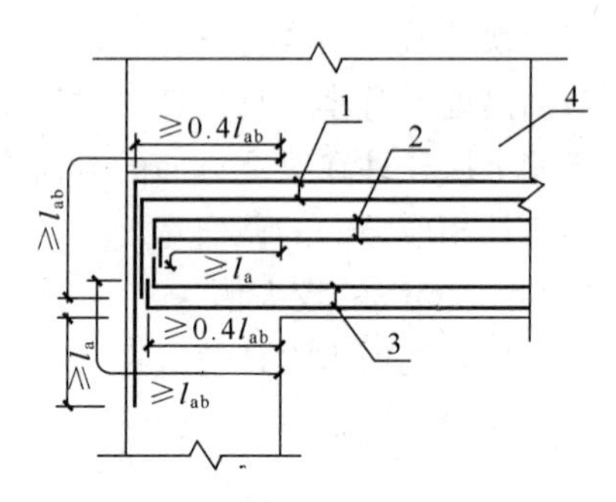

图 10.2.8　框支梁主筋和腰筋的锚固

1—梁上部纵向钢筋；2—梁腰筋；3—梁下部纵向钢筋；

4—上部剪力墙；抗震设计时图中 l_a 、l_{ab} 分别取为 l_{aE} 、l_{abE}

（9）托柱转换梁在转换层宜在托柱位置设置正交方向的框架梁或楼面梁。

【高层混凝土结构规程：第 10.2.8 条】

3. 转换层上部的竖向抗侧力构件（墙、柱）宜直接落在转换层的主要转换构件上。

【高层混凝土结构规程：第 10.2.9 条】

4. 转换柱设计应符合下列要求：

（1）柱内全部纵向钢筋配筋率应符合 JGJ3—2010 规程第 6.4.3 条中框支柱的规定；

（2）抗震设计时，转换柱箍筋应采用复合螺旋箍或井字复合箍，并应沿柱全高加密，箍筋直径不应小于 10mm，箍筋间距不应大于 100mm 和 6 倍纵向钢筋直径的较小值；

（3）抗震设计时，转换柱的箍筋配箍特征值应比普通框架柱要求的数值增加 0.02 采用，且箍筋体积配箍率不应小于 1.5%。

【高层混凝土结构规程：第 10.2.10 条】

5. 转换柱设计尚应符合下列规定：

（1）柱截面宽度，非抗震设计时不宜小于400mm，抗震设计时不应小于450mm；柱截面高度，非抗震设计时不宜小于转换梁跨度的1/15，抗震设计时不宜小于转换梁跨度的1/12。

（2）一、二级转换柱由地震作用产生的轴力应分别乘以增大系数1.5、1.2，但计算柱轴压比时可不考虑该增大系数。

（3）与转换构件相连的一、二级转换柱的上端和底层柱下端截面的弯矩组合值应分别乘以增大系数1.5、1.3，其他层转换柱柱端弯矩设计值应符合JGJ 3—2010规程第6.2.1条的规定。

（4）一、二级柱端截面的剪力设计值应符合JGJ 3—2010规程第6.2.3条的有关规定。

（5）转换角柱的弯矩设计值和剪力设计值应分别在本条第3、4款的基础上乘以增大系数1.1。

（6）柱截面的组合剪力设计值应符合下列规定：

持久、短暂设计状况 $V \leqslant 0.20\beta_c f_c b h_0$ (10.2.11-1)

地震设计状况 $V \leqslant \frac{1}{\gamma_{RE}}(0.15\beta_c f_c b h_0)$ (10.2.11-2)

（7）纵向钢筋间距均不应小于80mm，且抗震设计时不宜大于200mm，非抗震设计时不宜大于250mm；抗震设计时，柱内全部纵向钢筋配筋率不宜大于4.0%。

（8）非抗震设计时，转换柱宜采用复合螺旋箍或井字复合箍，其箍筋体积配箍率不宜小于0.8%，箍筋直径不宜小于10mm，箍筋间距不宜大于150mm。

（9）部分框支剪力墙结构中的框支柱在上部墙体范围内的纵向钢筋应伸入上部墙体内不少于一层，其余柱纵筋应锚入转换层梁内或板内；从柱边算起，锚入梁内、板内的钢筋长度，抗震设。计时不应小于 l_{aE} 止，非抗震设计时不应小于 l_a。

【高层混凝土结构规程：第10.2.11条】

6. 部分框支剪力墙结构中，剪力墙底部加强部位墙体的水

平和竖向分布钢筋的最小配筋率，抗震设计时不应小于0.3%，非抗震设计时不应小于0.25%；抗震设计时钢筋间距不应大于200mm，钢筋直径不应小于8mm。

【高层混凝土结构规程：第10.2.19条】

2.8.3　带加强层高层建筑结构

1. 抗震设计时，带加强层高层建筑结构应符合下列要求：

（1）加强层及其相邻层的框架柱、核心筒剪力墙的抗震等级应提高一级采用，一级应提高至特一级，但抗震等级已经为特一级时应允许不再提高；

（2）加强层及其相邻层的框架柱，箍筋应全柱段加密配置，轴压比限值应按其他楼层框架柱的数值减小0.05采用；

（3）加强层及其相邻层核心筒剪力墙应设置约束边缘构件。

【高层混凝土结构规程：第10.3.3条】

2.8.4　错层结构

1. 抗震设计时，错层处框架柱应符合下列要求：

（1）截面高度不应小于600mm，混凝土强度等级不应低于C30，箍筋应全柱段加密配置；

（2）抗震等级应提高一级采用，一级应提高至特一级，但抗震等级已经为特一级时应允许不再提高。

【高层混凝土结构规程：第10.4.4条】

2.8.5　连体结构

1. 7度（0.15*g*）和8度抗震设计时，连体结构的连接体应考虑竖向地震的影响。

【高层混凝土结构规程：第10.5.2条】

2. 抗震设计时，连接体及与连接体相连的结构构件应符合下列要求：

（1）连接体及与连接体相连的结构构件在连接体高度范围及

其上、下层，抗震等级应提高一级采用，一级提高至特一级，但抗震等级已经为特一级时应允许不再提高；

(2) 与连接体相连的框架柱在连接体高度范围及其上、下层，箍筋应全柱段加密配置，轴压比限值应按其他楼层框架柱的数值减小 0.05 采用；

(3) 与连接体相连的剪力墙在连接体高度范围及其上、下层应设置约束边缘构件。

【高层混凝土结构规程：第 10.5.6 条】

2.9 混合结构设计

注：混合结构是指由钢框架（框筒）、型钢混凝土框架（框筒）、钢管混凝土框架（框筒）与钢筋混凝土核心筒体所组成的共同承受水平和竖向作用的建筑结构。

2.9.1 一般规定

1. 混合结构高层建筑适用的最大高度应符合表 11.1.2 的规定。

表 11.1.2 混合结构高层建筑适用的最大高度（m）

<table>
<tr><th colspan="2" rowspan="3">结构体系</th><th rowspan="3">非抗震设计</th><th colspan="5">抗震设防烈度</th></tr>
<tr><th rowspan="2">6 度</th><th rowspan="2">7 度</th><th colspan="2">8 度</th><th rowspan="2">9 度</th></tr>
<tr><th>0.2g</th><th>0.3g</th></tr>
<tr><td rowspan="2">框架-核心筒</td><td>钢框架-钢筋混凝土核心筒</td><td>210</td><td>200</td><td>160</td><td>120</td><td>100</td><td>70</td></tr>
<tr><td>型钢（钢管）混凝土框架-钢筋混凝土核心筒</td><td>240</td><td>220</td><td>190</td><td>150</td><td>130</td><td>70</td></tr>
<tr><td rowspan="2">筒中筒</td><td>钢外筒-钢筋混凝土核心筒</td><td>280</td><td>260</td><td>210</td><td>160</td><td>140</td><td>80</td></tr>
<tr><td>型钢（钢管）混凝土外筒-钢筋混凝土核心筒</td><td>300</td><td>280</td><td>230</td><td>170</td><td>150</td><td>90</td></tr>
</table>

注：平面和竖向均不规则的结构，最大适用高度应适当降低。

【高层混凝土结构规程：第 11.1.2 条】

2. 混合结构高层建筑的高宽比不宜大于表 1 1.1.3 的规定。

表 11.1.3　混合结构高层建筑适用的最大高宽比

结构体系	非抗震设计	抗震设防烈度		
		6度、7度	8度	9度
框架-核心筒	8	7	6	4
筒中筒	8	8	7	5

【高层混凝土结构规程：第 11.1.3 条】

3. 抗震设计时，混合结构房屋应根据设防类别、烈度、结构类型和房屋高度采用不同的抗震等级，并应符合相应的计算和构造措施要求。丙类建筑混合结构的抗震等级应按表 11.1.4 确定。

表 11.1.4　钢-混凝土混合结构抗震等级

结构类型		抗震设防烈度						
		6度		7度		8度		9度
房屋高度（m）		≤150	>150	≤130	>130	≤100	>100	≤70
钢框架-钢筋混凝土核心筒	钢筋混凝土核心筒	二	一	一	特一	一	特一	特一
型钢（钢管）混凝土框架-钢筋混凝土核心筒	钢筋混凝土核心筒	二	二	二	一	一	特一	特一
	型钢（钢管）混凝土框架	三	二	二	一	一	一	一
房屋高度（m）		≤180	>180	≤150	>150	≤120	>120	≤90
钢外筒-钢筋混凝土核心筒	钢筋混凝土核心筒	二	一	一	特一	一	特一	特一
型钢（钢管）混凝土外筒-钢筋混凝土核心筒	钢筋混凝土核心筒	二	二	二	一	一	特一	特一
	型钢（钢管）混凝土外筒	三	二	二	一	一	一	一

注：钢结构构件抗震等级，抗震设防烈度为 6、7、8、9 度时应分别取四、三、二、一级。

【高层混凝土结构规程：第 11.1.4 条】

2.9.2　构件设计

1. 钢梁或型钢混凝土梁与混凝土筒体应有可靠连接，应能传递竖向剪力及水平力。当钢梁或型钢混凝土梁通过埋件与混凝土筒体连接时，预埋件应有足够的锚固长度，连接做法可按图11.4.16采用。

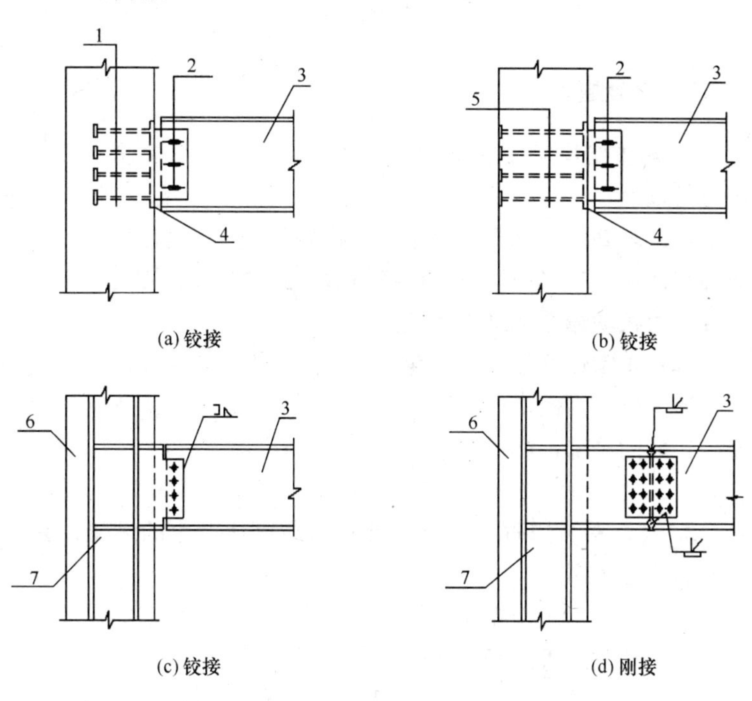

图 11.4.16　钢梁、型钢混凝土梁与混凝土核心筒的连接构造示意

1—栓钉；2—高强度螺栓及长圆孔；3—钢梁；4—预埋件端板；5—穿筋；6—混凝土墙；7—墙内预埋钢骨柱

【高层混凝土结构规程：第11.4.16条】

3 钢结构设计

3.1 基本设计规定

3.1.1 设计原则

1. 承重结构应按下列承载能力极限状态和正常使用极限状态进行设计：

(1) 承载能力极限状悉包括：构件和连接的强度破坏、疲劳破坏和因过度变形而不适于继续承载，结构和构件丧失稳定，结构转变为机动体系和结构倾覆。

(2) 正常使用极限状态包括：影响结构、构件和非结构构件正常使用或外观的变形，影响正常使用的振动，影响正常使用或耐久性能的局部损坏（包括混凝土裂缝）。

【钢结构设计规范：第 3.1.2 条】

2. 设计钢结构时，应根据结构破坏可能产生的后果，采用不同的安全等级。

一般工业与民用建筑钢结构的安全等级应取为二级，其他特殊建筑钢结构的安全等级应根据具体情况另行确定。

【钢结构设计规范：第 3.1.3 条】

3. 按承载能力极限状态设计钢结构时，应考虑荷载效应的基本组合，必要时尚应考虑荷载效应的偶然组合。

按正常使用极限状态设计钢结构时，应考虑荷载效应的标准组合，对钢与混凝土组合梁，尚应考虑准永久组合。

【钢结构设计规范：第 3.1.4 条】

4. 计算结构或构件的强度、稳定性以及连接的强度时，应采用荷载设计值（荷载标准值乘以荷载分项系数）；计算疲劳时，应采用荷载标准值。

【钢结构设计规范：第 3.1.5 条】

3.1.2 荷载和荷载效应计算

1. 设计钢结构时，荷载的标准值、荷载分项系数、荷载组合值系数、动力荷载的动力系数等，应按现行国家标准《建筑结构荷载规范》GB 50009 的规定采用。

结构的重要性系数 γ_0 应按现行国家标准《建筑结构可靠度设计统一标准》GB 50068 的规定采用，其中对设计使用年限为 25 年的结构构件，γ_0 不应小于 0.95。

注：对支承轻屋面的构件或结构（檩条、屋架、框架等），当仅有一个可变荷载且受荷水平投影面积超过 60m^2 时，屋面均布活荷载标准值应取为 0.3kN/m^2。

【钢结构设计规范：第 3.2.1 条】

3.1.3 材料选用

1. 承重结构采用的钢材应具有抗拉强度、伸长率、屈服强度和硫、磷含量的合格保证，对焊接结构尚应具有碳含量的合格保证。

焊接承重结构以及重要的非焊接承重结构采用的钢材还应具有冷弯试验的合格保证。

【钢结构设计规范：第 3.3.3 条】

3.1.4 设计指标

1. 钢材的强度设计值，应根据钢材厚度或直径按表 3.4.1-1 采用。钢铸件的强度设计值应按表 3.4.1-2 采用。连接的强度设计值应按表 3.4.1-3 至表 3.4.1-5 采用。

表 3.4.1-1　钢材的强度设计值（N/mm^2）

钢材		抗拉、抗压和抗弯 f	抗剪 f_v	端面承压（刨平顶紧）f_{ce}
牌号	厚度或直径（mm）			
Q235 钢	≤16	215	125	325
	>16～40	205	120	
	>40～60	200	115	
	>60～100	190	110	
Q345 钢	≤16	310	180	400
	>16～35	295	170	
	>35～50	265	155	
	>50～100	250	145	
Q390 钢	≤16	350	205	415
	>16～35	335	190	
	>35～50	315	180	
	>50～100	295	170	
Q420 钢	≤16	380	220	440
	>16～35	360	210	
	>35～50	340	195	
	>50～100	325	185	

注：表中厚度系指计算点的钢材厚度，对轴心受拉和轴心受压构件系指截面中较厚板件的厚度。

表 3.4.1-2　钢铸件的强度设计值（N/mm^2）

钢号	抗拉、抗压和抗弯 f	抗剪 f_v	端面承压（刨平顶紧）f_{ce}
ZG200-400	155	90	260
ZG230-450	180	105	290
ZG270-500	210	120	325
ZG310-570	240	140	370

表 3.4.1-3 焊缝的强度设计值（N/mm²）

焊接方法和焊条型号	构件钢材		对接焊缝				角焊缝
	牌号	厚度或直径（mm）	抗压 f_c^w	焊缝质量为下列等级时，抗拉 f_t^w		抗剪 f_v^w	抗拉、抗压和抗剪 f_t^w
				一级、二级	三级		
自动焊、半自动焊和 E43 型焊条的手工焊	Q235	≤16	215	215	185	125	160
		＞16～40	205	205	175	120	
		＞40～60	200	200	170	115	
		＞60～100	190	190	160	110	
自动焊、半自动焊和 E50 型焊条的手工焊	Q345 钢	≤16	310	310	265	180	200
		＞16～35	295	295	250	170	
		＞35～50	265	265	225	155	
		＞50～100	250	250	210	145	
自动焊、半自动焊和 E55 型焊条的手工焊	Q390 钢	≤16	350	350	300	205	220
		＞16～35	335	335	285	190	
		＞35～50	315	315	270	180	
		＞50～100	295	295	250	170	
	Q420 钢	≤16	380	380	320	220	220
		＞16～35	360	360	305	210	
		＞35～50	340	340	290	195	
		＞50～100	325	325	275	185	

注：1 自动焊和半自动焊所采用的焊丝和焊剂，应保证其熔敷金属的力学性能不低于现行国家标准《埋弧焊用碳钢焊丝和焊剂》GB/T 5293 和《低合金钢埋弧焊用焊》GB/T 12470 中相关的规定。

2 焊缝质量等级应符合现行国家标准《钢结构工程施工质量验收规范》GB 50205 的规定。其中厚度小于 8mm 钢材的对接焊缝，不应采用超声波探伤确定焊缝质量等级。

3 对接焊缝在受压区的抗弯强度设计值取 f_c^w，在受拉区的抗弯强度设计值取 f_t^w。

4 表中厚度系指计算点的钢材厚度，对轴心受拉和轴心受压构件系指截面中较厚板件的厚度。

表 3.4.1-4　螺栓连接的强度设计值（N/mm^2）

螺栓的性能等级、锚栓和构件钢材的牌号		普通螺栓						锚栓	承压型连接高强度螺栓		
		C级螺栓			A级、B级螺栓						
		抗拉 f_t^b	抗剪 f_v^b	承压 f_c^b	抗拉 f_t^b	抗剪 f_v^b	承压 f_c^b	抗拉 f_t^a	抗拉 f_t^b	抗剪 f_v^b	承压 f_c^b
普通螺栓	4.6级、4.8级	170	140	—	—	—	—	—	—	—	—
	5.6级	—	—	—	210	190	—	—	—	—	—
	8.8级	—	—	—	400	320	—	—	—	—	—
锚栓	Q235钢	—	—	—	—	—	—	140	—	—	—
	Q345钢	—	—	—	—	—	—	180	—	—	—
承压型连接高强度螺栓	8.8级	—	—	—	—	—	—	—	400	250	—
	10.9级	—	—	—	—	—	—	—	500	310	—
构件	Q235钢	—	—	305	—	—	405	—	—	—	470
	Q345钢	—	—	385	—	—	510	—	—	—	290
	Q390钢	—	—	400	—	—	530	—	—	—	615
	Q420钢	—	—	425	—	—	560	—	—	—	655

注：1　A级螺栓用于 $d \leqslant 24mm$ 和 $l < 10d$ 或 $l \leqslant 150mm$（按较小值）的螺栓；B级螺栓用于 $d > 24mm$ 或 $l < 10d$ 或 $l \leqslant 150mm$（按较小值）的螺栓。d 为公称直径，l 为螺杆公称长度。

2　A、B级螺栓孔的精度和孔壁表面粗糙度，C级螺栓孔的允许偏差和孔壁表面粗糙度，均应符合现行国家标准《钢结构工程施工质量验收规范》GB 50205的要求。

表 3.4.1-5　铆钉连接的强度设计值（N/mm^2）

铆钉钢号和构件钢材牌号		抗拉（钉头拉脱）f_t^r	抗剪 f_v^r		承压 f_c^r	
			Ⅰ类孔	Ⅱ类孔	Ⅰ类孔	Ⅱ类孔
铆钉	BL2或BL3	120	185	155	—	—
构件	Q235钢	—	—	—	450	365
	Q345钢	—	—	—	565	460
	Q390钢	—	—	—	590	480

注：1　属于下列情况者为Ⅰ类孔：

1）在装配好的构件上按设计孔径钻成的孔；

2）在单个零件和构件上按设计孔径分别用钻模钻成的孔；

3）在单个零件上先钻成或冲成较小的孔径，然后在装配好的构件上再扩钻至设计孔径的孔。

2　在单个零件上一次冲成或不用钻模钻成设计孔径的孔属于Ⅱ类孔。

【钢结构设计规范：第3.4.1条】

2. 计算下列情况的结构构件或连接时，第 3.4.1 条规定的强度设计值应乘以相应的折减系数。

(1) 单面连接的单角钢：

1) 按轴心受力计算强度和连接乘以系数 0.85；

2) 按轴心受压计算稳定性：

等边角钢乘以系数 $0.6+0.0015\lambda$，但不大于 1.0；

短边相连的不等边角钢乘以系数

$0.5+0.0025\lambda$，但不大于 1.0；

长边相连的不等边角钢乘以系数 0.70；

λ 为长细比，对中间无联系的单角钢压杆，应按最小回转半径计算，当 $\lambda<20$ 时，取 $\lambda=20$；

(2) 无垫板的单面施焊对接焊缝乘以系数 0.85；

(3) 施工条件较差的高空安装焊缝和铆钉连接乘以系数 0.90；

(4) 沉头和半沉头铆钉连接乘以系数 0.80。

注：当几种情况同时存在时，其折减系数应连乘。

【钢结构设计规范：第 3.4.2 条】

3. 钢材和钢铸件的物理性能指标应按表 3.4.3 采用。

表 3.4.3 钢材和钢铸件的物理性能指标

弹性模量 E (N/mm^2)	剪变模量 G (N/mm^2)	线膨胀系数 a (以每℃计)	质量密度 ρ (kg/m^3)
206×10^3	79×10^3	12×10^{-6}	7850

【钢结构设计规范：第 3.4.3 条】

3.1.5 结构或构件变形的规定

1. 计算结构或构件的变形时，可不考虑螺栓（或铆钉）孔引起的截面削弱。

【钢结构设计规范：第 3.5.2 条】

2. 为改善外观和使用条件，可将横向受力构件预先起拱，起拱大小应视实际需要而定，一般为恒载标准值加 1/2 活载标准值所产生的挠度值。当仅为改善外观条件时，构件挠度应取在恒荷载和活荷载标准值作用下的挠度计算值减去起拱度。

【钢结构设计规范：第 3.5.3 条】

3.2　受弯构件的计算

3.2.1　局部稳定

1. 组合梁腹板配置加劲肋应符合下列规定（图 4.3.2）：

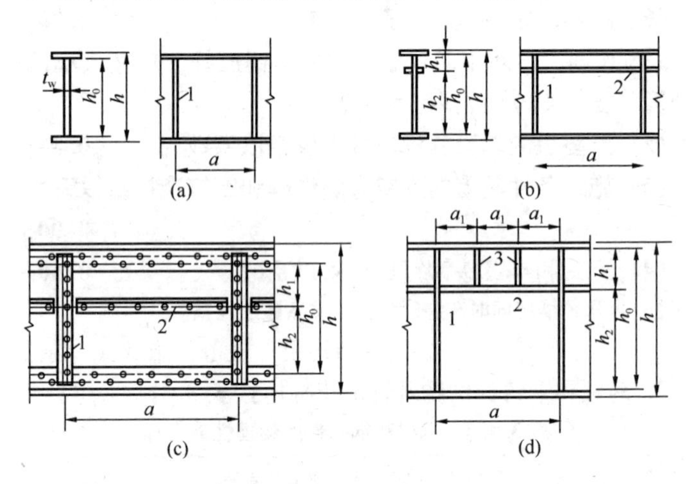

图 4.3.2　加劲肋布置

1—横向加劲肋；2—纵向加劲肋；3—短加劲肋

（1）当 $h_0/t_w \leqslant 80\sqrt{235/f_y}$ 时，对有局部压应力（$\sigma_c \neq 0$）的梁，应按构造配置横向加劲肋；但对无局部压应力（$\sigma_c = 0$）的梁，可不配置加劲肋。

（2）当 $h_0/t_w \leqslant 80\sqrt{235/f_y}$ 时，应配置横向加劲肋。其中，当 $h_0/t_w \leqslant 170\sqrt{235/f_y}$（受压翼缘扭转受到约束，如连有刚性铺板、制动板或焊有钢轨时）或 $h_0/t_w \leqslant 150\sqrt{235/f_y}$（受压翼缘扭转未受到约束时），或按计算需要时，应在弯曲应力较大区格的受压区增加配置纵向加劲肋。局部压应力很大的梁，必要时尚宜在受压区配置短加劲肋。

任何情况下，h_0/t_w 均不应超过 250。

此处 h_0 为腹板的计算高度（对单轴对称梁，当确定是否要配置纵向加劲肋时，h_0 应取腹板受压区高度 h_c 的 2 倍），t_w 为腹板的厚度。

（3）梁的支座处和上翼缘受有较大固定集中荷载处，宜设置支承加劲肋。

【钢结构设计规范：第 4.3.2 条】

2. 加劲肋宜在腹板两侧成对配置，也可单侧配置，但支承加劲肋、重级工作制吊车梁的加劲肋不应单侧配置。

横向加劲肋的最小间距应为 $0.5h_0$，最大间距应为 $2h_0$（对无局部压应力的梁，当 $h_0/t_w \leqslant 100$ 时，可采用 $2.5h_0$）。纵向加劲肋至腹板计算高度受压边缘的距离应在 $h_c/2.5 \sim h_c/2$ 范围内。

在腹板两侧成对配置的钢板横向加劲肋，其截面尺寸应符合下列公式要求：

外伸宽度：

$$t_s \geqslant \frac{h_0}{30} + 40 \qquad (\text{mm}) \tag{4.3.6-1}$$

厚度：

$$b_s \geqslant \frac{b_s}{15} \tag{4.3.6-2}$$

在腹板一侧配置的钢板横向加劲肋，其外伸宽度应大于按公式（4.3.6-1）算得的 1.2 倍，厚度不应小于其外伸宽度的 1/15。

在同时用横向加劲肋和纵向加劲肋加强的腹板中，横向加劲肋的截面尺寸除应符合上述规定外，其截面惯性矩 I_z 尚应符合下式要求：

$$I_z \geqslant 3h_0/t_w^3 \tag{4.3.6-3}$$

纵向加劲肋的截面惯性矩 I_y，应符合下列公式要求：

当 $\alpha/h_0 \leqslant 0.85$ 时：

$$I_y \geqslant 1.5h_0/t_w^3 \tag{4.3.6-4a}$$

当 $\alpha/h_0>0.85$ 时：

$$I_y\geqslant\left(2.5-0.45\frac{\alpha}{h_0}\right)\left(\frac{\alpha}{h_0}\right)^2h_0/t_w^3\qquad(4.3.6\text{-}4b)$$

短加劲肋的最小间距为 $0.75h_1$。短加劲肋外伸宽度应取横向加劲肋外伸宽度的 0.7～1.0 倍，厚度不应小于短加劲肋外伸宽度的 1/15。

注：1　用型钢（H 型钢、工字钢、槽钢、肢尖焊于腹板的角钢）做成的加劲肋，其截面惯性矩不得小于相应钢板加劲肋的惯性矩。

2　在腹板两侧成对配置的加劲肋，其截面惯性矩应按梁腹板中心线为轴线进行计算。

3　在腹板一侧配置的加劲肋，其截面惯性矩应按与加劲肋相连的腹板边缘为轴线进行计算。

【钢结构设计规范：第 4.3.6 条】

3. 梁的支承加劲肋，应按承受梁支座反力或固定集中荷载的轴心受压构件计算其在腹板平面外的稳定性。此受压构件的截面应包括加劲肋和加劲肋每侧 $15t_w\sqrt{235/f_y}$ 范围内的腹板面积，计算长度取 h_0。

当梁支承加劲肋的端部为刨平顶紧时，应按其所承受的支座反力或固定集中荷载计算其端面承压应力（对突缘支座尚应符合 GB 50017—2003 规范第 8.4.12 条的要求）；当端部为焊接时，应按传力情况计算其焊缝应力。

支承加劲肋与腹板的连接焊缝，应按传力需要进行计算。

【钢结构设计规范：第 4.3.7 条】

3.2.2　组合梁腹板考虑屈曲后强度的计算

1. 腹板仅配置支承加劲肋（或尚有中间横向加劲肋）而考虑屈曲后强度的工字形截面焊接组合梁（图 4.3.2a），应按下式验算抗弯和抗剪承载能力：

$$\left(\frac{V}{0.5V_u}-1\right)^2+\frac{M-M_f}{M_{eu}-M_f}\leqslant 1\qquad(4.4.1\text{-}1)$$

$$M_f = \left(A_{f1}\frac{h_1^2}{h_2} + A_{f2}h_2\right)f \quad (4.4.1\text{-}2)$$

式中　M、V——梁的同一截面上同时产生的弯矩和剪力设计值；计算时，当 $V<0.5V_u$，取 $V=0.5V_u$；当 $M<M_f$，取 $M=M_f$；

M_f——梁两翼缘所承担的弯矩设计值；

A_{f1}、h_1——较大翼缘的截面积及其形心至梁中和轴的距离；

A_{f2}、h_2——较小翼缘的截面积及其形心至梁中和轴的距离；

M_{eu}、V_u——梁抗弯和抗剪承载力设计值。

(1) M_{eu}应按下列公式计算：

$$M_{eu}=\gamma_x\alpha_e W_x f \quad (4.4.1\text{-}3)$$

$$\alpha_e=1-\frac{(1-\rho)\ h_c^3 t_w}{2I_x} \quad (4.4.1\text{-}4)$$

式中　α_e——梁截面模量考虑腹板有效高度的折减系数；

I_x——按梁截面全部有效算得的绕 x 轴的惯性矩；

h_c——按梁截面全部有效算得的腹板受压区高度；

γ_x——梁截面塑性发展系数；

ρ——腹板受压区有效高度系数。

当 $\lambda_b \leqslant 0.85$ 时：

$$\rho = 1.0 \quad (4.4.1\text{-}5a)$$

当 $0.85 < \lambda_b \leqslant 1.25$ 时：

$$\rho = 1-0.82(\lambda_b-0.85) \quad (4.4.1\text{-}5b)$$

当 $\lambda_b > 1.25$ 时：

$$\rho = \frac{1}{\lambda_b}\left(1-\frac{0.2}{\lambda_b}\right) \quad (4.4.1\text{-}5c)$$

式中　λ_b——用于腹板受弯计算时的通用高厚比，按公式(4.3.3-2d)、(4.3.3-2e) 计算。

(2) V_u 应按下列公式计算：

当 $\lambda_s \leqslant 0.8$ 时：

$$V_u = h_w t_w f_v \quad (4.4.1\text{-}6a)$$

当 $0.8 < \lambda_s \leqslant 1.2$ 时：

$$V_u = h_w t_w f_v [1 - 0.5(\gamma_s - 0.8)] \quad (4.4.1\text{-}6b)$$

当 $\lambda_s > 1.2$ 时：

$$V_u = h_w t_w f_v / \gamma_s^{1.2} \quad (4.4.1\text{-}6c)$$

式中　λ_s——用于腹板受剪计算时的通用高厚比，按公式(4.3.3-3d)、(4.3.3-3e)计算。

当组合梁仅配置支座加劲肋时，取公式(4.3.3-3e)中的 $h_0/a=0$。

【钢结构设计规范：第4.4.1条】

2. 当仅配置支承加劲肋不能满足公式（4.4.1-1）的要求时，应在两侧成对配置中间横向加劲肋。中间横向加劲肋和上端受有集中压力的中间支承加劲肋，其截面尺寸除应满足公式（4.3.6-1）和公式（4.3.6-2）的要求外，尚应按轴心受压构件参照第4.3.7条计算其在腹板平面外的稳定性，轴心压力应按下式计算：

$$N_s = V_u - \tau_{cr} h_w t_w + F \quad (4.4.2\text{-}1)$$

式中　V_u——按公式（4.4.1-6）计算；

h_w——腹板高度；

τ_{cr}——按公式（4.3.3-3）计算；

F——作用于中间支承加劲肋上端的集中压力。

当腹板在支座旁的区格利用屈曲后强度亦即 $\lambda_s > 0.8$ 时，支座加劲肋除承受梁的支座反力外尚应承受拉力场的水平分力 H，按压弯构件计算强度和在腹板平面外的稳定。

$$H = (V_u - \tau_{cr} h_w t_w)\sqrt{1 + (a/h_0)^2} \quad (4.4.2\text{-}2)$$

对设中间横向加劲肋的梁，a 取支座端区格的加劲肋间距。对不设中间加劲肋的腹板，a 取梁支座至跨内剪力为零点的距离。

H 的作用点在距腹板计算高度上边缘 $h_0/4$ 处。此压弯构件的截面和计算长度同一般支座加劲肋。当支座加劲肋采用图4.4.2的构造形式时，可按下述简化方法进行计算：加劲肋1作为承受支座反力 R 的轴心压杆计算，封头肋板2的截面积不应小于按下式计算的数值：

$$A_c = \frac{3h_0 H}{16ef} \tag{4.4.2-3}$$

注：1 腹板高厚比不应大于250。

2 考虑腹板屈曲后强度的梁，可按构造需要设置中间横向加劲肋。

3 中间横向加劲肋间距较大（$a>2.5h_0$）和不设中间横向加劲肋的腹板，当满足公式（4.3.3-1）时，可取 $H=0$。

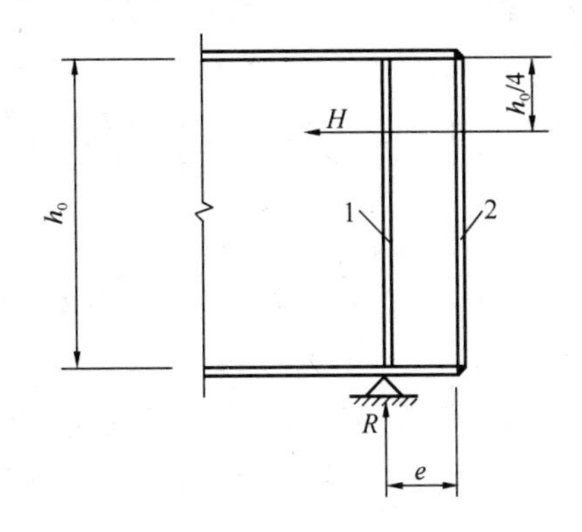

图 4.4.2 设置封头肋板的梁端构造

【钢结构设计规范：第4.4.2条】

3.3 连接计算

3.3.1 焊缝连接

1. 焊缝应根据结构的重要性、荷载特性、焊缝形式、工作环境以及应力状态等情况，按下述原则分别选用不同的质量等级：

(1) 在需要进行疲劳计算的构件中，凡对接焊缝均应焊透，其质量等级为：

1) 作用力垂直于焊缝长度方向的横向对接焊缝或T形对接与角接组合焊缝，受拉时应为一级，受压时应为二级；

2）作用力平行于焊缝长度方向的纵向对接焊缝应为二级。

（2）不需要计算疲劳的构件中，凡要求与母材等强的对接焊缝应予焊透，其质量等级当受拉时应不低于二级，受压时宜为二级。

（3）重级工作制和起重量 $Q \geqslant 50t$ 的中级工作制吊车梁的腹板与上翼缘之间以及吊车桁架上弦杆与节点板之间的 T 形接头焊缝均要求焊透，焊缝形式一般为对接与角接的组合焊缝，其质量等级不应低于二级。

（4）不要求焊透的 T 形接头采用的角焊缝或部分焊透的对接与角接组合焊缝，以及搭接连接采用的角焊缝，其质量等级为：

1）对直接承受动力荷载且需要验算疲劳的结构和吊车起重量等于或大于 50t 的中级工作制吊车梁，焊缝的外观质量标准应符合二级；

2）对其他结构，焊缝的外观质量标准可为三级。

【钢结构设计规范：第 7.1.1 条】

3.3.2　紧固件（螺栓、铆钉等）连接

1. 普通螺栓、锚栓和铆钉连接应按下列规定计算：

（1）在普通螺栓或铆钉受剪的连接中，每个普通螺栓或铆钉的承载力设计值应取受剪和承压承载力设计值中的较小者。

受剪承载力设计值：

普通螺栓　$$N_v^b = n_v \frac{\pi d^2}{4} f_v^b \tag{7.2.1-1}$$

铆钉　$$N_v^r = n_v \frac{\pi d_0^2}{4} f_v^r \tag{7.2.1-2}$$

承压承载力设计值：

普通螺栓　$$N_c^b = d\Sigma t \cdot f_c^b \tag{7.2.1-3}$$

铆钉　$$N_c^r = d_0 \Sigma t \cdot f_c^r \tag{7.2.1-4}$$

式中　n_v——受剪面数目；

d—— 螺栓杆直径；

d_0—— 铆钉孔直径；

Σt—— 在不同受力方向中一个受力方向承压构件总厚度的较小值；

f_v^b、f_c^b—— 螺栓的抗剪和承压强度设计值；

f_v^r、f_c^r—— 铆钉的抗剪和承压强度设计值。

(2) 在普通螺栓、锚栓或铆钉杆轴方向受拉的连接中，每个普通螺栓、锚栓或铆钉的承载力设计值应按下列公式计算：

普通螺栓 $$N_t^b = \frac{\pi d_e^2}{4} f_t^b \quad (7.2.1\text{-}5)$$

锚栓 $$N_t^a = \frac{\pi d_e^2}{4} f_t^a \quad (7.2.1\text{-}6)$$

铆钉 $$N_t^r = \frac{\pi d_0^2}{4} f_t^r \quad (7.2.1\text{-}7)$$

式中 d_e—— 螺栓或锚栓在螺纹处的有效直径；

f_t^b、f_t^a、f_t^r—— 普通螺栓、锚栓、铆钉的抗拉强度设计值。

(3) 同时承受剪力和杆轴方向拉力的普通螺栓和铆钉，应分别符合下列公式的要求：

普通螺栓 $$\sqrt{\left(\frac{N_v}{N_v^b}\right)^2 + \left(\frac{N_t}{N_t^b}\right)^2} \leqslant 1 \quad (7.2.1\text{-}8)$$

$$N_v \leqslant N_c^b \quad (7.2.1\text{-}9)$$

铆钉 $$\sqrt{\left(\frac{N_v}{N_v^r}\right)^2 + \left(\frac{N_t}{N_t^r}\right)^2} \leqslant 1 \quad (7.2.1\text{-}10)$$

$$N_v \leqslant N_c^r \quad (7.2.1\text{-}11)$$

式中 N_v、N_t—— 某个普通螺栓或铆钉所承受的剪力和拉力；

N_v^b、N_t^b、N_c^b—— 一个普通螺栓的受剪、受拉和承压承载力设计值；

N_v^r、N_t^r、N_c^r—— 二个铆钉的受剪、受拉和承压承载力设计值。

【钢结构设计规范：第 7.2.1 条】

2. 高强度螺栓摩擦型连接应按下列规定计算：

（1）在抗剪连接中，每个高强度螺栓的承载力设计值应按下式计算：

$$N_v^b = 0.9 n_f \mu P \tag{7.2.2-1}$$

式中　n_f—— 传力摩擦面数目；

μ—— 摩擦面的抗滑移系数，应按表 7.2.2-1 采用；

P—— 一个高强度螺栓的预拉力，应按表 7.2.2-2 采用。

表 7.2.2-1　摩擦面的抗滑移系数 μ

在连接处构件接触面的处理方法	构件的钢号		
	Q235 钢	Q345 钢、Q390 钢	Q420 钢
喷砂（丸）	0.45	0.50	0.50
喷砂（丸）后涂无机富锌漆	0.35	0.40	0.40
喷砂（丸）后生赤锈	0.45	0.50	0.50
钢丝刷清除浮锈或未经处理的干净轧制表面	0.30	0.35	0.40

表 7.2.2-2　一个高强度螺栓的预拉力 P（kN）

螺栓的性能等级	螺栓公称直径（mm）					
	M16	M20	M22	M24	M27	M30
8.8 级	80	125	150	175	230	280
10.9 级	100	155	190	225	290	355

（2）在螺栓杆轴方向受拉的连接中，每个高强度螺栓的承载力设计值取 $N_t^b = 0.8P$。

（3）当高强度螺栓摩擦型连接同时承受摩擦面间的剪力和螺栓杆轴方向的外拉力时，其承载力应按下式计算：

$$\frac{N_v}{N_v^b} + \left(\frac{N_t}{N_t^b}\right) \leqslant 1 \tag{7.2.2-2}$$

式中　N_v、N_t—— 某个高强度螺栓所承受的剪力和拉力；

N_v^b、N_t^b—— 一个高强度螺栓的受剪、受拉承载力设计值。

【钢结构设计规范：第 7.2.2 条】

3. 高强度螺栓承压型连接应按下列规定计算：

（1）承压型连接的高强度螺栓的预拉力 P 应与摩擦型连接高强度螺栓相同。连接处构件接触面应清除油污及浮锈。

高强度螺栓承压型连接不应用于直接承受动力荷载的结构。

（2）在抗剪连接中，每个承压型连接高强度螺栓的承载力设计值的计算方法与普通螺栓相同，但当剪切面在螺纹处时，其受剪承载力设计值应按螺纹处的有效面积进行计算。

（3）在杆轴方向受拉的连接中，每个承压型连接高强度螺栓的承载力设计值的计算方法与普通螺栓相同。

（4）同时承受剪力和杆轴方向拉力的承压型连接的高强度螺栓，应符合下列公式的要求：

$$\sqrt{\left(\frac{N_v}{N_v^b}\right)^2+\left(\frac{N_t}{N_t^b}\right)^2}\leqslant 1 \tag{7.2.3-1}$$

$$N_v\leqslant N_c^b/1.2 \tag{7.2.3-2}$$

式中 N_v、N_t——某个高强度螺栓所承受的剪力和拉力；

N_v^b、N_t^b、N_c^b——一个高强度螺栓的受剪、受拉和承压承载力设计值。

【钢结构设计规范：第 7.2.3 条】

3.3.3 支座

1. 梁或桁架支于砌体或混凝土上的平板支座（参见图 8.4.12a），其底板应有足够面积将支座压力传给砌体或混凝土，厚度应根据支座反力对底板产生的弯矩进行计算。

【钢结构设计规范：第 7.6.1 条】

2. 弧形支座（图 7.6.2a）和辊轴支座（图 7.6.2b）中圆柱形弧面与平板为线接触，其支座反力 R 应满足下式要求：

$$R\leqslant 40ndlf^2/E \tag{7.6.2}$$

式中 d——对辊轴支座为辊轴直径，对弧形支座为弧形表面接触点曲率半径 r 的 2 倍；

n——辊轴数目，对弧形支座，$n=1$；

l——弧形表面或辊轴与平板的接触长度。

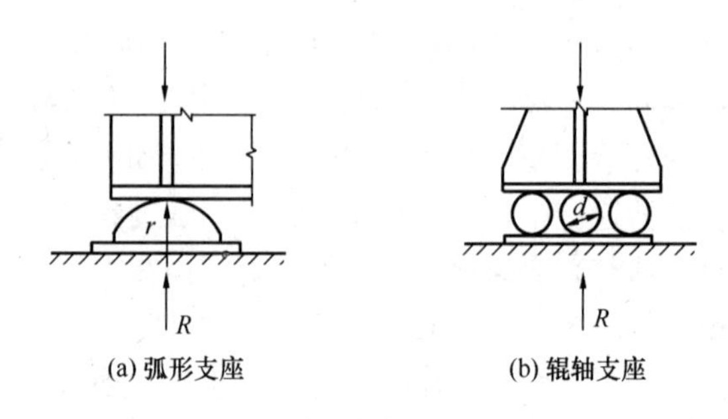

图 7.6.2　弧形支座与辊轴支座示意图

【钢结构设计规范：第 7.6.2 条】

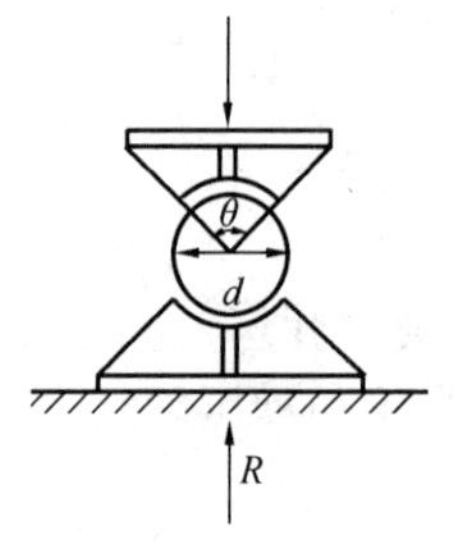

图 7.6.3　铰轴式支座示意图

3. 铰轴式支座的圆柱形枢轴（图 7.6.3），当两相同半径的圆柱形弧面自由接触的中心角 $\theta \geqslant 90°$ 时，其承压应力应按下式计算：

$$\sigma = \frac{2R}{dl} \leqslant f \qquad (7.6.3)$$

式中　d——枢轴直径；

l——枢轴纵向接触面长度。

【钢结构设计规范：第 7.6.3 条】

4. 对受力复杂或大跨度结构，为适应支座处不同转角和位移的需要，宜采用球形支座或双曲形支座。

【钢结构设计规范：第 7.6.4 条】

5. 为满足支座位移的要求采用橡胶支座时，应根据工程的具体情况和橡胶支座系列产品酌情选用。设计时还应考虑橡胶老化后能更换的可能性。

【钢结构设计规范：第 7.6.5 条】

6. 轴心受压柱或压弯柱的端部为铣平端时，柱身的最大压力直接由铣平端传递，其连接焊缝或螺栓应按最大压力的 15% 或最大剪力中的较大值进行抗剪计算；当压弯柱出现受拉区时，该区的连接尚应按最大拉力计算。

【钢结构设计规范：第 7.6.6 条】

3.4　构 造 要 求

3.4.1　一般规定

1. 结构应根据其形式、组成和荷载的不同情况，设置可靠的支撑系统。在建筑物每一个温度区段或分期建设的区段中，应分别设置独立的空间稳定的支撑系统。

【钢结构设计规范：第 8.1.4 条】

3.4.2　焊缝连接

1. 焊缝金属应与主体金属相适应。当不同强度的钢材连接时，可采用与低强度钢材相适应的焊接材料。

【钢结构设计规范：第 8.2.1 条】

2. 在设计中不得任意加大焊缝，避免焊缝立体交叉和在一处集中大量焊缝，同时焊缝的布置应尽可能对称于构件形心轴。

焊件厚度大于 20mm 的角接接头焊缝，应采用收缩时不易引起层状撕裂的构造。

注：钢板的拼接当采用对接焊缝时，纵横两方向的对接焊缝，可采用十字形交叉或 T 形交叉；当为 T 形交叉时，交叉点的间距不得小于 200mm。

【钢结构设计规范：第 8.2.2 条】

3. 在对接焊缝的拼接处：当焊件的宽度不同或厚度在一侧相差 4mm 以上时，应分别在宽度方向或厚度方向从一侧或

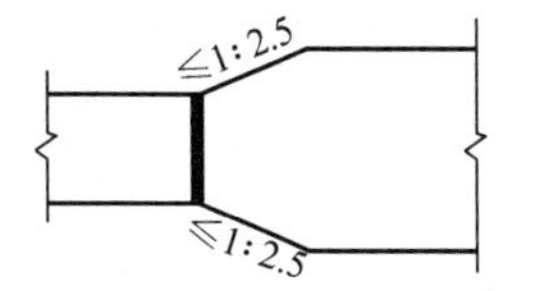

(a) 不同宽度

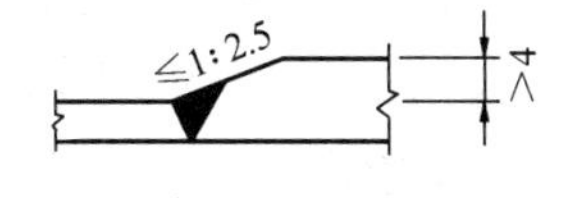

(b) 不同厚度

图 8.2.4　不同宽度或厚度钢板的拼接

注：直接承受动力荷载且需要进行疲劳计算的结构，本条所指斜角坡度不应大于 1∶4。

两侧做成坡度不大于 1∶2.5 的斜角（图 8.2.4）；当厚度不同时，焊缝坡口形式应根据较薄焊件厚度按第 8.2.3 条的要求取用。

【钢结构设计规范：第 8.2.4 条】

4. 角焊缝的尺寸应符合下列要求：

（1）角焊缝的焊脚尺寸 h_f（mm）不得小于 $1.5\sqrt{t}$，t（mm）为较厚焊件厚度（当采用低氢型碱性焊条施焊时，t 可采用较薄焊件的厚度）。但对埋弧自动焊，最小焊脚尺寸可减小 1mm；对 T 形连接的单面角焊缝，应增加 1mm。当焊件厚度等于或小于 4mm 时，则最小焊脚尺寸应与焊件厚度相同。

（2）角焊缝的焊脚尺寸不宜大于较薄焊件厚度的 1.2 倍（钢管结构除外），但板件（厚度为 t）边缘的角焊缝最大焊脚尺寸，尚应符合下列要求：

1）当 $t \leqslant 6\text{mm}$ 时，$h_f \leqslant t$；

2）当 $t > 6\text{mm}$ 时，$h_f \leqslant t-(1\sim2)\text{mm}$。

圆孔或槽孔内的角焊缝焊脚尺寸尚不宜大于圆孔直径或槽孔短径的 1/3。

（3）角焊缝的两焊脚尺寸一般为相等。当焊件的厚度相差较大且等焊脚尺寸不能符合本条第 1、2 款要求时，可采用不等焊脚尺寸，与较薄焊件接触的焊脚边应符合本条第 2 款的要求；与较厚焊件接触的焊脚边应符合本条第 1 款的要求。

（4）侧面角焊缝或正面角焊缝的计算长度不得小于 $8h_f$，和 40mm。

（5）侧面角焊缝的计算长度不宜大于 $60h_f$，当大于上述数值时，其超过部分在计算中不予考虑。若内力沿侧面角焊缝全长分布时，其计算长度不受此限。

【钢结构设计规范：第 8.2.7 条】

5. 杆件与节点板的连接焊缝（图 8.2.11）宜采用两面侧焊，也可用三面围焊，对角钢杆件可采用 L 形围焊，所有围焊的转角处必须连续施焊。

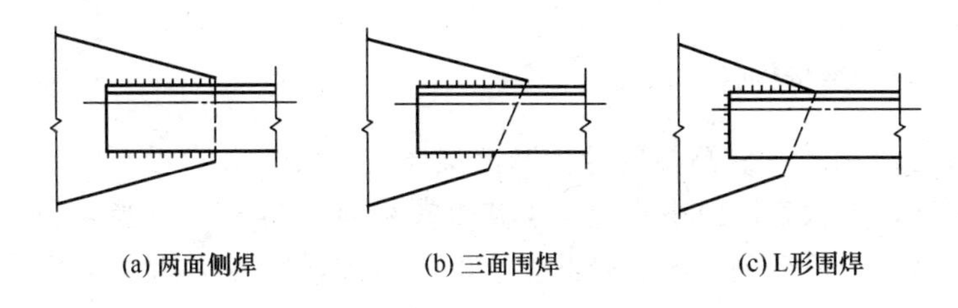

(a) 两面侧焊　　(b) 三面围焊　　(c) L形围焊

图 8.2.11　杆件与节点板的焊缝连接

【钢结构设计规范：第 8.2.11 条】

3.4.3　螺栓连接和铆钉连接

1. 螺栓或铆钉的距离应符合表 8.3.4 的要求。

表 8.3.4　螺栓或铆钉的最大、最小容许距离

<table>
<tr><th>名称</th><th colspan="3">位置和方向</th><th>最大容许距离
（取两者的较小值）</th><th>最小容许距离</th></tr>
<tr><td rowspan="5">中心间距</td><td colspan="3">外排（垂直内力方向或顺内力方向）</td><td>$8d_0$ 或 $12t$</td><td rowspan="5">$3d_0$</td></tr>
<tr><td rowspan="3">中间排</td><td colspan="2">垂直内力方向</td><td>$16d_0$ 或 $24t$</td></tr>
<tr><td rowspan="2">顺内力方向</td><td>构件受压力</td><td>$12d_0$ 或 $18t$</td></tr>
<tr><td>构件受压力</td><td>$16d_0$ 或 $24t$</td></tr>
<tr><td colspan="3">沿对角线方向</td><td>—</td></tr>
<tr><td rowspan="4">中心至构件边缘距离</td><td colspan="3">顺内力方向</td><td rowspan="4">$4d_0$ 或 $8t$</td><td>$2d_0$</td></tr>
<tr><td rowspan="3">垂直内力方向</td><td colspan="2">剪切边或手工气割边</td><td rowspan="2">$1.5d_0$</td></tr>
<tr><td rowspan="2">轧制边、自动气割或锯割边</td><td>高强度螺栓</td></tr>
<tr><td>其他螺栓或铆钉</td><td>$1.2d_0$</td></tr>
</table>

注：1　d_0 为螺栓或铆钉的孔径，t 为外层较薄板件的厚度。

2　钢板边缘与刚性构件（如角钢、槽钢等）相连的螺栓或铆钉的最大间距，可按中间排的数值采用。

【钢结构设计规范：第 8.3.4 条】

2. 对直接承受动力荷载的普通螺栓受拉连接应采用双螺帽或其他能防止螺帽松动的有效措施。

【钢结构设计规范：第 8.3.6 条】

3.4.4　结构构件

1. 铆接（或高强度螺栓摩擦型连接）梁的翼缘板不宜超过三层，翼缘角钢面积不宜少于整个翼缘面积的 30%，当采用最大型号的角钢仍不能符合此要求时，可加设腋板（图 8.4.10）。此时角钢与腋板面积之和不应少于翼缘总面积的 30%。

当翼缘板不沿梁通长设置时，理论截断点处外伸长度内的铆钉（或摩擦型连接的高强度螺栓）数目，应按该板 1/2 净截面面积的抗拉、抗压承载力进行计算。

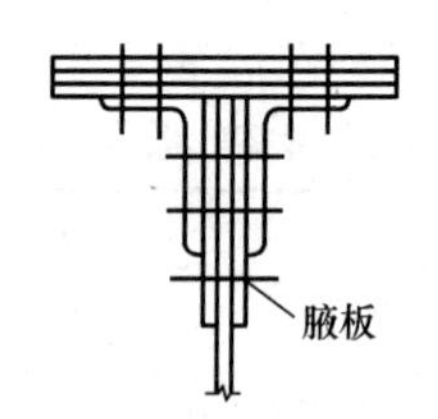

图 8.4.10　铆接（或高强度螺栓摩擦型连接）梁的翼缘截面

【钢结构设计规范：第 8.4.10 条】

2. 焊接梁的横向加劲肋与翼缘板相接处应切角，当切成斜角时，其宽约 $b_s/3$（但不大于 40mm），高约 $b_s/2$（但不大于 60mm），见图 8.4.11，b_s 为加劲肋的宽度。

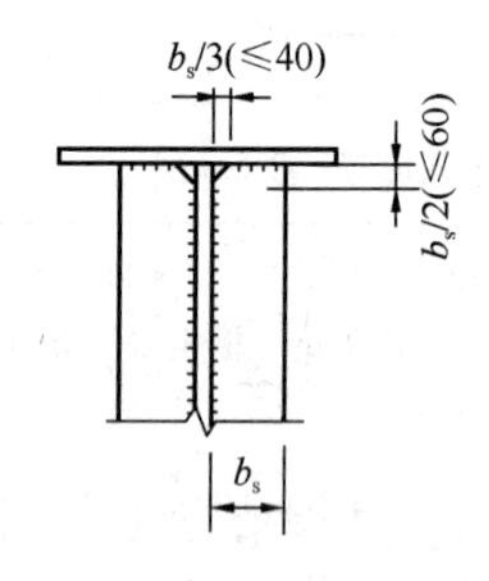

图 8.4.11　加劲肋的切角

【钢结构设计规范：第 8.4.11 条】

3. 梁的端部支承加劲肋的下端，按端面承压强度设计值进行计算时，应刨平顶紧，其中突缘加劲板（图 8.4.12b）的伸出长度不得大于其厚度的 2 倍。

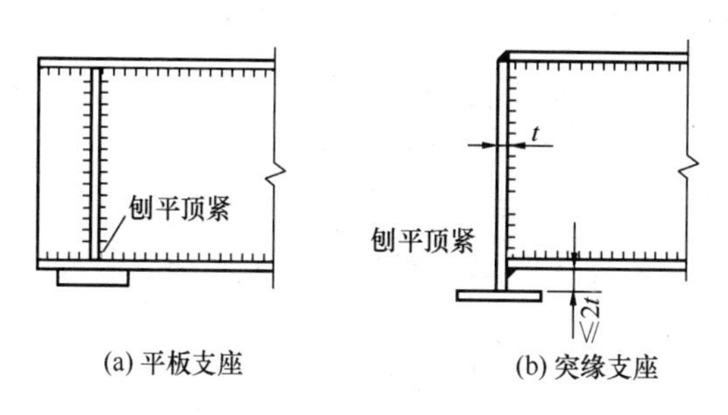

(a) 平板支座　(b) 突缘支座

图 8.4.12　梁的支座

【钢结构设计规范：第 8.4.12 条】

4. 插入式柱脚中，钢柱插入混凝土基础杯口的最小深度 d_{in} 可按表 8.4.15 取用，但不宜小于 500mm，亦不宜小于吊装时钢柱长度的 1/20。

表 8.4.15　钢柱插入杯口的最小深度

柱截面形式	实腹柱	双肢格构柱（单杯口或双杯口）
最小插入深度 d_{in}	$1.5h_c$ 或 $1.5d_c$	$1.5h_c$ 或 $1.5d_c$（d_c）的较大值

注：1　h_c 为柱截面高度（长边尺寸）；b_c 为柱截面宽度；d_c 为圆管柱的外径。

2　钢柱底端至基础杯口底的距离一般采用 50mm，当有柱底板时，可采用 200mm。

【钢结构设计规范：第 8.4.15 条】

3.4.5　对吊车梁和吊车桁架（或类似结构）的要求

1. 焊接吊车桁架应符合下列要求：

(1) 在桁架节点处，腹杆与弦杆之间的间隙 a 不宜小于 50mm，节点板的两侧边宜做成半径 r 不小于 60mm 的圆弧；节点板边缘与腹杆轴线的夹角 θ 不应小于 30°（图 8.5.3-1）；节点板与角钢弦杆的连接焊缝，起落弧点应至少缩进 5mm

(图 8.5.3-1a)；节点板与 H 型截面弦杆的 T 形对接与角接组合焊缝应预焊透，圆弧处不得有起落弧缺陷，其中重级工作制吊车桁架的圆弧处应予打磨，使之与弦杆平缓过渡（图 8.5.3-1b)。

（2）杆件的填板当用焊缝连接时，焊缝起落弧点应缩进至少 5mm（图 8.5.3-1c)，重级工作制吊车桁架的杆件的填板应采用高强度螺栓连接。

（3）当桁架杆件为 H 形截面时，节点构造可采用图 8.5.3-2 的形式。

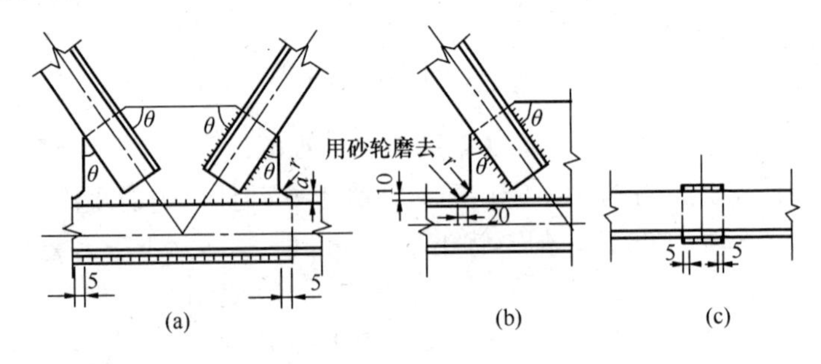

图 8.5.3-1　吊车桁架节点（一）

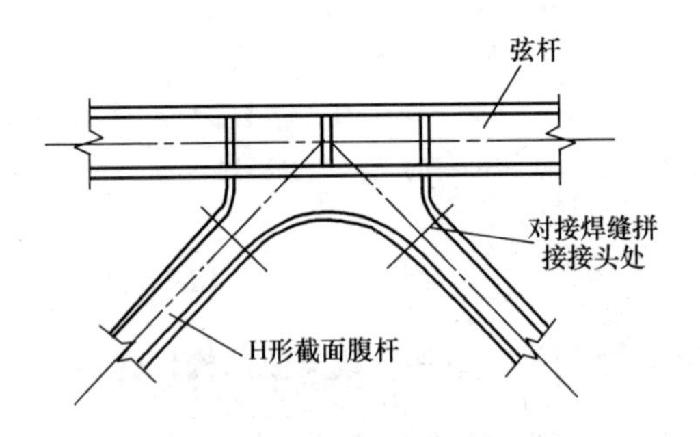

图 8.5.3-2　吊车桁架节点（二）

【钢结构设计规范：第 8.5.3 条】

2. 在焊接吊车梁或吊车桁架中，对 7.1.1 条中要求焊透的 T 形接头对接与角接组合焊缝形式宜如图 8.5.5 所示。

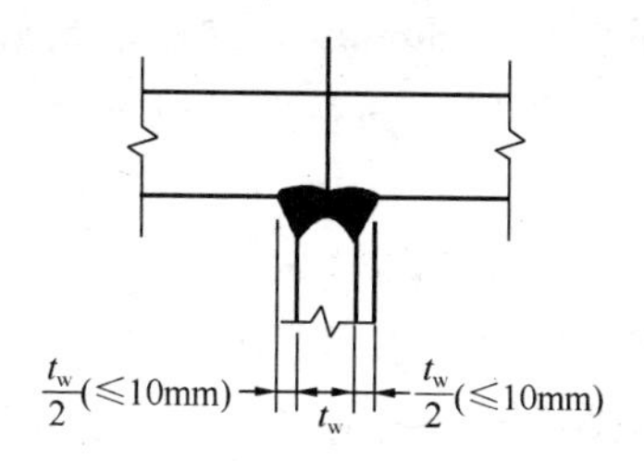

图 8.5.5 焊透的 T 形接头对接与角接组合焊缝

【钢结构设计规范：第 8.5.5 条】

3.4.6 提高寒冷地区结构抗脆断能力的要求

1. 在工作温度等于或低于－20℃的地区，焊接结构的构造宜符合下列要求：

(1) 在桁架节点板上，腹杆与弦杆相邻焊缝焊趾间净距不宜小于 $2.5t$（t 为节点板厚度）。

(2) 凡平接或 T 形对接的节点板，在对接焊缝处，节点板两侧宜做成半径 r 不小于 60mm 的圆弧并予打磨，使之平缓过渡（参见图 8.5.3-1b）。

(3) 在构件拼接部位，应使拼接件自由段的长度不小于 $5t$，l 为拼接件厚度（图 8.7.2）。

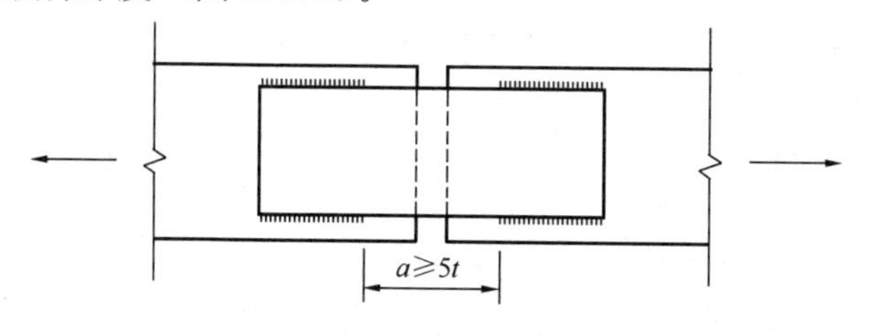

图 8.7.2 盖板拼接处的构造

【钢结构设计规范：第 8.7.2 条】

3.4.7 防护和隔热

1. 柱脚在地面以下的部分应采用强度等级较低的混凝土包

裹（保护层厚度不应小于 50mm），并应使包裹的混凝土高出地面不小于 150mm。当柱脚底面在地面以上时，柱脚底面应高出地面不小于 100mm。

【钢结构设计规范：第 8.9.3 条】

2. 受高温作用的结构，应根据不同情况采取下列防护措施：

（1）当结构可能受到炽热熔化金属的侵害时，应采用砖或耐热材料做成的隔热层加以保护；

（2）当结构的表面长期受辐射热达 150℃ 以上或在短时间内可能受到火焰作用时，应采取有效的防护措施（如加隔热层或水套等）。

【钢结构设计规范：第 8.9.5 条】

3.5 塑 性 设 计

3.5.1 一般规定

1. 按塑性设计时，钢材的力学性能应满足强屈比 $f_u/f_y \geqslant 1.2$，伸长率 $\delta_5 \geqslant 15\%$，相应于抗拉强度 f_u 的应变 ε_u 不小于 20 倍屈服点应变 ε_y。

【钢结构设计规范：第 9.1.3 条】

3.6 钢 管 结 构

3.6.1 构造要求

1. 钢管节点的构造应符合下列要求：

（1）主管的外部尺寸不应小于支管的外部尺寸，主管的壁厚不应小于支管壁厚，在支管与主管连接处不得将支管插入主管内；

（2）主管与支管或两支管轴线之间的夹角不宜小于 30°；

（3）支管与主管的连接节点处，除搭接型节点外，应尽可能避免偏心；

（4）支管与主管的连接焊缝，应沿全周连续焊接并平滑过渡；

（5）支管端部宜使用自动切管机切割，支管壁厚小于 6mm 时可不切坡口。

【钢结构设计规范：第 10.2.1 条】

3.7　钢与混凝土组合梁

3.7.1　一般规定

1. 混凝土翼板的有效宽度 b_c（图 11.1.2）应按下式计算：

$$b_e = b_0 + b_1 + b_2 \tag{11.1.2}$$

式中　b_e——板托顶部的宽度；当板托倾角 $\alpha < 45°$ 时，应按 $\alpha = 45°$ 计算板托顶部的宽度；当无板托时，则取钢梁上翼缘的宽度；

b_1、b_2——梁外侧和内侧的翼板计算宽度，各取梁跨度 l 的 1/6 和翼板厚度 h_{c1} 的 6 倍中的较小值。此外，b_1 尚不应超过翼板实际外伸宽度 s_1；b_2 不应超过相邻钢梁上翼缘或板托间净距 s_0 的 1/2。当为中间梁时，公式（11.1.2）中的 b_1 等于 b_2。

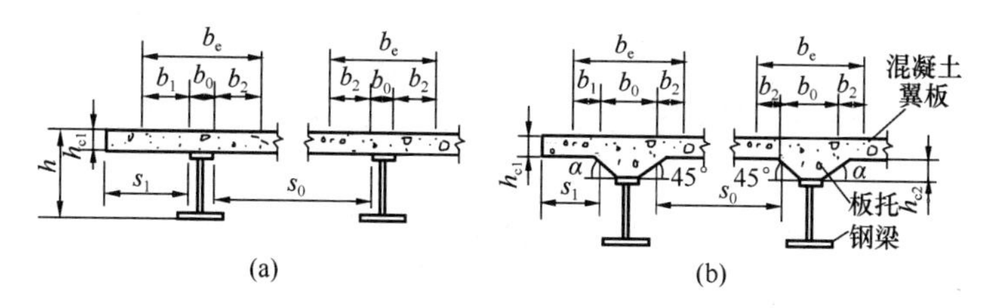

图 11.1.2　混凝土翼板的计算宽度

图 11.1.2 中，h_{c1} 为混凝土翼板的厚度，当采用压型钢板混凝土组合板时，翼板厚度 h_{c1} 等于组合板的总厚度减去压型钢板的肋高，但在计算混凝土翼板的有效宽度时，压型钢板混凝土组合板的翼板厚度 h_{c1} 可取有肋处板的总厚度；h_{c2} 为板托高度，当

无板托时，$h_{c2}=0$。

【钢结构设计规范：第 11.1.2 条】

3.7.2 构造要求

1. 组合梁边梁混凝土翼板的构造应满足图 11.5.2 的要求。有板托时，伸出长度不宜小于 h_{c2}；无板托时，应同时满足伸出钢梁中心线不小于 150mm、伸出钢梁翼缘边不小于 50mm 的要求。

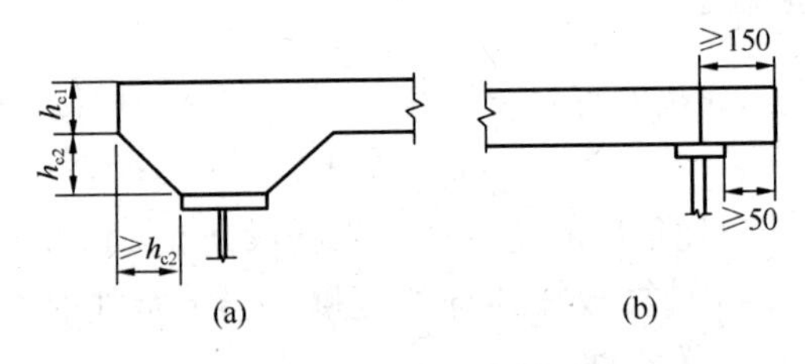

图 11.5.2 边梁构造图

【钢结构设计规范：第 11.5.2 条】

4　砌体结构设计

4.1　材　　料

4.1.1　砌体的计算指标

1. 龄期为28d的以毛截面计算的砌体抗压强度设计值。当施工质量控制等级为B级时，应根据块体和砂浆的强度等级分别按下列规定采用：

（1）烧结普通砖、烧结多孔砖砌体的抗压强度设计值，应按表3.2.1-1采用。

表3.2.1-1　烧结普通砖和烧结多孔砖砌体的抗压强度设计值（MPa）

砖强度等级	砂浆强度等级					砂浆强度
	M15	M10	M7.5	M5	M2.5	0
MU30	3.94	3.27	2.93	2.59	2.26	1.15
MU25	3.60	2.98	2.68	2.37	2.06	1.05
MU20	3.22	2.67	2.39	2.12	1.84	0.94
MU15	2.79	2.31	2.07	1.83	1.60	0.82
MU10	—	1.89	1.69	1.50	1.30	0.67

注：当烧结多孔砖的孔洞率大于30%时，表中数值应乘以0.9。

（2）混凝土普通砖和混凝土多孔砖砌体的抗压强度设计值，应按表3.2.1-2采用。

表3.2.1-2　混凝土普通砖和混凝土多孔砖砌体的抗压强度设计值（MPa）

砖强度等级	砂浆强度等级					砂浆强度
	Mb20	Mb15	Mb10	Mb7.5	Mb5	0
MU30	4.61	3.94	3.27	2.93	2.59	1.15
MU25	4.21	3.60	2.98	2.68	2.37	1.05
MU20	3.77	3.22	2.67	2.39	2.12	0.94
MU15	—	2.79	2.31	2.07	1.83	0.82

（3）蒸压灰砂普通砖和蒸压粉煤灰普通砖砌体的抗压强度设计值，应按表 3.2.1-3 采用。

表 3.2.1-3　蒸压灰砂普通砖和蒸压粉煤灰普通砖砌体的抗压强度设计值（MPa）

砖强度等级	砂浆强度等级				砂浆强度
	M15	M10	M7.5	M5	0
MU25	3.60	2.98	2.68	2.37	1.05
MU20	3.22	2.67	2.39	2.12	0.94
MU15	2.79	2.31	2.07	1.83	0.82

注：当采用专用砂浆砌筑时，其抗压强度设计值按表中数值采用。

（4）单排孔混凝土砌块和轻集料混凝土砌块对孔砌筑砌体的抗压强度设计值，应按表 3.2.1-4 采用。

表 3.2.1-4　单排孔混凝土砌块和轻集料混凝土砌块对孔砌筑砌体的抗压强度设计值（MPa）

砌块强度等级	砂浆强度等级					砂浆强度
	Mb20	Mb15	Mb10	Mb7.5	Mb5	0
MU20	6.30	5.68	4.95	4.44	3.94	2.33
MU15	—	4.61	4.02	3.61	3.20	1.89
MU10	—	—	2.79	2.50	2.22	1.31
MU7.5	—	—	—	1.93	1.71	1.01
MU5	—	—	—	—	1.19	0.70

注：1　对独立柱或厚度为双排组砌的砌块砌体，应按表中数值乘以 0.7；
　　2　对 T 形截面墙体、柱，应按表中数值乘以 0.85。

（5）单排孔混凝土砌块对孔砌筑时，灌孔砌体的抗压强度设计值 f_g，应按下列方法确定：

1）混凝土砌块砌体的灌孔混凝土强度等级不应低于 Cb20，且不应低于 1.5 倍的块体强度等级。灌孔混凝土强度指标取同强度等级的混凝土强度指标。

2）灌孔混凝土砌块砌体的抗压强度设计值 f_g，应按下列公式计算：

$$f_g = f + 0.6\alpha f_c \tag{3.2.1-1}$$

$$\alpha = \delta\rho \tag{3.2.1-2}$$

式中 f_g——灌孔混凝土砌块砌体的抗压强度设计值，该值不应大于未灌孔砌体抗压强度设计值的 2 倍；

f——未灌孔混凝土砌块砌体的抗压强度设计值，应按表 3.2.1-4 采用；

f_c——灌孔混凝土的轴心抗压强度设计值；

α——混凝土砌块砌体中灌孔混凝土面积与砌体毛面积的比值；

δ——混凝土砌块的孔洞率；

ρ——混凝土砌块砌体的灌孔率，系截面灌孔混凝土面积与截面孔洞面积的比值，灌孔率应根据受力或施工条件确定，且不应小于 33%。

（6）双排孔或多排孔轻集料混凝土砌块砌体的抗压强度设计值，应按表 3.2.1-5 采用。

表 3.2.1-5 双排孔或多排孔轻集料混凝土砌块砌体的抗压强度设计值（MPa）

砌块强度等级	砂浆强度等级			砂浆强度
	Mb10	Mb7.5	Mb5	0
MU10	3.08	2.76	2.45	1.44
MU7.5	—	2.13	1.88	1.12
MU5	—	—	1.31	0.78
MU3.5	—	—	0.95	0.56

注：1 表中的砌块为火山渣、浮石和陶粒轻集料混凝土砌块；

2 对厚度方向为双排组砌的轻集料混凝土砌块砌体的抗压强度设计值，应按表中数值乘以 0.8。

（7）块体高度为 180mm～350mm 的毛料石砌体的抗压强度设计值，应按表 3.2.1-6 采用。

表 3.2.1-6　毛料石砌体的抗压强度设计值（MPa）

毛料石强度等级	砂浆强度等级			砂浆强度
	M7.5	M5	M2.5	0
MU100	5.42	4.80	4.18	2.13
MU80	4.85	4.29	3.73	1.91
MU60	4.20	3.71	3.23	1.65
MU50	3.83	3.39	2.95	1.51
MU40	3.43	3.04	2.64	1.35
MU30	2.97	2.63	2.29	1.17
MU20	2.42	2.15	1.87	0.95

注：对细料石砌体、粗料石砌体和干砌勾缝石砌体，表中数值应分别乘以调整系数 1.4、1.2 和 0.8。

（8）毛石砌体的抗压强度设计值，应按表 3.2.1-7 采用。

表 3.2.1-7　毛石砌体的抗压强度设计值（MPa）

毛石强度等级	砂浆强度等级			砂浆强度
	M7.5	M5	M2.5	0
MU100	1.27	1.12	0.98	0.34
MU80	1.13	1.00	0.87	0.30
MU60	0.98	0.87	0.76	0.26
MU50	0.90	0.80	0.69	0.23
MU40	0.80	0.71	0.62	0.21
MU30	0.69	0.61	0.53	0.18
MU20	0.56	0.51	0.44	0.15

【砌体结构设计规范：第 3.2.1 条】

2. 龄期为 28d 的以毛截面计算的各类砌体的轴心抗拉强度设计值、弯曲抗拉强度设计值和抗剪强度设计值，应符合下列规定：

（1）当施工质量控制等级为 B 级时，强度设计值应按表 3.2.2 采用：

表 3.2.2 沿砌体灰缝截面破坏时砌体的轴心抗拉强度设计值、弯曲抗拉强度设计值和抗剪强度设计值（MPa）

强度类别	破坏特征及砌体种类		砂浆强度等级			
			≥M10	M7.5	M5	M2.5
轴心抗拉	沿齿缝	烧结普通砖、烧结多孔砖	0.19	0.16	0.13	0.09
		混凝土普通砖、混凝土多孔砖	0.19	0.16	0.13	—
		蒸压灰砂普通砖、蒸压粉煤灰普通砖	0.12	0.10	0.08	—
		混凝土和轻集料混凝土砌块	0.09	0.08	0.07	—
		毛石	—	0.07	0.06	0.04
弯曲抗拉	沿齿缝	烧结普通砖、烧结多孔砖	0.33	0.29	0.23	0.17
		混凝土普通砖、混凝土多孔砖	0.33	0.29	0.23	—
		蒸压灰砂普通砖、蒸压粉煤灰普通砖	0.24	0.20	0.16	—
		混凝土和轻集料混凝土砌块	0.11	0.09	0.08	—
		毛石	—	0.11	0.09	0.07
	沿通缝	烧结普通砖、烧结多孔砖	0.17	0.14	0.11	0.08
		混凝土普通砖、混凝土多孔砖	0.17	0.14	0.11	—
		蒸压灰砂普通砖、蒸压粉煤灰普通砖	0.12	0.10	0.08	—
		混凝土和轻集料混凝土砌块	0.08	0.06	0.05	—
抗剪	烧结普通砖、烧结多孔砖		0.17	0.14	0.11	0.08
	混凝土普通砖、混凝土多孔砖		0.17	0.14	0.11	—
	蒸压灰砂普通砖、蒸压粉煤灰普通砖		0.12	0.10	0.08	—
	混凝土和轻集料混凝土砌块		0.09	0.08	0.06	—
	毛石		—	0.19	0.16	0.11

注：1 对于用形状规则的块体砌筑的砌体，当搭接长度与块体高度的比值小于1时，其轴心抗拉强度设计值 f_t 和弯曲抗拉强度设计值 f_{tm} 应按表中数值乘以搭接长度与块体高度比值后采用；

2 表中数值是依据普通砂浆砌筑的砌体确定，采用经研究性试验且通过技术鉴定的专用砂浆砌筑的蒸压灰砂普通砖、蒸压粉煤灰普通砖砌体，其抗剪强度设计值按相应普通砂浆强度等级砌筑的烧结普通砖砌体采用；

3 对混凝土普通砖、混凝土多孔砖、混凝土和轻集料混凝土砌块砌体，表中的砂浆强度等级分别为：≥Mb10、Mb7.5及Mb5。

（2）单排孔混凝土砌块对孔砌筑时，灌孔砌体的抗剪强度设计值 f_{vg}，应按下式计算：

$$f_{vg} = 0.2 f_g^{0.55} \quad (3.2.2)$$

式中　f_g—— 灌孔砌体的抗压强度设计值(MPa)。

【砌体结构设计规范：第 3.2.2 条】

3. 下列情况的各类砌体，其砌体强度设计值应乘以调整系数 γ_a：

(1) 对无筋砌体构件，其截面面积小于 0.3m² 时，γ_a 为其截面面积加 0.7；对配筋砌体构件，当其中砌体截面面积小于 0.2m² 时，γ_a 为其截面面积加 0.8；构件截面面积以"m²"计；

(2) 当砌体用强度等级小于 M5.0 的水泥砂浆砌筑时，对第 3.2.1 条各表中的数值，γ_a 为 0.9；对第 3.2.2 条表 3.2.2 中数值，γ_a 为 0.8；

(3) 当验算施工中房屋的构件时，γ_a 为 1.1。

【砌体结构设计规范：第 3.2.3 条】

4. 施工阶段砂浆尚未硬化的新砌砌体的强度和稳定性，可按砂浆强度为零进行验算。对于冬期施工采用掺盐砂浆法施工的砌体，砂浆强度等级按常温施工的强度等级提高一级时，砌体强度和稳定性可不验算。配筋砌体不得用掺盐砂浆施工。

【砌体结构设计规范：第 3.2.4 条】

5. 砌体的弹性模量、线膨胀系数和收缩系数、摩擦系数分别按下列规定采用。砌体的剪变模量按砌体弹性模量的 0.4 倍采用。烧结普通砖砌体的泊松比可取 0.15。

(1) 砌体的弹性模量，按表 3.2.5-1 采用：

表 3.2.5-1　砌体的弹性模量 (MPa)

砌体种类	砂浆强度等级			
	≥M10	M7.5	M5	M2.5
烧结普通砖、烧结多孔砖砌体	$1600f$	$1600f$	$1600f$	$1390f$
混凝土普通砖、混凝土多孔砖砌体	$1600f$	$1600f$	$1600f$	—
蒸压灰砂普通砖、蒸压粉煤灰普通砖砌体	$1060f$	$1060f$	$1060f$	—
非灌孔混凝土砌块砌体	$1700f$	$1600f$	$1500f$	—

续表 3.2.5-1

砌体种类	砂浆强度等级			
	≥M10	M7.5	M5	M2.5
粗料石、毛料石、毛石砌体	—	5650	4000	2250
细料石砌体	—	17000	12000	6750

注：1 轻集料混凝土砌块砌体的弹性模量，可按表中混凝土砌块砌体的弹性模量采用；
2 表中砌体抗压强度设计值不按 3.2.3 条进行调整；
3 表中砂浆为普通砂浆，采用专用砂浆砌筑的砌体的弹性模量也按此表取值；
4 对混凝土普通砖、混凝土多孔砖、混凝土和轻集料混凝土砌块砌体，表中的砂浆强度等级分别为：≥Mb10、Mb7.5 及 Mb5；
5 对蒸压灰砂普通砖和蒸压粉煤灰普通砖砌体，当采用专用砂浆砌筑时，其强度设计值按表中数值采用。

（2）单排孔且对孔砌筑的混凝土砌块灌孔砌体的弹性模量，应按下列公式计算：

$$E = 2000 f_g \tag{3.2.5}$$

式中 f_g——灌孔砌体的抗压强度设计值。

（3）砌体的线膨胀系数和收缩率，可按表 3.2.5-2 采用。

表 3.2.5-2 砌体的线膨胀系数和收缩率

砌体类别	线膨胀系数 (10^{-6}/℃)	收缩率 (mm/m)
烧结普通砖、烧结多孔砖砌体	5	−0.1
蒸压灰砂普通砖、蒸压粉煤灰普通砖砌体	8	−0.2
混凝土普通砖、混凝土多孔砖、混凝土砌块砌体	10	−0.2
轻集料混凝土砌块砌体	10	−0.3
料石和毛石砌体	8	—

注：表中的收缩率系由达到收缩允许标准的块体砌筑 28d 的砌体收缩系数。当地方有可靠的砌体收缩试验数据时，亦可采用当地的试验数据。

（4）砌体的摩擦系数，可按表 3.2.5-3 采用。

表 3.2.5-3　砌体的摩擦系数

材料类别	摩擦面情况	
	干　燥	潮　湿
砌体沿砌体或混凝土滑动	0.70	0.60
砌体沿木材滑动	0.60	0.50
砌体沿钢滑动	0.45	0.35
砌体沿砂或卵石滑动	0.60	0.50
砌体沿粉土滑动	0.55	0.40
砌体沿黏性土滑动	0.50	0.30

【砌体结构设计规范：第 3.2.5 条】

4.2　基本设计规定

4.2.1　设计原则

1. 根据建筑结构破坏可能产生的后果（危及人的生命、造成经济损失、产生社会影响等）的严重性，建筑结构应按表 4.1.4 划分为三个安全等级，设计时应根据具体情况适当选用。

表 4.1.4　建筑结构的安全等级

安全等级	破坏后果	建筑物类型
一级	很严重	重要的房屋
二级	严重	一般的房屋
三级	不严重	次要的房屋

注：1　对于特殊的建筑物，其安全等级可根据具体情况另行确定；
　　2　对抗震设防区的砌体结构设计，应按现行国家标准《建筑抗震设防分类标准》GB 50223 根据建筑物重要性区分建筑物类别。

【砌体结构设计规范：第 4.1.4 条】

2. 砌体结构按承载能力极限状态设计时，应按下列公式中最不利组合进行计算：

$$\gamma_0(1.2S_{Gk}+1.4\gamma_L S_{Q1k}+\gamma_L\sum_{i=2}^{n}\gamma_{Qi}\psi_{ci}S_{Qik})\leqslant R(f,a_k\cdots) \quad (4.1.5\text{-}1)$$

$$\gamma_0(1.35S_{Gk}+1.4\gamma_L\sum_{i=1}^{n}\psi_{ci}S_{Qik})\leqslant R(f,a_k\cdots) \quad (4.1.5\text{-}2)$$

式中　γ_0——结构重要性系数。对安全等级为一级或设计使用年限为 50a 以上的结构构件，不应小于 1.1；对安全等级为二级或设计使用年限为 50a 的结构构件，不应小于 1.0；对安全等级为三级或设计使用年限为 1a ～ 5a 的结构构件，不应小于 0.9；

γ_L—— 结构构件的抗力模型不定性系数。对静力设计，考虑结构设计使用年限的荷载调整系数，设计使用年限为 50a，取 1.0；设计使用年限为 100a，取 1.1；

S_{Gk}—— 永久荷载标准值的效应；

S_{Q1k}—— 在基本组合中起控制作用的一个可变荷载标准值的效应；

S_{Qik}—— 第 i 个可变荷载标准值的效应；

$R(\cdot)$—— 结构构件的抗力函数；

γ_{Qi}—— 第 i 个可变荷载的分项系数；

ψ_{ci}—— 第 i 个可变荷载的组合值系数。一般情况下应取 0.7；对书库、档案库、储藏室或通风机房、电梯机房应取 0.9；

f—— 砌体的强度设计值，$f = f_k/\gamma_f$；

f_k—— 砌体的强度标准值，$f_k = f_m - 1.64\sigma_f$；

γ_f—— 砌体结构的材料性能分项系数，一般情况下，宜按施工质量控制等级为 B 级考虑，取 $\gamma_f = 1.6$；当为 C 级时，取 $\gamma_f = 1.8$；当为 A 级时，取 $\gamma_f = 1.5$；

f_m—— 砌体的强度平均值，可按（GB 50003—2011）规范附录 B 的方法确定；

σ_f—— 砌体强度的标准差；

a_k—— 几何参数标准值。

注：1 当工业建筑楼面活荷载标准值大于 4kN/m^2 时，式中系数 1.4 应为 1.3；

2 施工质量控制等级划分要求，应符合现行国家标准《砌体结构工程施工质量验收规范》GB 50203 的有关规定。

【砌体结构设计规范：第 4.1.5 条】

3. 当砌体结构作为一个刚体，需验算整体稳定性时，应按下列公式中最不利组合进行验算：

$$\gamma_0(1.2S_{G2k}+1.4\gamma_L S_{Q1k}+\gamma_L\sum_{i=2}^{n}S_{Qik})\leqslant 0.8S_{G1k} \quad (4.1.6\text{-}1)$$

$$\gamma_0(1.35S_{G2k}+1.4\gamma_L\sum_{i=1}^{n}\psi_{ci}S_{Qik})\leqslant 0.8S_{G1k} \quad (4.1.6\text{-}2)$$

式中　S_{G1k}——起有利作用的永久荷载标准值的效应；

S_{G2k}——起不利作用的永久荷载标准值的效应。

【砌体结构设计规范：第 4.1.6 条】

4.2.2　耐久性规定

1. 当设计使用年限为 50a 时，砌体中钢筋的耐久性选择应符合表 4.3.2 的规定。

表 4.3.2　砌体中钢筋耐久性选择

环境类别	钢筋种类和最低保护要求	
	位于砂浆中的钢筋	位于灌孔混凝土中的钢筋
1	普通钢筋	普通钢筋
2	重镀锌或有等效保护的钢筋	当采用混凝土灌孔时，可为普通钢筋；当采用砂浆灌孔时应为重镀锌或有等效保护的钢筋
3	不锈钢或有等效保护的钢筋	重镀锌或有等效保护的钢筋
4 和 5	不锈钢或等效保护的钢筋	不锈钢或等效保护的钢筋

注：1　对夹心墙的外叶墙，应采用重镀锌或有等效保护的钢筋；

2　表中的钢筋即为国家现行标准《混凝土结构设计规范》GB 50010 和《冷轧带肋钢筋混凝土结构技术规程》JGJ 95 等标准规定的普通钢筋或非预应力钢筋。

【砌体结构设计规范：第 4.3.2 条】

2. 设计使用年限为 50a 时，砌体中钢筋的保护层厚度，应符合下列规定：

（1）配筋砌体中钢筋的最小混凝土保护层应符合表 4.3.3 的规定；

（2）灰缝中钢筋外露砂浆保护层的厚度不应小于 15mm；

(3) 所有钢筋端部均应有与对应钢筋的环境类别条件相同的保护层厚度；

(4) 对填实的夹心墙或特别的墙体构造，钢筋的最小保护层厚度，应符合下列规定：

1) 用于环境类别 1 时，应取 20mm 厚砂浆或灌孔混凝土与钢筋直径较大者；

2) 用于环境类别 2 时，应取 20mm 厚灌孔混凝土与钢筋直径较大者；

3) 采用重镀锌钢筋时，应取 20mm 厚砂浆或灌孔混凝土与钢筋直径较大者；

4) 采用不锈钢筋时，应取钢筋的直径。

表 4.3.3 钢筋的最小保护层厚度

环境类别	混凝土强度等级			
	C20	C25	C30	C35
	最低水泥含量（kg/m³）			
	260	280	300	320
1	20	20	20	20
2	—	25	25	25
3	—	40	40	30
4	—	—	40	40
5	—	—	—	40

注：1 材料中最大氯离子含量和最大碱含量应符合现行国家标准《混凝土结构设计规范》GB 50010 的规定；

2 当采用防渗砌体块体和防渗砂浆时，可以考虑部分砌体（含抹灰层）的厚度作为保护层，但对环境类别 1、2、3，其混凝土保护层的厚度相应不应小于 10mm、15mm 和 20mm；

3 钢筋砂浆面层的组合砌体构件的钢筋保护层厚度宜比表 4.3.3 规定的混凝土保护层厚度数值增加 5mm～10mm；

4 对安全等级为一级或设计使用年限为 50a 以上的砌体结构，钢筋保护层的厚度应至少增加 10mm。

【砌体结构设计规范：第 4.3.3 条】

3. 设计使用年限为 50a 时，砌体材料的耐久性应符合下列规定：

(1) 地面以下或防潮层以下的砌体、潮湿房间的墙或环境类别 2 的砌体，所用材料的最低强度等级应符合表 4.3.5 的规定：

表 4.3.5　地面以下或防潮层以下的砌体、潮湿房间的墙所用材料的最低强度等级

潮湿程度	烧结普通砖	混凝土普通砖、蒸压普通砖	混凝土砌块	石　材	水泥砂浆
稍潮湿的	MU15	MU20	MU7.5	MU30	M5
很潮湿的	MU20	MU20	MU10	MU30	M7.5
含水饱和的	MU20	MU25	MU15	MU40	M10

注：1　在冻胀地区，地面以下或防潮层以下的砌体，不宜采用多孔砖，如采用时，其孔洞应用不低于 M10 的水泥砂浆预先灌实。当采用混凝土空心砌块时，其孔洞应采用强度等级不低于 Cb20 的混凝土预先灌实；

2　对安全等级为一级或设计使用年限大于 50a 的房屋，表中材料强度等级应至少提高一级。

(2) 处于环境类别 3～5 等有侵蚀性介质的砌体材料应符合下列规定：

1) 不应采用蒸压灰砂普通砖、蒸压粉煤灰普通砖；

2) 应采用实心砖，砖的强度等级不应低于 MU20，水泥砂浆的强度等级不应低于 M10；

3) 混凝土砌块的强度等级不应低于 MU15，灌孔混凝土的强度等级不应低于 Cb30，砂浆的强度等级不应低于 Mb10；

4) 应根据环境条件对砌体材料的抗冻指标、耐酸、耐碱性能提出要求，或符合有关规范的规定。

【砌体结构设计规范：第 4.3.5 条】

4.3　构造要求

4.3.1　墙、柱的高厚比验算

1. 墙、柱的高厚比应按下式验算：

$$\beta = \frac{H_0}{h} \leqslant \mu_1 \mu_2 [\beta] \tag{6.1.1}$$

式中　H_0——墙、柱的计算高度；

h——墙厚或矩形柱与 H_0 相对应的边长；

μ_1——自承重墙允许高厚比的修正系数；

μ_2——有门窗洞口墙允许高厚比的修正系数；

$[\beta]$—— 墙、柱的允许高厚比，应按表 6.1.1 采用。

注：1 墙、柱的计算高度应按 GB 50003—2011 规范第 5.1.3 条采用；

2 当与墙连接的相邻两墙间的距离 $s \leqslant \mu_1\mu_2[\beta]h$ 时，墙的高度可不受本条限制；

3 变截面柱的高厚比可按上、下截面分别验算，其计算高度可按第 5.1.4 条的规定采用。验算上柱的高厚比时，墙、柱的允许高厚比可按表 6.1.1 的数值乘以 1.3 后采用。

表 6.1.1 墙、柱的允许高厚比 [β] 值

砌体类型	砂浆强度等级	墙	柱
无筋砌体	M2.5	22	15
	M5.0 或 Mb5.0、Ms5.0	24	16
	≥M7.5 或 Mb7.5、Ms7.5	26	17
配筋砌块砌体	—	30	21

注：1 毛石墙、柱的允许高厚比应按表中数值降低 20%；

2 带有混凝土或砂浆面层的组合砖砌体构件的允许高厚比，可按表中数值提高 20%，但不得大于 28；

3 验算施工阶段砂浆尚未硬化的新砌砌体构件高厚比时，允许高厚比对墙取 14，对柱取 11。

【砌体结构设计规范：第 6.1.1 条】

2. 带壁柱墙和带构造柱墙的高厚比验算，应按下列规定进行：

（1）按公式（6.1.1）验算带壁柱墙的高厚比，此时公式中 h 应改用带壁柱墙截面的折算厚度 h_T，在确定截面回转半径时，墙截面的翼缘宽度，可按 GB 50003—2011 规范第 4.2.8 条的规定采用；当确定带壁柱墙的计算高度 H_0 时，s 应取与之相交相邻墙之间的距离。

（2）当构造柱截面宽度不小于墙厚时，可按公式（6.1.1）验算带构造柱墙的高厚比，此时公式中 h 取墙厚；当确定带构造柱墙的计算高度 H_0 时，s 应取相邻横墙间的距离；墙的允许高厚比 $[\beta]$ 可乘以修正系数 μ_c，μ_c 可按下式计算：

$$\mu_c = 1 + \gamma \frac{b_c}{l} \tag{6.1.2}$$

式中　γ——系数。对细料石砌体，$\gamma=0$；对混凝土砌块、混凝土多孔砖、粗料石、毛料石及毛石砌体，$\gamma=1.0$；其他砌体，$\gamma=1.5$；

b_c——构造柱沿墙长方向的宽度；

l——构造柱的间距。

当 $b_c/l>0.25$ 时取 $b_c/l=0.25$，当 $b_c/l<0.05$ 时取 $b_c/l=0$。

注：考虑构造柱有利作用的高厚比验算不适用于施工阶段。

（3）按公式（6.1.1）验算壁柱间墙或构造柱间墙的高厚比时，s 应取相邻壁柱间或相邻构造柱间的距离。设有钢筋混凝土圈梁的带壁柱墙或带构造柱墙，当 $b/s\geqslant 1/30$ 时，圈梁可视作壁柱间墙或构造柱间墙的不动铰支点（b 为圈梁宽度）。当不满足上述条件且不允许增加圈梁宽度时，可按墙体平面外等刚度原则增加圈梁高度，此时，圈梁仍可视为壁柱间墙或构造柱间墙的不动铰支点。

【砌体结构设计规范：第 6.1.2 条】

4.3.2　一般构造要求

1. 预制钢筋混凝土板在混凝土圈梁上的支承长度不应小于 80mm，板端伸出的钢筋应与圈梁可靠连接，且同时浇筑；预制钢筋混凝土板在墙上的支承长度不应小于 100mm，并应按下列方法进行连接：

（1）板支承于内墙时，板端钢筋伸出长度不应小于 70mm，且与支座处沿墙配置的纵筋绑扎，用强度等级不应低于 C25 的混凝土浇筑成板带；

（2）板支承于外墙时，板端钢筋伸出长度不应小于 100mm，且与支座处沿墙配置的纵筋绑扎，并用强度等级不应低于 C25 的混凝土浇筑成板带；

（3）预制钢筋混凝土板与现浇板对接时，预制板端钢筋应伸入现浇板中进行连接后，再浇筑现浇板。

【砌体结构设计规范：第 6.2.1 条】

2. 墙体转角处和纵横墙交接处应沿竖向每隔 400mm～500mm 设拉结钢筋，其数量为每 120mm 墙厚不少于 1 根直径 6mm 的钢筋；或采用焊接钢筋网片，埋入长度从墙的转角或交接处算起，对实心砖墙每边不小于 500mm，对多孔砖墙和砌块墙不小于 700mm。

【砌体结构设计规范：第 6.2.2 条】

3. 在砌体中留槽洞及埋设管道时，应遵守下列规定：

（1）不应在截面长边小于 500mm 的承重墙体、独立柱内埋设管线；

（2）不宜在墙体中穿行暗线或预留、开凿沟槽，当无法避免时应采取必要的措施或按削弱后的截面验算墙体的承载力。

注：对受力较小或未灌孔的砌块砌体，允许在墙体的竖向孔洞中设置管线。

【砌体结构设计规范：第 6.2.4 条】

4. 砌块墙与后砌隔墙交接处，应沿墙高每 400mm 在水平灰缝内设置不少于 2 根直径不小于 4mm、横筋间距不应大于 200mm 的焊接钢筋网片（图 6.2.11）。

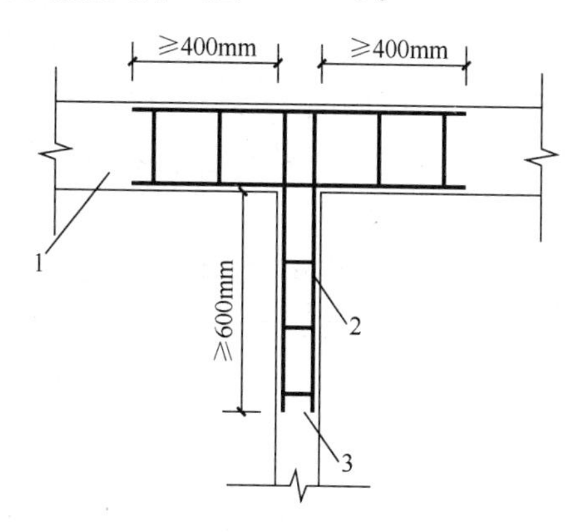

图 6.2.11 砌块墙与后砌隔墙交接处钢筋网片

1—砌块墙；2—焊接钢筋网片；3—后砌隔墙

【砌体结构设计规范：第 6.2.11 条】

4.3.3　框架填充墙

1. 填充墙的构造设计，应符合下列规定：

(1) 填充墙宜选用轻质块体材料，其强度等级应符合GB 50003—2011规范第3.1.2条的规定；

(2) 填充墙砌筑砂浆的强度等级不宜低于M5（Mb5、Ms5）；

(3) 填充墙墙体墙厚不应小于90mm；

(4) 用于填充墙的夹心复合砌块，其两肢块体之间应有拉结。

【砌体结构设计规范：第6.3.3条】

2. 填充墙与框架的连接，可根据设计要求采用脱开或不脱开方法。有抗震设防要求时宜采用填充墙与框架脱开的方法。

(1) 当填充墙与框架采用脱开的方法时，宜符合下列规定：

1) 填充墙两端与框架柱，填充墙顶面与框架梁之间留出不小于20mm的间隙；

2) 填充墙端部应设置构造柱，柱间距宜不大于20倍墙厚且不大于4000mm，柱宽度不小于100mm。柱竖向钢筋不宜小于ϕ10，箍筋宜为ϕ^{R}_{5}，竖向间距不宜大于400mm。竖向钢筋与框架梁或其挑出部分的预埋件或预留钢筋连接，绑扎接头时不小于30d，焊接时（单面焊）不小于10d（d为钢筋直径）。柱顶与框架梁（板）应预留不小于15mm的缝隙，用硅酮胶或其他弹性密封材料封缝。当填充墙有宽度大于2100mm的洞口时，洞口两侧应加设宽度不小于50mm的单筋混凝土柱；

3) 填充墙两端宜卡入设在梁、板底及柱侧的卡口铁件内，墙侧卡口板的竖向间距不宜大于500mm，墙顶卡口板的水平间距不宜大于1500mm；

4) 墙体高度超过4m时宜在墙高中部设置与柱连通的水平系梁。水平系梁的截面高度不小于60mm。填充墙高不宜大于6m；

5）填充墙与框架柱、梁的缝隙可采用聚苯乙烯泡沫塑料板条或聚氨酯发泡材料充填，并用硅酮胶或其他弹性密封材料封缝；

6）所有连接用钢筋、金属配件、铁件、预埋件等均应作防腐防锈处理，并应符合 GB 50003—2011 规范第 4.3 节的规定。嵌缝材料应能满足变形和防护要求。

（2）当填充墙与框架采用不脱开的方法时，宜符合下列规定：

1）沿柱高每隔 500mm 配置 2 根直径 6mm 的拉结钢筋（墙厚大于 240mm 时配置 3 根直径 6mm），钢筋伸入填充墙长度不宜小于 700mm，且拉结钢筋应错开截断，相距不宜小于 200mm。填充墙墙顶应与框架梁紧密结合。顶面与上部结构接触处宜用一皮砖或配砖斜砌楔紧；

2）当填充墙有洞口时，宜在窗洞口的上端或下端、门洞口的上端设置钢筋混凝土带，钢筋混凝土带应与过梁的混凝土同时浇筑，其过梁的断面及配筋由设计确定。钢筋混凝土带的混凝土强度等级不小于 C20。当有洞口的填充墙尽端至门窗洞口边距离小于 240mm 时，宜采用钢筋混凝土门窗框；

3）填充墙长度超过 5m 或墙长大于 2 倍层高时，墙顶与梁宜有拉接措施，墙体中部应加设构造柱；墙高度超过 4m 时宜在墙高中部设置与柱连接的水平系梁，墙高超过 6m 时，宜沿墙高每 2m 设置与柱连接的水平系梁，梁的截面高度不小于 60mm。

【砌体结构设计规范：第 6.3.4 条】

4.3.4　夹心墙

1. 外叶墙的砖及混凝土砌块的强度等级，不应低于 MU10。

【砌体结构设计规范：第 6.4.2 条】

4.3.5　防止或减轻墙体开裂的主要措施

1. 在正常使用条件下，应在墙体中设置伸缩缝。伸缩缝应设在因温度和收缩变形引起应力集中、砌体产生裂缝可能性最大处。伸缩缝的间距可按表 6.5.1 采用。

表 6.5.1　砌体房屋伸缩缝的最大间距（m）

屋盖或楼盖类别		间　距
整体式或装配整体式钢筋混凝土结构	有保温层或隔热层的屋盖、楼盖	50
	无保温层或隔热层的屋盖	40
装配式无檩体系钢筋混凝土结构	有保温层或隔热层的屋盖、楼盖	60
	无保温层或隔热层的屋盖	50
装配式有檩体系钢筋混凝土结构	有保温层或隔热层的屋盖	75
	无保温层或隔热层的屋盖	60
瓦材屋盖、木屋盖或楼盖、轻钢屋盖		100

注：1　对烧结普通砖、烧结多孔砖、配筋砌块砌体房屋，取表中数值；对石砌体、蒸压灰砂普通砖、蒸压粉煤灰普通砖、混凝土砌块、混凝土普通砖和混凝土多孔砖房屋，取表中数值乘以 0.8 的系数，当墙体有可靠外保温措施时，其间距可取表中数值；

2　在钢筋混凝土屋面上挂瓦的屋盖应按钢筋混凝土屋盖采用；

3　层高大于 5m 的烧结普通砖、烧结多孔砖、配筋砌块砌体结构单层房屋，其伸缩缝间距可按表中数值乘以 1.3；

4　温差较大且变化频繁地区和严寒地区不采暖的房屋及构筑物墙体的伸缩缝的最大间距，应按表中数值予以适当减小；

5　墙体的伸缩缝应与结构的其他变形缝相重合，缝宽度应满足各种变形缝的变形要求；在进行立面处理时，必须保证缝隙的变形作用。

【砌体结构设计规范：第 6.5.1 条】

2. 房屋顶层墙体，宜根据情况采取下列措施：

（1）屋面应设置保温、隔热层；

（2）屋面保温（隔热）层或屋面刚性面层及砂浆找平层应设置分隔缝，分隔缝间距不宜大于 6m，其缝宽不小于 30mm，并与女儿墙隔开；

（3）采用装配式有檩体系钢筋混凝土屋盖和瓦材屋盖；

（4）顶层屋面板下设置现浇钢筋混凝土圈梁，并沿内外墙拉通，房屋两端圈梁下的墙体内宜设置水平钢筋；

（5）顶层墙体有门窗等洞口时，在过梁上的水平灰缝内设置2～3道焊接钢筋网片或2根直径6mm钢筋，焊接钢筋网片或钢筋应伸入洞口两端墙内不小于600mm；

（6）顶层及女儿墙砂浆强度等级不低于M7.5（Mb7.5、Ms7.5）；

（7）女儿墙应设置构造柱，构造柱间距不宜大于4m，构造柱应伸至女儿墙顶并与现浇钢筋混凝土压顶整浇在一起；

（8）对顶层墙体施加竖向预应力。

【砌体结构设计规范：第6.5.2条】

3. 房屋底层墙体，宜根据情况采取下列措施：

（1）增大基础圈梁的刚度；

（2）在底层的窗台下墙体灰缝内设置3道焊接钢筋网片或2根直径6mm钢筋，并应伸入两边窗间墙内不小于600mm。

【砌体结构设计规范：第6.5.3条】

4. 在每层门、窗过梁上方的水平灰缝内及窗台下第一和第二道水平灰缝内，宜设置焊接钢筋网片或2根直径6mm钢筋，焊接钢筋网片或钢筋应伸入两边窗间墙内不小于600mm。当墙长大于5m时，宜在每层墙高度中部设置2～3道焊接钢筋网片或3根直径6mm的通长水平钢筋，竖向间距为500mm。

【砌体结构设计规范：第6.5.4条】

5. 房屋两端和底层第一、第二开间门窗洞处，可采取下列措施：

（1）在门窗洞口两边墙体的水平灰缝中，设置长度不小于900mm、竖向间距为400mm的2根直径4mm的焊接钢筋网片。

（2）在顶层和底层设置通长钢筋混凝土窗台梁，窗台梁高宜为块材高度的模数，梁内纵筋不少于4根，直径不小于10mm，箍筋直径不小于6mm，间距不大于200mm，混凝土强度等级不低于C20。

（3）在混凝土砌块房屋门窗洞口两侧不少于一个孔洞中设置直径不小于12mm的竖向钢筋，竖向钢筋应在楼层圈梁或基础内锚固，孔洞用不低于 Cb20 混凝土灌实。

【砌体结构设计规范：第 6.5.5 条】

6. 填充墙砌体与梁、柱或混凝土墙体结合的界面处（包括内、外墙），宜在粉刷前设置钢丝网片，网片宽度可取 400mm，并沿界面缝两侧各延伸 200mm，或采取其他有效的防裂、盖缝措施。

【砌体结构设计规范：第 6.5.6 条】

7. 当房屋刚度较大时，可在窗台下或窗台角处墙体内、在墙体高度或厚度突然变化处设置竖向控制缝。竖向控制缝宽度不宜小于 25mm，缝内填以压缩性能好的填充材料，且外部用密封材料密封，并采用不吸水的、闭孔发泡聚乙烯实心圆棒（背衬）作为密封膏的隔离物（图 6.5.7）。

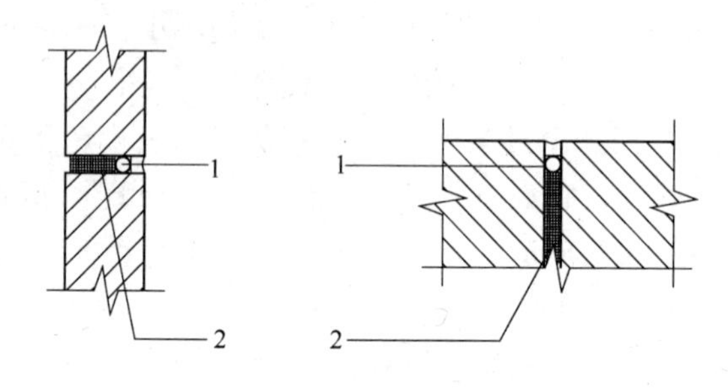

图 6.5.7　控制缝构造

1—不吸水的、闭孔发泡聚乙烯实心圆棒；2—柔软、可压缩的填充物

【砌体结构设计规范：第 6.5.7 条】

8. 夹心复合墙的外叶墙宜在建筑墙体适当部位设置控制缝，其间距宜为 6～8m。

【砌体结构设计规范：第 6.5.8 条】

4.4　圈梁、过梁、墙梁及挑梁

4.4.1　圈梁

1. 厂房、仓库、食堂等空旷单层房屋应按下列规定设置

圈梁：

(1) 砖砌体结构房屋，檐口标高为5～8m时，应在檐口标高处设置圈梁一道；檐口标高大于8m时，应增加设置数量；

(2) 砌块及料石砌体结构房屋，檐口标高为4～5m时，应在檐口标高处设置圈梁一道；檐口标高大于5m时，应增加设置数量；

(3) 对有吊车或较大振动设备的单层工业房屋，当未采取有效的隔振措施时，除在檐口或窗顶标高处设置现浇混凝土圈梁外，尚应增加设置数量。

【砌体结构设计规范：第7.1.2条】

2. 住宅、办公楼等多层砌体结构民用房屋，且层数为3层～4层时，应在底层和檐口标高处各设置一道圈梁。当层数超过4层时，除应在底层和檐口标高处各设置一道圈梁外，至少应在所有纵、横墙上隔层设置。多层砌体工业房屋，应每层设置现浇混凝土圈梁。设置墙梁的多层砌体结构房屋，应在托梁、墙梁顶面和檐口标高处设置现浇钢筋混凝土圈梁。

【砌体结构设计规范：第7.1.3条】

4.4.2 墙梁

1. 采用烧结普通砖砌体、混凝土普通砖砌体、混凝土多孔砖砌体和混凝土砌块砌体的墙梁设计应符合下列规定：

(1) 墙梁设计应符合表7.3.2的规定：

表7.3.2 墙梁的一般规定

墙梁类别	墙体总高度(m)	跨度(m)	墙体高跨比 h_w/l_{0i}	托梁高跨比 h_b/l_{0i}	洞宽比 h_h/l_{0i}	洞高 h_h
承重墙梁	≤18	≤9	≥0.4	≥1/10	≤0.3	$\leqslant 5h_w/6$ 且 $h_w-h_h\geqslant 0.4m$
自承重墙梁	≤18	≤12	≥1/3	≥1/15	≤0.8	—

注：墙体总高度指托梁顶面到檐口的高度，带阁楼的坡屋面应算到山尖墙1/2高度处。

(2) 墙梁计算高度范围内每跨允许设置一个洞口，洞口高度，对窗洞取洞顶至托梁顶面距离。对自承重墙梁，洞口至边支座中心的距离不应小于 0.1l_{0i}，门窗洞上口至墙顶的距离不应小于 0.5m。

(3) 洞口边缘至支座中心的距离，距边支座不应小于墙梁计算跨度的 0.15 倍，距中支座不应小于墙梁计算跨度的 0.07 倍。托梁支座处上部墙体设置混凝土构造柱、且构造柱边缘至洞口边缘的距离不小于 240mm 时，洞口边至支座中心距离的限值可不受本规定限制。

(4) 托梁高跨比，对无洞口墙梁不宜大于 1/7，对靠近支座有洞口的墙梁不宜大于 1/6。配筋砌块砌体墙梁的托梁高跨比可适当放宽，但不宜小于 1/14；当墙梁结构中的墙体均为配筋砌块砌体时，墙体总高度可不受本规定限制。

【砌体结构设计规范：第 7.3.2 条】

2. 墙梁的计算简图，应按图 7.3.3 采用。各计算参数应符

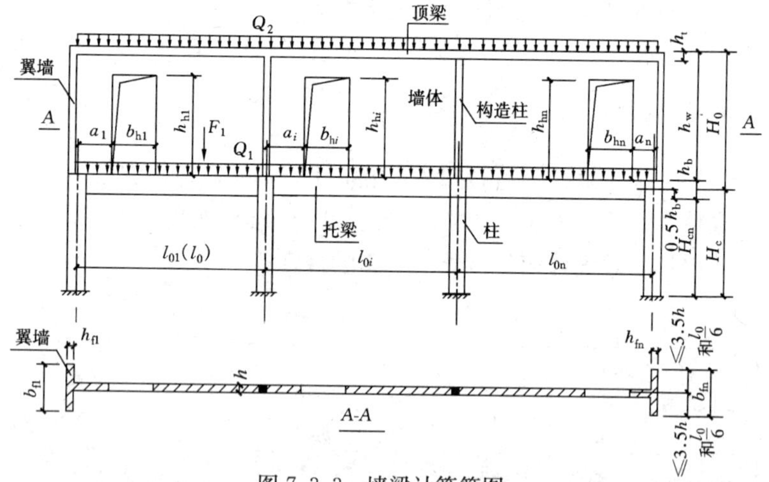

图 7.3.3　墙梁计算简图

l_0 (l_{0i}) 墙梁计算跨度；h_w—墙体计算高度；h—墙体厚度；H_0—墙梁跨中截面计算高度；b_{fl} —翼墙计算宽度：H_c—框架柱计算高度；b_{hi} —洞口宽度；b_{hi} —洞口高度；a_i—洞口边缘至支座中心的距离；Q_1、F_1—承重墙梁的托梁顶面的荷载设计值；Q_2—承重墙梁的墙梁顶面的荷载设计值

合下列规定：

(1) 墙梁计算跨度，对简支墙梁和连续墙梁取净跨的1.1倍或支座中心线距离的较小值；框支墙梁支座中心线距离，取框架柱轴线间的距离；

(2) 墙体计算高度，取托梁顶面上一层墙体（包括顶梁）高度，当 h_w 大于 l_0 时，取 h_w 等于 l_0（对连续墙梁和多跨框支墙梁，l_0 取各跨的平均值）；

(3) 墙梁跨中截面计算高度，取 $H_0=h_w+0.5h_b$；

(4) 翼墙计算宽度，取窗间墙宽度或横墙间距的2/3，且每边不大于3.5倍的墙体厚度和墙梁计算跨度的1/6；

(5) 框架柱计算高度，取 $H_c=H_{cn}+0.5h_b$；H_{cn} 为框架柱的净高，取基础顶面至托梁底面的距离。

【砌体结构设计规范：第7.3.3条】

4.4.3　挑梁

1. 砌体墙中混凝土挑梁的抗倾覆，应按下列公式进行验算：

$$M_{ov} \leqslant M_r \tag{7.4.1}$$

式中　M_{ov}——挑梁的荷载设计值对计算倾覆点产生的倾覆力矩；

M_r——挑梁的抗倾覆力矩设计值。

【砌体结构设计规范：第7.4.1条】

2. 挑梁计算倾覆点至墙外边缘的距离可按下列规定采用：

(1) 当 l_1 不小于 $2.2h_b$ 时（l_1 为挑梁埋入砌体墙中的长度，h_b 为挑梁的截面高度），梁计算倾覆点到墙外边缘的距离可按式(7.4.2-1)计算，且其结果不应大于 $0.13l_1$。

$$x_0 = 0.3h_b \tag{7.4.2-1}$$

式中　x_0——计算倾覆点至墙外边缘的距离(mm)；

(2) 当 l_1 小于 $2.2h_b$ 时，梁计算倾覆点到墙外边缘的距离可按下式计算：

$$x_0 = 0.13l_1 \tag{7.4.2-2}$$

（3）当挑梁下有混凝土构造柱或垫梁时，计算倾覆点到墙外边缘的距离可取 $0.5x_0$。

【砌体结构设计规范：第 7.4.2 条】

3. 挑梁的抗倾覆力矩设计值，可按下式计算：

$$M_r = 0.8G_r(l_2 - x_0) \quad (7.4.3)$$

式中　G_r——挑梁的抗倾覆荷载，为挑梁尾端上部45°扩展角的阴影范围（其水平长度为 l_3）内本层的砌体与楼面恒荷载标准值之和（图 7.4.3）；当上部楼层无挑梁时，抗倾覆荷载中可计及上部楼层的楼面永久荷载；

l_2——G_r 作用点至墙外边缘的距离。

【砌体结构设计规范：第 7.4.3 条】

4.5　配筋砖砌体构件

4.5.1　组合砖砌体构件

4.5.1.1　砖砌体和钢筋混凝土面层或钢筋砂浆面层的组合砌体构件

1. 当轴向力的偏心距超过 GB 50003—2011 规范第 5.1.5 条规定的限值时，宜采用砖砌体和钢筋混凝土面层或钢筋砂浆面层组成的组合砖砌体构件（图 8.2.1）。

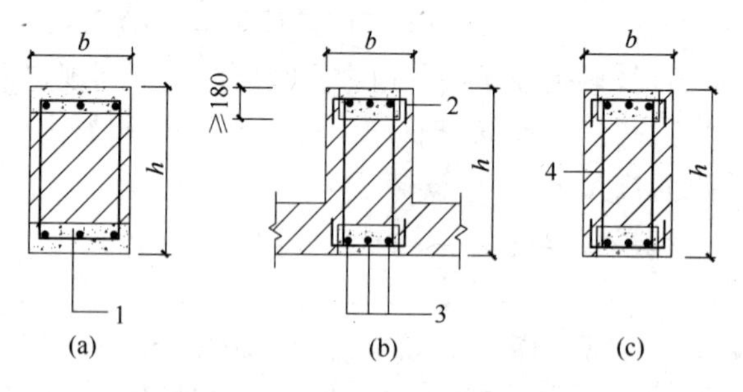

图 8.2.1　组合砖砌体构件截面

1—混凝土或砂浆；2—拉结钢筋；3—纵向钢筋；4—箍筋

【砌体结构设计规范：第 8.2.1 条】

2. 组合砖砌体构件的构造应符合下列规定：

(1) 面层混凝土强度等级宜采用 C20。面层水泥砂浆强度等级不宜低于 M10。砌筑砂浆的强度等级不宜低于 M7.5；

(2) 砂浆面层的厚度，可采用 30～45mm。当面层厚度大于 45mm 时，其面层宜采用混凝土；

(3) 竖向受力钢筋宜采用 HPB300 级钢筋，对于混凝土面层，亦可采用 HRB335 级钢筋。受压钢筋一侧的配筋率，对砂浆面层，不宜小于 0.1%，对混凝土面层，不宜小于 0.2%。受拉钢筋的配筋率，不应小于 0.1%。竖向受力钢筋的直径，不应小于 8mm，钢筋的净间距，不应小于 30mm；

(4) 箍筋的直径，不宜小于 4mm 及 0.2 倍的受压钢筋直径，并不宜大于 6mm。箍筋的间距，不应大于 20 倍受压钢筋的直径及 500mm，并不应小于 120mm；

(5) 当组合砖砌体构件一侧的竖向受力钢筋多于 4 根时，应设置附加箍筋或拉结钢筋；

(6) 对于截面长短边相差较大的构件如墙体等，应采用穿通墙体的拉结钢筋作为箍筋，同时设置水平分布钢筋。水平分布钢筋的竖向间距及拉结钢筋的水平间距，均不应大于 500mm（图 8.2.6）；

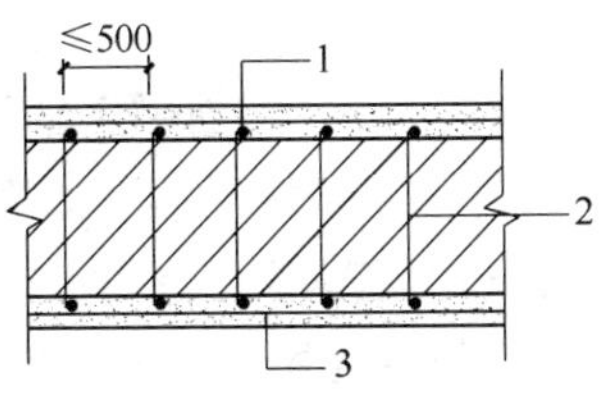

图 8.2.6 混凝土或砂浆面层组合墙

1—竖向受力钢筋；2—拉结钢筋；3—水平分布钢筋

(7) 组合砖砌体构件的顶部和底部，以及牛腿部位，必须设置钢筋混凝土垫块。竖向受力钢筋伸入垫块的长度，必须满足锚固要求。

【砌体结构设计规范：第 8.2.6 条】

4.5.2 配筋砌块砌体剪力墙构造规定

4.5.2.1 钢筋

1. 钢筋在灌孔混凝土中的锚固，应符合下列规定：

（1）当计算中充分利用竖向受拉钢筋强度时，其锚固长度 l_a，对HRB335级钢筋不应小于30d；对HRB400和RRB400级钢筋不应小于35d；在任何情况下钢筋（包括钢筋网片）锚固长度不应小于300mm；

（2）竖向受拉钢筋不应在受拉区截断。如必须截断时，应延伸至按正截面受弯承载力计算不需要该钢筋的截面以外，延伸的长度不应小于20d；

（3）竖向受压钢筋在跨中截断时，必须伸至按计算不需要该钢筋的截面以外，延伸的长度不应小于20d；对绑扎骨架中末端无弯钩的钢筋，不应小于25d；

（4）钢筋骨架中的受力光圆钢筋，应在钢筋末端作弯钩，在焊接骨架、焊接网以及轴心受压构件中，不作弯钩；绑扎骨架中的受力带肋钢筋，在钢筋的末端不做弯钩。

【砌体结构设计规范：第9.4.3条】

4.5.2.2 配筋砌块砌体剪力墙、连梁

1. 配筋砌块砌体剪力墙的构造配筋应符合下列规定：

（1）应在墙的转角、端部和孔洞的两侧配置竖向连续的钢筋，钢筋直径不应小于12mm；

（2）应在洞口的底部和顶部设置不小于2ϕ10的水平钢筋，其伸入墙内的长度不应小于40d和600mm；

（3）应在楼（屋）盖的所有纵横墙处设置现浇钢筋混凝土圈梁，圈梁的宽度和高度应等于墙厚和块高，圈梁主筋不应少于4ϕ10，圈梁的混凝土强度等级不应低于同层混凝土块体强度等级的2倍，或该层灌孔混凝土的强度等级，也不应低于C20；

（4）剪力墙其他部位的竖向和水平钢筋的间距不应大于墙长、墙高的1/3，也不应大于900mm；

（5）剪力墙沿竖向和水平方向的构造钢筋配筋率均不应小于0.07%。

【砌体结构设计规范：第9.4.8条】

2. 配筋砌块砌体剪力墙，应按下列情况设置边缘构件：

（1）当利用剪力墙端部的砌体受力时，应符合下列规定：

1）应在一字墙的端部至少 3 倍墙厚范围内的孔中设置不小于 ϕ12 通长竖向钢筋；

2）应在 L、T 或十字形墙交接处 3 或 4 个孔中设置不小于 ϕ12 通长竖向钢筋；

3）当剪力墙的轴压比大于 $0.6f_g$ 时，除按上述规定设置竖向钢筋外，尚应设置间距不大于 200mm、直径不小于 6mm 的钢箍。

（2）当在剪力墙墙端设置混凝土柱作为边缘构件时，应符合下列规定：

1）柱的截面宽度宜不小于墙厚，柱的截面高度宜为 1～2 倍的墙厚，并不应小于 200mm；

2）柱的混凝土强度等级不宜低于该墙体块体强度等级的 2 倍，或不低于该墙体灌孔混凝土的强度等级，也不应低于 Cb20；

3）柱的竖向钢筋不宜小于 4ϕ12，箍筋不宜小于 ϕ6、间距不宜大于 200mm；

4）墙体中的水平钢筋应在柱中锚固，并应满足钢筋的锚固要求；

5）柱的施工顺序宜为先砌砌块墙体，后浇捣混凝土。

【砌体结构设计规范：第 9.4.10 条】

4.6 砌体结构构件抗震设计

4.6.1 一般规定

1. 本章适用的多层砌体结构房屋的总层数和总高度，应符合下列规定：

（1）房屋的层数和总高度不应超过表 10.1.2 的规定；

（2）各层横墙较少的多层砌体房屋，总高度应比表 10.1.2 中的规定降低 3m，层数相应减少一层；各层横墙很少的多层砌体房屋，还应再减少一层；

表 10.1.2　多层砌体房屋的层数和总高度限值（m）

房屋类别		最小抗震墙厚度（mm）	设防烈度和设计基本地震加速度											
			6		7				8				9	
			0.05*g*		0.10*g*		0.15*g*		0.20*g*		0.30*g*		0.40*g*	
			高度	层数	高度	层数	高度	层数	高度	层数	高度	层数	高度	层数
多层砌体房屋	普通砖	240	21	7	21	7	21	7	18	6	15	5	12	4
	多孔砖	240	21	7	21	7	18	6	18	6	15	5	9	3
	多孔砖	190	21	7	18	6	15	5	15	5	12	4	—	—
	混凝土砌块	190	21	7	21	7	18	6	18	6	15	5	9	3
底部框架-抗震墙砌体房屋	普通砖 多孔砖	240	22	7	22	7	19	6	16	5	—	—	—	—
	多孔砖	190	22	7	19	6	16	5	13	4	—	—	—	—
	混凝土砌块	190	22	7	22	7	19	6	16	5	—	—	—	—

注：1　房屋的总高度指室外地面到主要屋面板板顶或檐口的高度，半地下室从地下室室内地面算起，全地下室和嵌固条件好的半地下室应允许从室外地面算起；对带阁楼的坡屋面应算到山尖墙的 1/2 高度处；

2　室内外高差大于 0.6m 时，房屋总高度应允许比表中的数据适当增加，但增加量应少于 1.0m；

3　乙类的多层砌体房屋仍按本地区设防烈度查表，其层数应减少一层且总高度应降低 3m；不应采用底部框架-抗震墙砌体房屋。

注：横墙较少是指同一楼层内开间大于 4.2m 的房间占该层总面积的 40%以上；其中，开间不大于 4.2m 的房间占该层总面积不到 20%且开间大于 4.8m 的房间占该层总面积的 50%以上为横墙很少。

（3）抗震设防烈度为 6、7 度时，横墙较少的丙类多层砌体房屋，当按现行国家标准《建筑抗震设计规范》GB 50011 规定采取加强措施并满足抗震承载力要求时，其高度和层数应允许仍按表 10.1.2 中的规定采用；

（4）采用蒸压灰砂普通砖和蒸压粉煤灰普通砖的砌体房屋，当砌体的抗剪强度仅达到普通黏土砖砌体的70%时，房屋的层数应比普通砖房屋减少一层，总高度应减少3m；当砌体的抗剪强度达到普通黏土砖砌体的取值时，房屋层数和总高度的要求同普通砖房屋。

【砌体结构设计规范：第10.1.2条】

2. 本章适用的配筋砌块砌体抗震墙结构和部分框支抗震墙结构房屋最大高度应符合表10.1.3的规定。

表10.1.3　配筋砌块砌体抗震墙房屋适用的最大高度（m）

结构类型 最小墙厚（mm）		设防烈度和设计基本地震加速度					
		6度	7度		8度		9度
		0.05g	0.10g	0.15g	0.20g	0.30g	0.40g
配筋砌块砌体抗震墙	190mm	60	55	45	40	30	24
部分框支抗震墙		55	49	40	31	24	—

注：1　房屋高度指室外地面到主要屋面板板顶的高度（不包括局部突出屋顶部分）；

2　某层或几层开间大于6.0m以上的房间建筑面积占相应层建筑面积40%以上时，表中数据相应减少6m；

3　部分框支抗震墙结构指首层或底部两层为框支层的结构，不包括仅个别框支墙的情况；

4　房屋的高度超过表内高度时，应根据专门研究，采取有效地加强措施。

【砌体结构设计规范：第10.1.3条】

3. 砌体结构房屋的层高，应符合下列规定：

（1）多层砌体结构房屋的层高，应符合下列规定：

1）多层砌体结构房屋的层高，不应超过3.6m；

注：当使用功能确有需要时，采用约束砌体等加强措施的普通砖房屋，层高不应超过3.9m。

2）底部框架-抗震墙砌体房屋的底部，层高不应超过4.5m；当底层采用约束砌体抗震墙时，底层的层高不应超过4.2m。

（2）配筋混凝土空心砌块抗震墙房屋的层高，应符合下列规定：

1）底部加强部位（不小于房屋高度的1/6且不小于底部二层的高度范围）的层高（房屋总高度小于21m时取一层），一、二级不宜大于 3.2m，三、四级不应大于 3.9m；

2）其他部位的层高，一、二级不应大于 3.9m，三、四级不应大于 4.8m。

【砌体结构设计规范：第 10.1.4 条】

4. 考虑地震作用组合的砌体结构构件，其截面承载力应除以承载力抗震调整系数 γ_{RE}，承载力抗震调整系数应按表 10.1.5 采用。当仅计算竖向地震作用时，各类结构构件承载力抗震调整系数均应采用 1.0。

表 10.1.5　承载力抗震调整系数

结构构件类别	受力状态	γ_{RE}
两端均设有构造柱、芯柱的砌体抗震墙	受剪	0.9
组合砖墙	偏压、大偏拉和受剪	0.9
配筋砌块砌体抗震墙	偏压、大偏拉和受剪	0.85
自承重墙	受剪	1.0
其他砌体	受剪和受压	1.0

【砌体结构设计规范：第 10.1.5 条】

5. 配筋砌块砌体抗震墙结构房屋抗震设计时，结构抗震等级应根据设防烈度和房屋高度按表 10.1.6 采用。

表 10.1.6　配筋砌块砌体抗震墙结构房屋的抗震等级

<table>
<tr><td colspan="2" rowspan="2">结构类型</td><td colspan="7">设防烈度</td></tr>
<tr><td colspan="2">6</td><td colspan="2">7</td><td colspan="2">8</td><td>9</td></tr>
<tr><td rowspan="2">配筋砌块砌体抗震墙</td><td>高度（m）</td><td>≤24</td><td>>24</td><td>≤24</td><td>>24</td><td>≤24</td><td>>24</td><td>≤24</td></tr>
<tr><td>抗震墙</td><td>四</td><td>三</td><td>三</td><td>二</td><td>二</td><td>一</td><td>一</td></tr>
<tr><td rowspan="3">部分框支抗震墙</td><td>非底部加强部位抗震墙</td><td>四</td><td>三</td><td>三</td><td>二</td><td>二</td><td colspan="2" rowspan="3">不应采用</td></tr>
<tr><td>底部加强部位抗震墙</td><td>三</td><td>二</td><td>二</td><td>一</td><td>一</td></tr>
<tr><td>框支框架</td><td colspan="2">二</td><td>二</td><td>一</td><td>一</td></tr>
</table>

注：1　对于四级抗震等级，除本章有规定外，均按非抗震设计采用；

2　接近或等于高度分界时，可结合房屋不规则程度及场地、地基条件确定抗震等级。

【砌体结构设计规范：第 10.1.6 条】

4.6.2　砖砌体构件

4.6.2.1　构造措施

1. 各类砖砌体房屋的现浇钢筋混凝土构造柱（以下简称构造柱），其设置应符合现行国家标准《建筑抗震设计规范》GB 50011 的有关规定，并应符合下列规定：

（1）构造柱设置部位应符合表 10.2.4 的规定；

（2）外廊式和单面走廊式的房屋，应根据房屋增加一层的层数，按表 10.2.4 的要求设置构造柱，且单面走廊两侧的纵墙均应按外墙处理；

（3）横墙较少的房屋，应根据房屋增加一层的层数，按表 10.2.4 的要求设置构造柱。当横墙较少的房屋为外廊式或单面走廊式时，应按本条 2 款要求设置构造柱；但 6 度不超过四层、7 度不超过三层和 8 度不超过二层时应按增加二层的层数对待；

（4）各层横墙很少的房屋，应按增加二层的层数设置构造柱；

（5）采用蒸压灰砂普通砖和蒸压粉煤灰普通砖的砌体房屋，当砌体的抗剪强度仅达到普通黏土砖砌体的 70%时（普通砂浆砌筑），应根据增加一层的层数按本条 1～4 款要求设置构造柱；但 6 度不超过四层、7 度不超过三层和 8 度不超过二层时应按增加二层的层数对待；

（6）有错层的多层房屋，在错层部位应设置墙，其与其他墙交接处应设置构造柱；在错层部位的错层楼板位置应设置现浇钢筋混凝土圈梁；当房屋层数不低于四层时，底部 1/4 楼层处错层部位墙中部的构造柱间距不宜大于 2m。

表 10.2.4 砖砌体房屋构造柱设置要求

<table>
<tr><th colspan="4">房屋层数</th><th colspan="2" rowspan="2">设置部位</th></tr>
<tr><th>6 度</th><th>7 度</th><th>8 度</th><th>9 度</th></tr>
<tr><td>≤五</td><td>≤四</td><td>≤三</td><td></td><td rowspan="2">楼、电梯间四角，楼梯斜梯段上下端对应的墙体处；
外墙四角和对应转角；
错层部位横墙与外纵墙交接处；
大房间内外墙交接处；
较大洞口两侧</td><td>隔 12m 或单元横墙与外纵墙交接处；
楼梯间对应的另一侧内横墙与外纵墙交接处</td></tr>
<tr><td>六</td><td>五</td><td>四</td><td>二</td><td>隔开间横墙（轴线）与外墙交接处；
山墙与内纵墙交接处</td></tr>
</table>

续表 10.2.4

房屋层数				设置部位	
6度	7度	8度	9度		
七	六、七	五、六	三、四	楼、电梯间四角，楼梯斜梯段上下端对应的墙体处； 外墙四角和对应转角； 错层部位横墙与外纵墙交接处； 大房间内外墙交接处； 较大洞口两侧	内墙（轴线）与外墙交接处； 内墙的局部较小墙垛处； 内纵墙与横墙（轴线）交接处

注：1　较大洞口，内墙指不小于 2.1m 的洞口；外墙在内外墙交接处已设置构造柱时允许适当放宽，但洞侧墙体应加强；

2　当按本条第 2～5 款规定确定的层数超出表 10.2.4 范围，构造柱设置要求不应低于表中相应烈度的最高要求且宜适当提高。

【砌体结构设计规范：第 10.2.4 条】

2. 多层砖砌体房屋的构造柱应符合下列构造规定：

(1) 构造柱的最小截面可为 180mm×240mm（墙厚 190mm 时为 180mm×190mm）；构造柱纵向钢筋宜采用 4ϕ12，箍筋直径可采用 6mm，间距不宜大于 250mm，且在柱上、下端适当加密；当 6、7 度超过六层、8 度超过五层和 9 度时，构造柱纵向钢筋宜采用 4ϕ14，箍筋间距不应大于 200mm；房屋四角的构造柱应适当加大截面及配筋；

(2) 构造柱与墙连接处应砌成马牙槎，沿墙高每隔 500mm 设 2ϕ6 水平钢筋和 ϕ4 分布短筋平面内点焊组成的拉结网片或 ϕ4 点焊钢筋网片，每边伸入墙内不宜小于 1m。6、7 度时，底部 1/3 楼层，8 度时底部 1/2 楼层，9 度时全部楼层，上述拉结钢筋网片应沿墙体水平通长设置；

(3) 构造柱与圈梁连接处，构造柱的纵筋应在圈梁纵筋内侧穿过，保证构造柱纵筋上下贯通；

(4) 构造柱可不单独设置基础，但应伸入室外地面下

500mm，或与埋深小于 500mm 的基础圈梁相连；

(5) 房屋高度和层数接近 GB 50003—2011 规范表 10.1.2 的限值时，纵、横墙内构造柱间距尚应符合下列规定：

1) 横墙内的构造柱间距不宜大于层高的二倍；下部 1/3 楼层的构造柱间距适当减小；

2) 当外纵墙开间大于 3.9m 时，应另设加强措施。内纵墙的构造柱间距不宜大于 4.2m。

【砌体结构设计规范：第 10.2.5 条】

3. 约束普通砖墙的构造，应符合下列规定：

(1) 墙段两端设有符合现行国家标准《建筑抗震设计规范》GB 50011 要求的构造柱，且墙肢两端及中部构造柱的间距不大于层高或 3.0m，较大洞口两侧应设置构造柱；构造柱最小截面尺寸不宜小于 240mm×240mm（墙厚 190mm 时为 240mm×190mm），边柱和角柱的截面宜适当加大；构造柱的纵筋和箍筋设置宜符合表 10.2.6 的要求。

(2) 墙体在楼、屋盖标高处均设置满足现行国家标准《建筑抗震设计规范》GB 50011 要求的圈梁，上部各楼层处圈梁截面高度不宜小于 150mm；圈梁纵向钢筋应采用强度等级不低于 HRB335 的钢筋，6、7 度时不小于 4ϕ10；8 度时不小于 4ϕ12；9 度时不小于 4ϕ14；箍筋不小于 ϕ6。

表 10.2.6 构造柱的纵筋和箍筋设置要求

<table>
<tr><th rowspan="2">位置</th><th colspan="3">纵向钢筋</th><th colspan="3">箍筋</th></tr>
<tr><th>最大配筋率（%）</th><th>最小配筋率（%）</th><th>最小直径（mm）</th><th>加密区范围（mm）</th><th>加密区间距（mm）</th><th>最小直径（mm）</th></tr>
<tr><td>角柱</td><td rowspan="2">1.8</td><td rowspan="2">0.8</td><td>14</td><td>全高</td><td rowspan="3">100</td><td rowspan="3">6</td></tr>
<tr><td>边柱</td><td>14</td><td>上端 700</td></tr>
<tr><td>中柱</td><td>1.4</td><td>0.6</td><td>12</td><td>下端 500</td></tr>
</table>

【砌体结构设计规范：第 10.2.6 条】

4.6.3　混凝土砌块砌体构件

4.6.3.1　构造措施

1. 混凝土砌块房屋应按表 10.3.4 的要求设置钢筋混凝土芯柱。对外廊式和单面走廊式的房屋、横墙较少的房屋、各层横墙很少的房屋，尚应分别按 GB 50003—2011 规范第 10.2.4 条第 2、3、4 款关于增加层数的对应要求，按表 10.3.4 的要求设置芯柱。

表 10.3.4　混凝土砌块房屋芯柱设置要求

房屋层数				设置部位	设置数量
6 度	7 度	8 度	9 度		
≤五	≤四	≤三		外墙四角和对应转角； 楼、电梯间四角；楼梯斜梯段上下端对应的墙体处； 大房间内外墙交接处； 错层部位横墙与外纵墙交接处； 隔 12m 或单元横墙与外纵墙交接处	外墙转角，灌实 3 个孔； 内外墙交接处，灌实 4 个孔； 楼梯斜段上下端对应的墙体处，灌实 2 个孔
六	五	四	一	同上； 隔开间横墙（轴线）与外纵墙交接处	
七	六	五	二	同上； 各内墙（轴线）与外纵墙交接处； 内纵墙与横墙（轴线）交接处和洞口两侧	外墙转角，灌实 5 个孔； 内外墙交接处，灌实 4 个孔； 内墙交接处，灌实 4～5 个孔； 洞口两侧各灌实 1 个孔
	七	六	三	同上； 横墙内芯柱间距不宜大于 2m	外墙转角，灌实 7 个孔； 内外墙交接处，灌实 5 个孔； 内墙交接处，灌实 4～5 个孔； 洞口两侧各灌实 1 个孔

注：1　外墙转角、内外墙交接处、楼电梯间四角等部位，应允许采用钢筋混凝土构造柱替代部分芯柱。

2　当按 10.2.4 条第 2～4 款规定确定的层数超出表 10.3.4 范围，芯柱设置要求不应低于表中相应烈度的最高要求且宜适当提高。

【砌体结构设计规范：第 10.3.4 条】

2. 混凝土砌块砌体房屋的圈梁，除应符合现行国家标准《建筑抗震设计规范》GB 50011 要求外，尚应符合下述构造要求：

圈梁的截面宽度宜取墙宽且不应小于 190mm，配筋宜符合表 10.3.7 的要求，箍筋直径不小于 $\phi6$；基础圈梁的截面宽度宜取墙宽，截面高度不应小于 200mm，纵筋不应少于 $4\phi14$。

表 10.3.7 混凝土砌块砌体房屋圈梁配筋要求

配 筋	烈 度		
	6、7	8	9
最小纵筋	$4\phi10$	$4\phi12$	$4\phi14$
箍筋最大间距（mm）	250	200	150

【砌体结构设计规范：第 10.3.7 条】

4.6.4 底部框架-抗震墙砌体房屋抗震构件

4.6.4.1 构造措施

1. 底部框架-抗震墙砌体房屋中底部抗震墙的厚度和数量，应由房屋的竖向刚度分布来确定。当采用约束普通砖墙时其厚度不得小于 240mm；配筋砌块砌体抗震墙厚度，不应小于 190mm；钢筋混凝土抗震墙厚度，不宜小于 160mm；且均不宜小于层高或无支长度的 1/20。

【砌体结构设计规范：第 10.4.6 条】

2. 底部框架-抗震墙砌体房屋的底部采用钢筋混凝土抗震墙或配筋砌块砌体抗震墙时，其截面和构造应符合现行国家标准《建筑抗震设计规范》GB 50011 的有关规定。配筋砌块砌体抗震墙尚应符合下列规定：

（1）墙体的水平分布钢筋应采用双排布置；

（2）墙体的分布钢筋和边缘构件，除应满足承载力要求外，可根据墙体抗震等级，按 10.5 节关于底部加强部位配筋砌块砌体抗震墙的分布钢筋和边缘构件的规定设置。

【砌体结构设计规范：第 10.4.7 条】

3. 过渡层墙体的材料强度等级和构造要求，应符合下列规定：

（1）过渡层砌体块材的强度等级不应低于MU10，砖砌体砌筑砂浆强度的等级不应低于M10，砌块砌体砌筑砂浆强度的等级不应低于Mb10；

（2）上部砌体墙的中心线宜同底部的托梁、抗震墙的中心线相重合。当过渡层砌体墙与底部框架梁、抗震墙不对齐时，应另设置托墙转换梁，并且应对底层和过渡层相关结构构件另外采取加强措施；

（3）托梁上过渡层砌体墙的洞口不宜设置在框架柱或抗震墙边框柱的正上方；

（4）过渡层应在底部框架柱、抗震墙边框柱、砌体抗震墙的构造柱或芯柱所对应处设置构造柱或芯柱，并宜上下贯通。过渡层墙体内的构造柱间距不宜大于层高；芯柱除按GB 50003－2011规范第10.3.4条和10.3.5条规定外，砌块砌体墙体中部的芯柱宜均匀布置，最大间距不宜大于1m；

构造柱截面不宜小于240mm×240mm（墙厚190mm时为240mm×190mm），其纵向钢筋，6、7度时不宜少于4ϕ16，8度时不宜少于4ϕ18。芯柱的纵向钢筋，6、7度时不宜少于每孔1ϕ16，8度时不宜少于每孔1ϕ18。一般情况下，纵向钢筋应锚入下部的框架柱或混凝土墙内；当纵向钢筋锚固在托墙梁内时，托墙梁的相应位置应加强；

（5）过渡层的砌体墙，凡宽度不小于1.2m的门洞和2.1m的窗洞，洞口两侧宜增设截面不小于120mm×240mm（墙厚190mm时为120mm×190mm）的构造柱或单孔芯柱；

（6）过渡层砖砌体墙，在相邻构造柱间应沿墙高每隔360mm设置2ϕ6通长水平钢筋与ϕ4分布短筋平面内点焊组成的拉结网片或ϕ4点焊钢筋网片；过渡层砌块砌体墙，在芯柱之间沿墙高应每隔400mm设置ϕ4通长水平点焊钢筋网片；

（7）过渡层的砌体墙在窗台标高处，应设置沿纵横墙通长的水平现浇钢筋混凝土带。

【砌体结构设计规范：第 10.4.11 条】

4.6.5 配筋砌块砌体抗震墙

4.6.5.1 承载力计算

1. 配筋砌块砌体抗震墙的截面，应符合下列规定：

（1）当剪跨比大于 2 时：

$$V_w \leqslant \frac{1}{\gamma_{RE}} 0.2 f_g b h_0 \quad (10.5.3\text{-}1)$$

（2）当剪跨比小于或等于 2 时：

$$V_w \leqslant \frac{1}{\gamma_{RE}} 0.15 f_g b h_0 \quad (10.5.3\text{-}2)$$

【砌体结构设计规范：第 10.5.3 条】

4.6.5.2 构造措施

1. 配筋砌块砌体抗震墙的水平和竖向分布钢筋应符合下列规定，抗震墙底部加强区的高度不小于房屋高度的 1/6，且不小于房屋底部两层的高度。

（1）抗震墙水平分布钢筋的配筋构造应符合表 10.5.9-1 的规定：

表 10.5.9-1 抗震墙水平分布钢筋的配筋构造

抗震等级	最小配筋率（%）		最大间距（mm）	最小直径（mm）
	一般部位	加强部位		
一级	0.13	0.15	400	ϕ8
二级	0.13	0.13	600	ϕ8
三级	0.11	0.13	600	ϕ8
四级	0.10	0.10	600	ϕ6

注：1 水平分布钢筋宜双排布置，在顶层和底部加强部位，最大间距不应大于 400mm；

2 双排水平分布钢筋应设不小于 ϕ6 拉结筋，水平间距不应大于 400mm。

（2）抗震墙竖向分布钢筋的配筋构造应符合表 10.5.9-2 的

规定：

表 10.5.9-2　抗震墙竖向分布钢筋的配筋构造

抗震等级	最小配筋率（%）		最大间距（mm）	最小直径（mm）
	一般部位	加强部位		
一级	0.15	0.15	400	ϕ12
二级	0.13	0.13	600	ϕ12
三级	0.11	0.13	600	ϕ12
四级	0.10	0.10	600	ϕ12

注：竖向分布钢筋宜采用单排布置，直径不应大于 25mm，9 度时配筋率不应小于 0.2%。在顶层和底部加强部位，最大间距应适当减小。

【砌体结构设计规范：第 10.5.9 条】

2. 配筋砌块砌体抗震墙除应符合 GB 50003—2011 规范第 9.4.11 的规定外，应在底部加强部位和轴压比大于 0.4 的其他部位的墙肢设置边缘构件。边缘构件的配筋范围：无翼墙端部为 3 孔配筋；“L”形转角节点为 3 孔配筋；“T”形转角节点为 4 孔配筋；边缘构件范围内应设置水平箍筋；配筋砌块砌体抗震墙边缘构件的配筋应符合表 10.5.10 的要求。

表 10.5.10　配筋砌块砌体抗震墙边缘构件的配筋要求

抗震等级	每孔竖向钢筋最小量		水平箍筋最小直径	水平箍筋最大间距（mm）
	底部加强部位	一般部位		
一级	1ϕ20（4ϕ16）	1ϕ18（4ϕ16）	ϕ8	200
二级	1ϕ18（4ϕ16）	1ϕ16（4ϕ14）	ϕ6	200
三级	1ϕ16（4ϕ12）	1ϕ14（4ϕ12）	ϕ6	200
四级	1ϕ14（4ϕ12）	1ϕ12（4ϕ12）	ϕ6	200

注：1　边缘构件水平箍筋宜采用横筋为双筋的搭接点焊网片形式；

2　当抗震等级为二、三级时，边缘构件箍筋应采用 HRB400 级或 RRB400 级钢筋；

3　表中括号中数字为边缘构件采用混凝土边框柱时的配筋。

【砌体结构设计规范：第 10.5.10 条】

Ⅱ 通用标准、规范或规程

5　建筑结构可靠度设计统一标准

5.1　总　　则

1. 本标准所采用的设计基准期为50年。

【可靠度设计统一标准：第1.0.4条】

2. 结构的设计使用年限应按表1.0.5采用。

表1.0.5　设计使用年限分类

类别	设计使用年限（年）	示　　例
1	5	临时性结构
2	25	易于替换的结构构件
3	50	普通房屋和构筑物
4	100	纪念性建筑和特别重要的建筑结构

【可靠度设计统一标准：第1.0.5条】

3. 结构在规定的设计使用年限内应具有足够的可靠度。结构可靠度可采用以概率理论为基础的极限状态设计方法分析确定。

【可靠度设计统一标准：第1.0.6条】

4. 结构在规定的设计使用年限内应满足下列功能要求：

（1）在正常施工和正常使用时，能承受可能出现的各种作用；

（2）在正常使用时具有良好的工作性能；

（3）在正常维护下具有足够的耐久性能；

（4）在设计规定的偶然事件发生时及发生后，仍能保持必需的整体稳定性。

【可靠度设计统一标准：第1.0.7条】

5. 建筑结构设计时，应根据结构破坏可能产生的后果（危及人的生命、造成经济损失、产生社会影响等）的严重性，采用

不同的安全等级。建筑结构安全等级的划分应符合表 1.0.8 的要求。

表 1.0.8 建筑结构的安全等级

安全等级	破坏后果	建筑物类型
一 级	很严重	重要的房屋
二 级	严 重	一般的房屋
三 级	不严重	次要的房屋

注：1 对特殊的建筑物，其安全等级应根据具体情况另行确定；

2 地基基础设计安全等级及按抗震要求设计时建筑结构的安全等级，尚应符合国家现行有关规范的规定。

【可靠度设计统一标准：第 1.0.8 条】

6. 建筑物中各类结构构件的安全等级，宜与整个结构的安全等级相同。对其中部分结构构件的安全等级可进行调整，但不得低于三级。

【可靠度设计统一标准：第 1.0.9 条】

7. 为保证建筑结构具有规定的可靠度，除应进行必要的设计计算外，还应对结构材料性能、施工质量、使用与维护进行相应的控制。对控制的具体要求，应符合有关勘察、设计、施工及维护等标准的专门规定。

【可靠度设计统一标准：第 1.0.10 条】

注：可靠度是指结构在规定的时间内，在规定的条件下，完成预定功能的概率。

5.2 极限状态设计原则

1. 建筑结构设计时，对所考虑的极限状态，应采用相应的结构作用效应的最不利组合：

（1）进行承载能力极限状态设计时，应考虑作用效应的基本组合，必要时尚应考虑作用效应的偶然组合。

（2）进行正常使用极限状态设计时，应根据不同设计目的，分别选用下列作用效应的组合：

1）标准组合，主要用于当一个极限状态被超越时将产生严重的永久性损害的情况；

2）频遇组合，主要用于当一个极限状态被超越时将产生局部损害、较大变形或短暂振动等情况；

3）准永久组合，主要用在当长期效应是决定性因素时的一些情况。

【可靠度设计统一标准：第 3.0.5 条】

2. 对偶然状况，建筑结构可采用下列原则之一按承载能力极限状态进行设计：

（1）按作用效应的偶然组合进行设计或采取防护措施，使主要承重结构不致因出现设计规定的偶然事件而丧失承载能力；

（2）允许主要承重结构因出现设计规定的偶然事件而局部破坏，但其剩余部分具有在一段时间内不发生连续倒塌的可靠度。

【可靠度设计统一标准：第 3.0.6 条】

5.3　结构上的作用

1. 结构设计时，应根据各种极限状态的设计要求采用不同的荷载代表值。永久荷载应采用标准值作为代表值；可变荷载应采用标准值、组合值、频遇值或准永久值作为代表值。

【可靠度设计统一标准：第 4.0.5 条】

2. 结构自重的标准值可按设计尺寸与材料重力密度标准值计算。对于某些自重变异较大的材料或结构构件（如现场制作的保温材料、混凝土薄壁构件等），自重的标准值应根据结构的不利状态，通过结构可靠度分析，取其概率分布的某一分位值。

可变荷载标准值，应根据设计基准期内最大荷载概率分布的某一分位值确定。

注：当观测和试验数据不足时，荷载标准值可结合工程经验，经分析判断确定。

【可靠度设计统一标准：第 4.0.6 条】

3. 荷载组合值是当结构承受两种或两种以上可变荷载时，

承载能力极限状态按基本组合设计和正常使用极限状态按标准组合设计采用的可变荷载代表值。

【可靠度设计统一标准：第 4.0.7 条】

4. 荷载频遇值是正常使用极限状态按频遇组合设计采用的一种可变荷载代表值。

【可靠度设计统一标准：第 4.0.8 条】

5. 荷载准永久值是正常使用极限状态按准永久组合和频遇组合设计采用的可变荷载代表值。

【可靠度设计统一标准：第 4.0.9 条】

6. 承载能力极限状态设计时采用的各种偶然作用的代表值，可根据观测和试验数据或工程经验，经综合分析判断确定。

【可靠度设计统一标准：第 4.0.10 条】

7. 进行建筑结构设计时，对可能同时出现的不同种类的作用，应考虑其效应组合；对不可能同时出现的不同种类的作用，不应考虑其效应组合。

【可靠度设计统一标准：第 4.0.11 条】

6　岩土工程勘察

6.1　总　　则

1　各项建设工程在设计和施工之前，必须按基本建设程序进行岩土工程勘察。

【岩土工程勘察规范：第1.0.3条】

6.2　各类工程的勘察基本要求

6.2.1　房屋建筑和构筑物

1. 详细勘察应按单体建筑物或建筑群提出详细的岩土工程资料和设计、施工所需的岩土参数；对建筑地基作出岩土工程评价，并对地基类型、基础形式、地基处理、基坑支护、工程降水和不良地质作用的防治等提出建议。主要应进行下列工作：

(1) 搜集附有坐标和地形的建筑总平面图，场区的地面整平标高，建筑物的性质、规模、荷载、结构特点，基础形式、埋置深度，地基允许变形等资料；

(2) 查明不良地质作用的类型、成因、分布范围、发展趋势和危害程度，提出整治方案的建议；

(3) 查明建筑范围内岩土层的类型、深度、分布、工程特性，分析和评价地基的稳定性、均匀性和承载力；

(4) 对需进行沉降计算的建筑物，提供地基变形计算参数，预测建筑物的变形特征；

(5) 查明埋藏的河道、沟浜、墓穴、防空洞、孤石等对工程不利的埋藏物；

(6) 查明地下水的埋藏条件，提供地下水位及其变化幅度；

(7) 在季节性冻土地区，提供场地土的标准冻结深度；

(8) 判定水和土对建筑材料的腐蚀性。

【岩土工程勘察规范：第 4.1.11 条】

2. 详细勘察的单栋高层建筑勘探点的布置，应满足对地基均匀性评价的要求，且不应少于 4 个；对密集的高层建筑群，勘探点可适当减少，但每栋建筑物至少应有 1 个控制性勘探点。

【岩土工程勘察规范：第 4.1.17 条】

3. 详细勘察的勘探深度自基础底面算起，应符合下列规定：

(1) 勘探孔深度应能控制地基主要受力层，当基础底面宽度不大于 5m 时，勘探孔的深度对条形基础不应小于基础底面宽度的 3 倍，对单独柱基不应小于 1.5 倍，且不应小于 5m；

(2) 对高层建筑和需作变形验算的地基，控制性勘探孔的深度应超过地基变形计算深度；高层建筑的一般性勘探孔应达到基底下 0.5～1.0 倍的基础宽度，并深入稳定分布的地层；

(3) 对仅有地下室的建筑或高层建筑的裙房，当不能满足抗浮设计要求，需设置抗浮桩或锚杆时，勘探孔深度应满足抗拔承载力评价的要求；

(4) 当有大面积地面堆载或软弱下卧层时，应适当加深控制性勘探孔的深度；

【岩土工程勘察规范：第 4.1.18 条】

4. 详细勘察采取土试样和进行原位测试应满足岩土工程评价要求，并符合下列要求：

(1) 采取土试样和进行原位测试的勘探孔的数量，应根据地层结构、地基土的均匀性和工程特点确定，且不应少于勘探孔总数的 1/2，钻探取土试样孔的数量不应少于勘探孔总数的 1/3；

(2) 每个场地每一主要土层的原状土试样或原位测试数据不应少于 6 件（组），当采用连续记录的静力触探或动力触探为主要勘察手段时，每个场地不应少于 3 个孔；

(3) 在地基主要受力层内，对厚度大于 0.5m 的夹层或透镜体，应采取土试样或进行原位测试；

（4）当土层性质不均匀时，应增加取土试样或原位测试数量。

【岩土工程勘察规范：第 4.1.20 条】

6.2.2　基坑工程

1. 需进行基坑设计的工程，勘察时应包括基坑工程勘察的内容。在初步勘察阶段，应根据岩土工程条件，初步判定开挖可能发生的问题和需要采取的支护措施；在详细勘察阶段，应针对基坑工程设计的要求进行勘察；在施工阶段，必要时尚应进行补充勘察。

【岩土工程勘察规范：第 4.8.2 条】

2. 当场地水文地质条件复杂，在基坑开挖过程中需要对地下水进行控制（降水或隔渗），且已有资料不能满足要求时，应进行专门的水文地质勘察。

【岩土工程勘察规范：第 4.8.5 条】

3. 基坑工程勘察应针对以下内容进行分析，提供有关计算参数和建议：

（1）边坡的局部稳定性、整体稳定性和坑底抗隆起稳定性；

（2）坑底和侧壁的渗透稳定性；

（3）挡土结构和边坡可能发生的变形；

（4）降水效果和降水对环境的影响；

（5）开挖和降水对邻近建筑物和地下设施的影响。

【岩土工程勘察规范：第 4.8.10 条】

4. 岩土工程勘察报告中与基坑工程有关的部分应包括下列内容：

（1）与基坑开挖有关的场地条件、土质条件和工程条件；

（2）提出处理方式、计算参数和支护结构选型的建议；

（3）提出地下水控制方法、计算参数和施工控制的建议；

（4）提出施工方法和施工中可能遇到的问题的防治措施的建议；

（5）对施工阶段的环境保护和监测工作的建议。

【岩土工程勘察规范：第 4.8.11 条】

6.2.3 桩基础

1. 桩基岩土工程勘察应包括下列内容：

（1）查明场地各层岩土的类型、深度、分布、工程特性和变化规律；

（2）当采用基岩作为桩的持力层时，应查明基岩的岩性、构造、岩面变化、风化程度。确定其坚硬程度、完整程度和基本质量等级，判定有无洞穴、临空面、破碎岩体或软弱岩层；

（3）查明水文地质条件，评价地下水对桩基设计和施工的影响，判定水质对建筑材料的腐蚀性；

（4）查明不良地质作用，可液化土层和特殊性岩土的分布及其对桩基的危害程度，并提出防治措施的建议；

（5）评价成桩可能性，论证桩的施工条件及其对环境的影响。

【岩土工程勘察规范：第 4.9.1 条】

2. 土质地基勘探点间距应符合下列规定：

（1）对端承桩宜为 12～24m，相邻勘探孔揭露的持力层层面高差宜控制为 1～2m；

（2）对摩擦桩宜为 20～35m；当地层条件复杂，影响成桩或设计有特殊要求时，勘探点应适当加密；

（3）复杂地基的一柱一桩工程，宜每柱设置勘探点。

【岩土工程勘察规范：第 4.9.2 条】

3. 勘探孔的深度应符合下列规定：

（1）一般性勘探孔的深度应达到预计桩长以下 3～5d（d 为桩径），且不得小于 3m；对大直径桩，不得小于 5m；

（2）控制性勘探孔深度应满足下卧层验算要求；对需验算沉降的桩基，应超过地基变形计算深度；

（3）钻至预计深度遇软弱层时，应予加深；在预计勘探孔深度内遇稳定坚实岩土时，可适当减小；

（4）对嵌岩桩，应钻入预计嵌岩面以下 3～5d，并穿过溶洞、破碎带，到达稳定地层；

（5）对可能有多种桩长方案时，应根据最长桩方案确定。

【岩土工程勘察规范：第 4.9.4 条】

6.3　不良地质作用和地质灾害

6.3.1　场地和地基的地震效应

1. 在抗震设防烈度等于或大于 6 度的地区进行勘察时，应确定场地类别。当场地位于抗震危险地段时，应根据现行国家标准《建筑抗震设计规范》GB 50011 的要求。提出专门研究的建议。

【岩土工程勘察规范：第 5.7.2 条】

2. 地震液化的进一步判别应在地面以下 15m 的范围内进行；对于桩基和基础埋深大于 5m 的天然地基，判别深度应加深至 20m。对判别液化而布置的勘探点不应少于 3 个，勘探孔深度应大于液化判别深度。

【岩土工程勘察规范：第 5.7.8 条】

3. 凡判别为可液化的场地、应按现行国家标准《建筑抗震设计规范》GB 50011 的规定确定其液化指数和液化等级。

勘察报告除应阐明可液化的土层、各孔的液化指数外。尚应根据各孔液化指数综合确定场地液化等级。

【岩土工程勘察规范：第 5.7.10 条】

6.3.2　成果报告的基本要求

1. 岩工工程勘察报告所依据的原始资料，应进行整理、检查、分析，确认无误后方可使用。

【岩土工程勘察规范：第 14.3.1 条】

2. 岩土工程勘察报告应根据任务要求、勘察阶段、工程特

点和地质条件等具体情况编写，并应包括下列内容：

（1）勘察目的、任务要求和依据的技术标准；

（2）拟建工程概况；

（3）勘察方法和勘察工作布置；

（4）场地地形、地貌、地层、地质构造、岩土性质及其均匀性；

（5）各项岩土性质指标。岩土的强度参数、变形参数、地基承载力的建议值；

（6）地下水埋藏情况、类型、水位及其变化；

（7）土和水对建筑材料的腐蚀性；

（8）可能影响工程稳定的不良地质作用的描述和对工程危害程度的评价；

（9）场地稳定性和适宜性的评价。

【岩土工程勘察规范：第 14.3.3 条】

3. 岩土工程勘察报告应对岩土利用、整治和改造的方案进行分析论证，提出建议；对工程施工和使用期间可能发生的岩土工程问题进行预测，提出监控和预防措施的建议。

【岩土工程勘察规范：第 14.3.4 条】

4. 成果报告应附下列图件：

（1）勘探点平面布置图；

（2）工程地质柱状图；

（3）工程地质剖面图；

（4）原位测试成果图表；

（5）室内试验成果图表。

注：当需要时，尚可附综合工程地质图、综合地质柱状图、地下水等水位线图、素描、照片、综合分析图表以及岩土利用、整治和改造方案的有关图表、岩土工程计算简图及计算成果图表等。

【岩土工程勘察规范：第 14.3.5 条】

7 高层建筑岩土工程勘察

7.1 基本规定

1. 详细勘察阶段应采用多种手段查明场地工程地质条件；应采用综合评价方法，对场地和地基稳定性作出结论；应对不良地质作用和特殊性岩土的防治、地基基础形式、埋深、地基处理、基坑工程支护等方案的选型提出建议；应提供设计、施工所需的岩土工程资料和参数。

【高层岩土工程勘察规程：第 3.0.6 条】

2. 详细勘察阶段需解决的主要问题应符合下列要求：

（1）查明建筑场地各岩土层的成因、时代、地层结构和均匀性以及特殊性岩土的性质，尤其应查明基础下软弱和坚硬地层分布，以及各岩土层的物理力学性质。对于岩质的地基和基坑工程，应查明岩石坚硬程度、岩体完整程度、基本质量等级和风化程度。

（2）查明地下水类型、埋藏条件、补给及排泄条件、腐蚀性、初见及稳定水位；提供季节变化幅度和各主要地层的渗透系数；提供基坑开挖工程应采取的地下水控制措施，当采用降水控制措施时，应分析评价降水对周围环境的影响。

（3）对地基岩土层的工程特性和地基的稳定性进行分析评价，提出各岩土层的地基承载力特征值；论证采用天然地基基础形式的可行性，对持力层选择、基础埋深等提出建议。

（4）预测地基沉降、差异沉降和倾斜等变形特征，提供计算变形所需的计算参数。

（5）对复合地基或桩基类型、适宜性、持力层选择提出建议；提供桩的极限侧阻力、极限端阻力和变形计算的有关参数；

对沉桩可行性、施工时对环境的影响及桩基施工中应注意的问题提出意见。

（6）对基坑工程的设计、施工方案提出意见；提供各似边地质模型的建议。

（7）对不良地质作用的防治提出意见，并提供所需计算参数。

（8）对初步勘察中遗留的有关问题提出结论性意见。

【高层岩土工程勘察规程：第3.0.7条】

7.2　勘察方案布设

1. 高层建筑详细勘察阶段勘探孔的深度应符合下列规定：

（1）控制性勘探孔深度应超过地基变形的计算深度。

（2）控制性勘探孔深度，对于箱形基础或筏形基础，在不具备变形深度计算条件时，可按式（4.1.4-1）计算确定：

$$d_c = d + \alpha_c \beta b \tag{4.1.4-1}$$

式中　d_c——控制性勘探孔的深度（m）；

d——箱形基础或筏形基础埋置深度（m）；

α_c——与土的压缩性有关的经验系数，根据基础下的地基主要土层按表4.1.4取值；

β——与高层建筑层数或基底压力有关的经验系数，对勘察等级为甲级的高层建筑可取1.1，对乙级可取1.0；

b——箱形基础或筏形基础宽度，对圆形基础或环形基础，按最大直径考虑，对不规则形状的基础，按面积等代成方形、矩形或圆形面积的宽度或直径考虑（m）。

（3）一般性勘探孔的深度应适当大于主要受力层的深度，对于箱形基础或筏形基础可按式（4.1.4-2）计算确定：

$$d_g = d + \alpha_g \beta b \tag{4.1.4-2}$$

式中　d_g——一般性勘探孔的深度（m）；

α_g——与土的压缩性有关的经验系数，根据基础下的地基主要土层按表 4.1.4 取值。

表 4.1.4　经验系数值 α_c、α_g

土类 值别	碎石土	砂　土	粉　土	黏性土 （含黄土）	软　土
α_c	0.5～0.7	0.7～0.9	0.9～1.2	1.0～1.5	2.0
α_g	0.3～0.4	0.4～0.5	0.5～0.7	0.6～0.9	1.0

注：表中范围值对同一类土中，地质年代老、密实或地下水位深者取小值，反之取大值。

(4) 一般性勘探孔，在预定深度范围内，有比较稳定且厚度超过 3m 的坚硬地层时，可钻入该层适当深度，以能正确定名和判明其性质；如在预定深度内遇软弱地层时应加深或钻穿。

(5) 在基岩和浅层岩溶发育地区，当基础底面下的土层厚度小于地基变形计算深度时，一般性钻孔应钻至完整、较完整基岩面；控制性钻孔应深入完整、较完整基岩 3～5m，勘察等级为甲级的高层建筑取大值，乙级取小值；专门查明溶洞或土洞的钻孔深度应深入洞底完整地层 3～5m。

(6) 在花岗岩残积土地区，应查清残积土和全风化岩的分布深度。计算箱形基础或筏形基础勘探孔深度时，其 α_c 和 α_g 系数，对残积砾质黏性土和残积砂质黏性土可按表 4.1.4 中粉土的值确定，对残积黏性土可按表 4.1.4 中黏性土的值确定，对全风化岩可按表 4.1.4 中碎石土的值确定。在预定深度内遇基岩时，控制性钻孔深度应深入强风化岩 3～5m，勘察等级为甲级的高层建筑宜取大值，乙级可取小值。一般性钻孔达强风化岩顶面即可。

(7) 评价土的湿陷性、膨胀性、砂土地震液化、确定场地覆盖层厚度、查明地下水渗透性等钻孔深度，应按有关规范的要求确定。

(8) 在断裂破碎带、冲沟地段、地裂缝等不良地质作用发育场地及位于斜坡上或坡脚下的高层建筑，当需进行整体稳定性验算时，控制性勘探孔的深度应满足评价和验算的要求。

【高层岩土工程勘察规程：第 4.1.4 条】

7.3 岩土工程勘察报告

7.3.1 一般规定

1. 高层建筑岩土工程勘察报告应结合高层建筑的特点和主要岩土工程问题进行编写，做到资料完整、真实准确、数据无误、图表清晰、结论有据、建议合理、便于使用，并应因地制宜，重点突出，有明确的工程针对性。文字报告与图表部分应相互配合、相辅相成、前后呼应。

【高层岩土工程勘察规程：第 10.1.1 条】

7.3.2 勘察报告主要内容和要求

1. 详细勘察报告应满足施工图设计要求，为高层建筑地基基础设计、地基处理、基坑工程、基础施工方案及降水截水方案的确定等提供岩土工程资料，并应作出相应的分析和评价。

【高层岩土工程勘察规程：第 10.2.2 条】

2. 高层建筑岩土工程勘察详细勘察阶段报告，除应满足一般建筑详细勘察报告的基本要求外，尚应包括下列主要内容：

（1）高层建筑的建筑、结构及荷载特点，地下室层数、基础埋深及形式等情况；

（2）场地和地基的稳定性，不良地质作用、特殊性岩土和地震效应评价；

（3）采用天然地基的可能性，地基均匀性评价；

（4）复合地基和桩基的桩型和桩端持力层选择的建议；

（5）地基变形特征预测；

（6）地下水和地下室抗浮评价；

（7）基坑开挖和支护的评价。

【高层岩土工程勘察规程：第 10.2.3 条】

3. 详勘报告应阐明影响高层建筑的各种稳定性及不良地质作用的分布及发育情况，评价其对工程的影响。场地地震效应的分析与评价应符合现行国家标准《建筑抗震设计规范》GB 50011 的有关规定；建筑边坡稳定性的分析与评价应符合现行国家标准《建筑边坡工程技术规范》GB 50330 的有关规定。

【高层岩土工程勘察规程：第 10.2.4 条】

4. 详勘报告应对地基岩土层的空间分布规律、均匀性、强度和变形状态及与工程有关的主要地层特性进行定性和定量评价。岩土参数的分析和选用应符合现行国家标准《建筑地基基础设计规范》GB 50007 和《岩土工程勘察规范》GB 50021 的有关规定。

【高层岩土工程勘察规程：第 10.2.5 条】

5. 详勘报告应阐明场地地下水的类型、埋藏条件、水位、渗流状态及有关水文地质参数，应评价地下水的腐蚀性及对深基坑、边坡等的不良影响。必要时应分析地下水对成桩工艺及复合地基施工的影响。

【高层岩土工程勘察规程：第 10.2.6 条】

6. 天然地基方案应对地基持力层及下卧层进行分析，提出地基承载力和沉降计算的参数，必要时应结合工程条件对地基变形进行分析评价。当采用岩石地基作地基持力层时，应根据地层、岩性及风化破碎程度划分不同的岩体质量单元，并提出各单元的地基承载力。

【高层岩土工程勘察规程：第 10.2.7 条】

7. 桩基方案应分析提出桩型、桩端持力层的建议，提供桩基承载力和桩基沉降计算的参数，必要时应进行不同情况下桩基承载力和桩基沉降量的分析与评价，对各种可能选用的桩基方案宜进行必要的分析比较，提出建议。

【高层岩土工程勘察规程：第 10.2.8 条】

8. 复合地基方案应根据高层建筑特征及场地条件建议一种或几种复合地基加固方案，并分析确定加固深度或桩端持力层。

应提供复合地基承载力及变形分析计算所需的岩土参数，条件具备时，应分析评价复合地基承载力及复合地基的变形特征。

【高层岩土工程勘察规程：第 10.2.9 条】

9. 高层建筑基坑工程应根据基坑的规模及场地条件，提出基坑工程安全等级和支护方案的建议，宜对基坑各侧壁的地质模型提出建议。应根据场地水文地质条件，对地下水控制方案提出建议。

【高层岩土工程勘察规程：第 10.1.10 条】

10. 应根据可能采用的地基基础方案、基坑支护方案及场地的工程地质、水文地质环境条件，对地基基础及基坑支护等施工中应注意的岩土工程问题及设计参数检测、现场检验、监测工作提出建议。

【高层岩土工程勘察规程：第 10.1.11 条】

11. 对高层建筑建设中遇到的下列特殊岩土工程问题，应根据专门岩土工程工作或分析研究，提出专题咨询报告：

（1）场地范围内或附近存在性质或规模尚不明的活动断裂及地裂缝、滑坡、高边坡、地下采空区等不良地质作用的工程；

（2）水文地质条件复杂或环境特殊，需现场进行专门水文地质试验，以确定水文地质参数的工程；或需进行专门的施工降水、截水设计，并需分析研究降水、截水对建筑本身及邻近建筑和设施影响的工程；

（3）对地下水防护有特殊要求，需进行专门的地下水动态分析研究，并需进行地下室抗浮设计的工程；

（4）建筑结构特殊或对差异沉降有特殊要求，需进行专门的上部结构、地基与基础共同作用分析计算与评价的工程；

（5）根据工程要求，需对地基基础方案进行优化、比选分析论证的工程；

（6）抗震设计所需的时程分析评价；

（7）有关工程设计重要参数的最终检测、核定等。

【高层岩土工程勘察规程：第 10.2.12 条】

7.3.3　图表及附件

1. 高层建筑岩土工程勘察报告所附图件应体现勘察工作的主要内容，全面反映地层结构与性质的变化，紧密结合工程特点及岩土工程性质，并应与报告书文字相互呼应。主要图件及附件应包括下列几种：

（1）岩土工程勘察任务书（含建筑物基本情况及勘察技术要求）；

（2）拟建建筑平面位置及勘探点平面布置图；

（3）工程地质钻孔柱状图或综合工程地质柱状图；

（4）工程地质剖面图。

当工程地质条件复杂或地基基础分析评价需要时，宜绘制下列图件：

（1）关键地层层面等高线图和等厚度线图；

（2）工程地质立体图；

（3）工程地质分区图；

（4）特殊土或特殊地质问题的专门性图件。

【高层岩土工程勘察规程：第 10.3.1 条】

2. 高层建筑岩土工程勘察报告所附表格和曲线应全面反映勘察过程中所进行的各项室内试验和原位测试工作，为高层建筑岩土工程分析评价和地基基础方案的计算分析与设计提供系统完整的参数和分析论证的数据。主要图表宜包括下列几类：

（1）土工试验及水质分析成果表，需要时应提供压缩曲线、三轴压缩试验的摩尔圆及强度包线；

（2）各种地基土原位测试试验曲线及数据表；

（3）岩土层的强度和变形试验曲线；

（4）岩土工程设计分析的有关图表。

【高层岩土工程勘察规程：第 10.3.2 条】

8 建筑结构荷载

8.1 荷载分类和荷载组合

8.1.1 荷载分类和荷载代表值

1. 建筑结构的荷载可分为下列三类：

(1) 永久荷载，包括结构自重、土压力、预应力等。

(2) 可变荷载，包括楼面活荷载、屋面活荷载和积灰荷载、吊车荷载、风荷载、雪荷载、温度作用等。

(3) 偶然荷载，包括爆炸力、撞击力等。

【荷载规范：第 3.1.1 条】

2. 建筑结构设计时，应按下列规定对不同荷载采用不同的代表值：

(1) 对永久荷载应采用标准值作为代表值；

(2) 对可变荷载应根据设计要求采用标准值、组合值、频遇值或准永久值作为代表值；

(3) 对偶然荷载应按建筑结构使用的特点确定其代表值。

【荷载规范：第 3.1.2 条】

3. 确定可变荷载代表值时应采用 50 年设计基准期。

【荷载规范：第 3.1.3 条】

8.1.2 荷载组合

1. 荷载基本组合的效应设计值 S_d，应从下列荷载组合值中取用最不利的效应设计值确定：

(1) 由可变荷载控制的效应设计值，应按下式进行计算：

$$S_d = \sum_{j=1}^{m} \gamma_{G_j} S_{G_j k} + \gamma_{Q_1} \gamma_{L_1} S_{Q_1 k} + \sum_{i=2}^{n} \gamma_{Q_i} \gamma_{L_i} \psi_{c_i} S_{Q_i k}$$

式中 γ_{G_j}——第 j 个永久荷载的分项系数，应按本规范第3.2.4条采用；

γ_{Q_i}——第 i 个可变荷载的分项系数，其中 γ_{Q1} 为主导可变荷载 Q_1，的分项系数，应按本规范第3.2.4条采用；

γ_{L_i}——第 i 个可变荷载考虑设计使用年限的调整系数，其中 γ_{L_1} 为主导可变荷载 Q_1 考虑设计使用年限的调整系数；

$S_{G_j k}$——按第 j 个永久荷载标准值 G_{jk} 计算的荷载效应值；

$S_{Q_i k}$——按第 i 个可变荷载标准值 Q_{ik} 计算的荷载效应值，其中 $S_{Q_1 k}$ 为诸可变荷载效应中起控制作用者；

ψ_{c_i}——第 i 个可变荷载 Q_i 的组合值系数；

m——参与组合的永久荷载数；

n——参与组合的可变荷载数。

（2）由永久荷载控制的效应设计值，应按下式进行计算：

$$S_d = \sum_{j=1}^{m} \gamma_{G_j} S_{G_j k} + \sum_{i=1}^{n} \gamma_{Q_i} \gamma_{L_i} \psi_{c_i} S_{Q_i k}$$

注：1　基本组合中的效应设计值仅适用于荷载与荷载效应为线性的情况；

2　当对 $S_{Q_1 k}$ 无法明显判断时，应轮次以各可变荷载效应作为 $S_{Q_1 k}$，并选取其中最不利的荷载组合的效应设计值。

【荷载规范：第3.2.3条】

2. 基本组合的荷载分项系数，应按下列规定采用：

（1）永久荷载的分项系数应符合下列规定：

1）当永久荷载效应对结构不利时，对由可变荷载效应控制的组合应取1.2，对由永久荷载效应控制的组合应取1.35；

2）当永久荷载效应对结构有利时，不应大于1.0。

（2）可变荷载的分项系数应符合下列规定：

1）对标准值大于 $4kN/m^2$ 的工业房屋楼面结构的活荷载，应取 1.3；

2）其他情况，应取 1.4。

（3）对结构的倾覆、滑移或漂浮验算，荷载的分项系数应满足有关的建筑结构设计规范的规定。

【荷载规范：第 3.2.4 条】

3. 可变荷载考虑设计使用年限的调整系数 γ_L 应按下列规定采用：

（1）楼面和屋面活荷载考虑设计使用年限的调整系数 γ_L 应按表 3.2.5 采用。

表 3.2.5 楼面和屋面活荷载考虑设计使用年限的调整系数 γ_L

结构设计使用年限（年）	5	50	100
γ_L	0.9	1.0	1.1

注：1 当设计使用年限不为表中数值时，调整系数 γ_L 可按线性内插确定；

2 对于荷载标准值可控制的活荷载，设计使用年限调整系数 γ_L 取 1.0。

（2）对雪荷载和风荷载，应取重现期为设计使用年限，按本规范第 E.3.3 条的规定确定基本雪压和基本风压，或按有关规范的规定采用。

【荷载规范：第 3.2.5 条】

4. 荷载偶然组合的效应设计值 S_d 可按下列规定采用：

（1）用于承载能力极限状态计算的效应设计值，应按下式进行计算：

$$S_d = \sum_{j=1}^{m} S_{G_j k} + S_{A_d} + \psi_{f_1} S_{Q_1 k} + \sum_{i=2}^{n} \psi_{q_i} S_{Q_i k} \quad (3.2.6\text{-}1)$$

式中 S_{A_d}——按偶然荷载标准值 Ad 计算的荷载效应值；

ψ_{f_1}——第 1 个可变荷载的频遇值系数；

ψ_{q_i}——第 i 个可变荷载的准永久值系数。

（2）用于偶然事件发生后受损结构整体稳固性验算的效应设计值，应按下式进行计算：

$$S_d = \sum_{j=1}^{m} S_{G_j k} + \psi_{f_1} S_{Q_1 k} + \sum_{i=2}^{n} \psi_{q_i} S_{Q_i k} \quad (3.2.6\text{-}2)$$

注：组合中的设计值仅适用于荷载与荷载效应为线性的情况。

【荷载规范：第 3.2.6 条】

8.2　永 久 荷 载

8.2.1　永久荷载的范围与自重值

1. 永久荷载应包括结构构件、围护构件、面层及装饰、固定设备、长期储物的自重，土压力、水压力，以及其他需要按永久荷载考虑的荷载。

【荷载规范：第 4.0.1 条】

2. 结构自重的标准值可按结构构件的设计尺寸与材料单位体积的自重计算确定。

【荷载规范：第 4.0.2 条】

3. 一般材料和构件的单位自重可取其平均值，对于自重变异较大的材料和构件，自重的标准值应根据对结构的不利或有利状态，分别取上限值或下限值。常用材料和构件单位体积的自重可按《建筑结构荷载规范》GB 50009—2012 规范附录 A 采用。

【荷载规范：第 4.0.3 条】

4. 固定隔墙的自重可按永久荷载考虑，位置可灵活布置的隔墙自重应按可变荷载考虑。

【荷载规范：第 4.0.4 条】

8.3　楼面和屋面活荷载

8.3.1　民用建筑楼面均布活荷载

1. 民用建筑楼面均布活荷载的标准值及其组合值系数、频遇值系数和准永久值系数的取值，不应小于表 5.1.1 的规定。

表 5.1.1 民用建筑楼面均布活荷载标准值及其组合值、频遇值和准永久值系数

<table>
<tr><th>项次</th><th colspan="3">类 别</th><th>标准值（kN/m²）</th><th>组合值系数 ψ_c</th><th>频遇值系数 ψ_f</th><th>准永久值系数 ψ_q</th></tr>
<tr><td rowspan="2">1</td><td colspan="3">（1）住宅、宿舍、旅馆、办公楼、医院病房、托儿所、幼儿园</td><td>2.0</td><td>0.7</td><td>0.5</td><td>0.4</td></tr>
<tr><td colspan="3">（2）试验室、阅览室、会议室、医院门诊室</td><td>2.0</td><td>0.7</td><td>0.6</td><td>0.5</td></tr>
<tr><td>2</td><td colspan="3">教室、食堂、餐厅、一般资料档案室</td><td>2.5</td><td>0.7</td><td>0.6</td><td>0.5</td></tr>
<tr><td rowspan="2">3</td><td colspan="3">（1）礼堂、剧场、影院、有固定座位的看台</td><td>3.0</td><td>0.7</td><td>0.5</td><td>0.3</td></tr>
<tr><td colspan="3">（2）公共洗衣房</td><td>3.0</td><td>0.7</td><td>0.6</td><td>0.5</td></tr>
<tr><td rowspan="2">4</td><td colspan="3">（1）商店、展览厅、车站、港口、机场大厅及其旅客等候室</td><td>3.5</td><td>0.7</td><td>0.6</td><td>0.5</td></tr>
<tr><td colspan="3">（2）无固定座位的看台</td><td>3.5</td><td>0.7</td><td>0.5</td><td>0.3</td></tr>
<tr><td rowspan="2">5</td><td colspan="3">（1）健身房、演出舞台</td><td>4.0</td><td>0.7</td><td>0.6</td><td>0.5</td></tr>
<tr><td colspan="3">（2）运动场、舞厅</td><td>4.0</td><td>0.7</td><td>0.6</td><td>0.3</td></tr>
<tr><td rowspan="2">6</td><td colspan="3">（1）书库、档案库、贮藏室</td><td>5.0</td><td>0.9</td><td>0.9</td><td>0.8</td></tr>
<tr><td colspan="3">（2）密集柜书库</td><td>12.0</td><td>0.9</td><td>0.9</td><td>0.8</td></tr>
<tr><td>7</td><td colspan="3">通风机房、电梯机房</td><td>7.0</td><td>0.9</td><td>0.9</td><td>0.8</td></tr>
<tr><td rowspan="4">8</td><td rowspan="4">汽车通道及客车停车库</td><td rowspan="2">（1）单向板楼盖（板跨不小于 2m）和双向板楼盖（板跨不小于 3m×3m）</td><td>客车</td><td>4.0</td><td>0.7</td><td>0.7</td><td>0.6</td></tr>
<tr><td>消防车</td><td>35.0</td><td>0.7</td><td>0.5</td><td>0.0</td></tr>
<tr><td rowspan="2">（2）双向板楼盖（板跨不小于 6m×6m）和无梁楼盖（柱网不小于 6m×6m）</td><td>客车</td><td>2.5</td><td>0.7</td><td>0.7</td><td>0.6</td></tr>
<tr><td>消防车</td><td>20.0</td><td>0.7</td><td>0.5</td><td>0.0</td></tr>
<tr><td rowspan="2">9</td><td rowspan="2">厨房</td><td colspan="2">（1）餐厅</td><td>4.0</td><td>0.7</td><td>0.7</td><td>0.7</td></tr>
<tr><td colspan="2">（2）其他</td><td>2.0</td><td>0.7</td><td>0.6</td><td>0.5</td></tr>
<tr><td>10</td><td colspan="3">浴室、卫生间、盥洗室</td><td>2.5</td><td>0.7</td><td>0.6</td><td>0.5</td></tr>
</table>

续表 5.1.1

项次	类别		标准值（kN/m²）	组合值系数 ψ_c	频遇值系数 ψ_f	准永久值系数 ψ_q
11	走廊、门厅	（1）宿舍、旅馆、医院病房、托儿所、幼儿园、住宅	2.0	0.7	0.5	0.4
		（2）办公楼、餐厅、医院门诊部	2.5	0.7	0.6	0.5
		（3）教学楼及其他可能出现人员密集的情况	3.5	0.7	0.5	0.3
12	楼梯	（1）多层住宅	2.0	0.7	0.5	0.4
		（2）其他	3.5	0.7	0.5	0.3
13	阳台	（1）可能出现人员密集的情况	3.5	0.7	0.6	0.5
		（2）其他	2.5	0.7	0.6	0.5

注：1　本表所给各项活荷载适用于一般使用条件，当使用荷载较大、情况特殊或有专门要求时，应按实际情况采用；

2　第 6 项书库活荷载当书架高度大于 2m 时，书库活荷载尚应按每米书架高度不小于 2.5kN/m² 确定；

3　第 8 项中的客车活荷载仅适用于停放载人少于 9 人的客车；消防车活荷载适用于满载总重为 300kN 的大型车辆；当不符合本表的要求时，应将车轮的局部荷载按结构效应的等效原则。换算为等效均布荷载；

4　第 8 项消防车活荷载，当双向板楼盖板跨介于 3m×3m～6m×6m 之间时，应按跨度线性插值确定；

5　第 12 项楼梯活荷载，对预制楼梯踏步平板，尚应按 1.5kN 集中荷载验算；

6　本表各项荷载不包括隔墙自重和二次装修荷载；对固定隔墙的自重应按永久荷载考虑，当隔墙位置可灵活自由布置时，非固定隔墙的自重应取不小于 1/3 的每延米长墙重（kN/m）作为楼面活荷载的附加值（kN/m²）计入，且附加值不应小于 1.0kN/m²。

【荷载规范：第 5.1.1 条】

2. 设计楼面梁、墙、柱及基础时。本规范表 5.1.1 中楼面

活荷载标准值的折减系数取值不应小于下列规定：

（1）设计楼面梁时：

1）第1（1）项当楼面梁从属面积超过25m² 时，应取0.9；

2）第1（2）～7项当楼面梁从属面积超过50m² 时，应取0.9；

3）第8项对单向板楼盖的次梁和槽形板的纵肋应取0.8，对单向板楼盖的主梁应取0.6，对双向板楼盖的梁应取0.8；

4）第9～13项应采用与所属房屋类别相同的折减系数。

（2）设计墙、柱和基础时：

1）第1（1）项应按表5.1.2规定采用；

2）第1（2）～7项应采用与其楼面梁相同的折减系数；

3）第8项的客车，对单向板楼盖应取0.5，对双向板楼盖和无梁楼盖应取0.8；

4）第9～13项应采用与所属房屋类别相同的折减系数。

注：楼面梁的从属面积应按梁两侧各延伸二分之一梁间距的范围内的实际面积确定。

表5.1.2 活荷载按楼层的折减系数

墙、柱、基础计算截面以上的层数	1	2～3	4～5	6～8	9～20	>20
计算截面以上各楼层活荷载总和的折减系数	1.00 (0.90)	0.85	0.70	0.65	0.60	0.55

注：当楼面梁的从属面积超过25m² 时，应采用括号内的系数。

【荷载规范：第5.1.2条】

8.3.2 屋面活荷载

1. 房屋建筑的屋面，其水平投影面上的屋面均布活荷载的标准值及其组合值系数、频遇值系数和准永久值系数的取值，不应小于表5.3.1的规定。

表 5.3.1 屋面均布活荷载标准值及其组合值系数、频遇值系数和准永久值系数

项次	类别	标准值 (kN/m^2)	组合值系数 ψ_c	频遇值系数 ψ_f	准永久值系数 ψ_q
1	不上人的屋面	0.5	0.7	0.5	0.0
2	上人的屋面	2.0	0.7	0.5	0.4
3	屋顶花园	3.0	0.7	0.6	0.5
4	屋顶运动场地	3.0	0.7	0.6	0.4

注：1 不上人的屋面，当施工或维修荷载较大时，应按实际情况采用；对不同类型的结构应按有关设计规范的规定采用，但不得低于 $0.3kN/m^2$；

2 当上人的屋面兼作其他用途时，应按相应楼面活荷载采用；

3 对于因屋面排水不畅、堵塞等引起的积水荷载。应采取构造措施加以防止；必要时。应按积水的可能深度确定屋面活荷载；

4 屋顶花园活荷载不应包括花圃土石等材料自重。

【荷载规范：第 5.3.1 条】

2. 屋面直升机停机坪荷载应按下列规定采用：

(1) 屋面直升机停机坪荷载应按局部荷载考虑，或根据局部荷载换算为等效均布荷载考虑。局部荷载标准值应按直升机实际最大起飞重量确定，当没有机型技术资料时，可按表 5.3.2 的规定选用局部荷载标准值及作用面积。

表 5.3.2 屋面直升机停机坪局部荷载标准值及作用面积

类型	最大起飞重量 (t)	局部荷载标准值 (kN)	作用面积
轻型	2	20	0.20m×0.20m
中型	4	40	0.25m×0.25m
重型	6	60	0.30m×0.30m

(2) 屋面直升机停机坪的等效均布荷载标准值不应低于 $5.0kN/m^2$。

(3) 屋面直升机停机坪荷载的组合值系数应取 0.7，频遇值

系数应取0.6，准永久值系数应取0。

【荷载规范：第5.3.2条】

3. 不上人的屋面均布活荷载，可不与雪荷载和风荷载同时组合。

【荷载规范：第5.3.3条】

8.3.3　施工及检修荷载及栏杆荷载

1. 施工和检修荷载应按下列规定采用：

（1）设计屋面板、檩条、钢筋混凝土挑檐、悬挑雨篷和预制小梁时，施工或检修集中荷载标准值不应小于1.0kN，并应在最不利位置处进行验算；

（2）对于轻型构件或较宽的构件，应按实际情况验算，或应加垫板、支撑等临时设施；

（3）计算挑檐、悬挑雨篷的承载力时，应沿板宽每隔1.0m取一个集中荷载；在验算挑檐、悬挑雨篷的倾覆时，应沿板宽每隔2.5m～3.0m取一个集中荷载。

【荷载规范：第5.5.1条】

2. 楼梯、看台、阳台和上人屋面等的栏杆活荷载标准值，不应小于下列规定：

（1）住宅、宿舍、办公楼、旅馆、医院、托儿所、幼儿园，栏杆顶部的水平荷载应取1.0 kN/m；

（2）学校、食堂、剧场、电影院、车站、礼堂、展览馆或体育场，栏杆顶部的水平荷载应取1.0 kN/m，竖向荷载应取1.2kN/m，水平荷载与竖向荷载应分别考虑。

【荷载规范：第5.5.2条】

3. 施工荷载、检修荷载及栏杆荷载的组合值系数应取0.7，频遇值系数应取0.5，准永久值系数应取0。

【荷载规范：第5.5.3条】

8.4 雪 荷 载

8.4.1 雪荷载标准值及基本雪压

1. 屋面水平投影面上的雪荷载标准值应按下式计算：

$$s_k = \mu_r s_0$$

式中　s_k——雪荷载标准值（kN/m^2）；

μ_r——屋面积雪分布系数；

s_0——基本雪压（kN/m^2）。

【荷载规范：第7.1.1条】

2. 基本雪压应采用按本规范规定的方法确定的50年重现期的雪压；对雪荷载敏感的结构，应采用100年重现期的雪压。

【荷载规范：第7.1.2条】

8.4.2 屋面积雪分布系数

1. 屋面积雪分布系数应根据不同类别的屋面形式，按表7.2.1采用。

表7.2.1 屋面积雪分布系数

项次	类别	屋面形式及积雪分布系数 μ_r	备 注
1	单跨单坡屋面	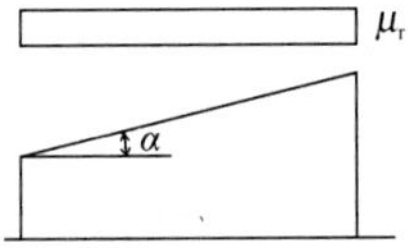 μ_r；α α: ≤25°, 30°, 35°, 40°, 45°, 50°, 55°, ≥60° μ_r: 1.0, 0.85, 0.7, 0.55, 0.4, 0.25, 0.1, 0	—
2	单跨双坡屋面	均匀分布的情况 μ_r 不均匀分布的情况 $0.75\mu_r$　$1.25\mu_r$ α	μ_r 按第1项规定采用

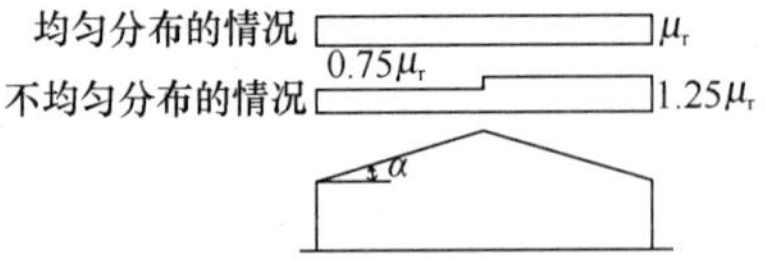

续表 7.2.1

项次	类别	屋面形式及积雪分布系数 μ_r	备 注
3	拱形屋面	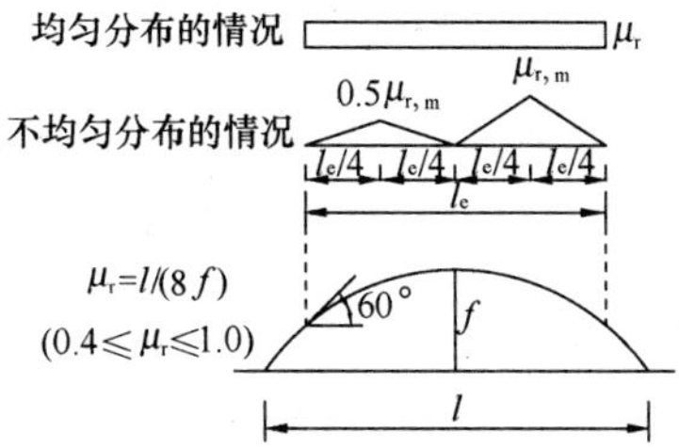 均匀分布的情况 μ_r 不均匀分布的情况 $0.5\mu_{r,m}$ $\mu_{r,m}$ $l_e/4$ $l_e/4$ $l_e/4$ $l_e/4$ l_e $\mu_r=l/(8f)$ $(0.4\leqslant\mu_r\leqslant1.0)$ 60° f l $\mu_{r,m}=0.2+10f/l(\mu_{r,m}\leqslant2.0)$	—
4	带天窗的坡屋面	均匀分布的情况 1.0 不均匀分布的情况 1.1 0.8 1.1 α	—
5	带天窗有挡风板的坡屋面	均匀分布的情况 1.0 不均匀分布的情况 1.0 1.4 0.8 1.4 1.0 α	—
6	多跨单坡屋面（锯齿形屋面）	均匀分布的情况 1.0 不均匀分布的情况1 0.6 1.4 0.6 1.4 0.6 1.4 $l/2$ $l/2$ 不均匀分布的情况2 μ_r 2.0 μ_r 2.0 μ_r 2.0 $l/2$ $l/2$ α l l	μ_r 按第 1 项规定采用

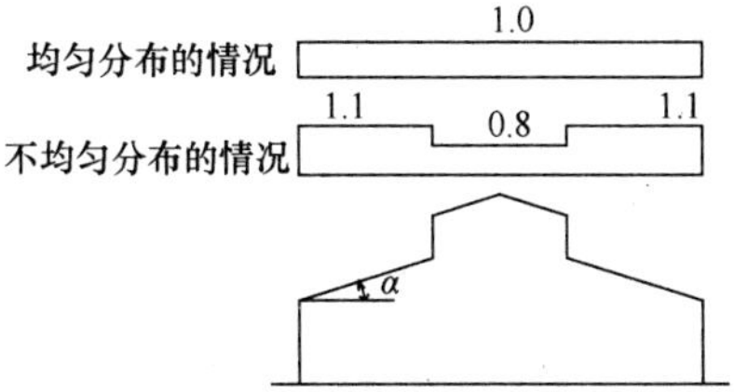

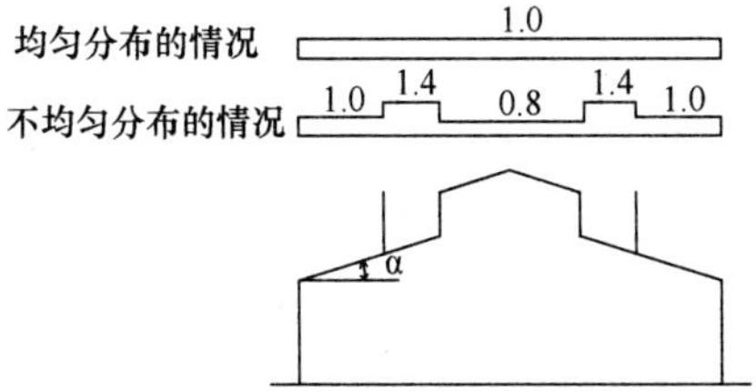

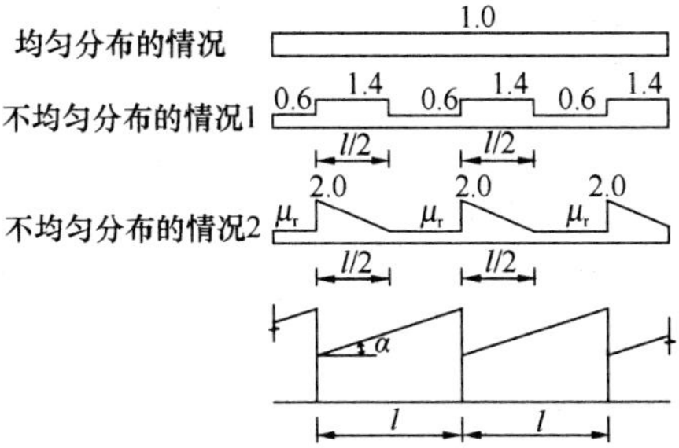

续表 7.2.1

项次	类别	屋面形式及积雪分布系数 μ_r	备注
7	双跨双坡或拱形屋面	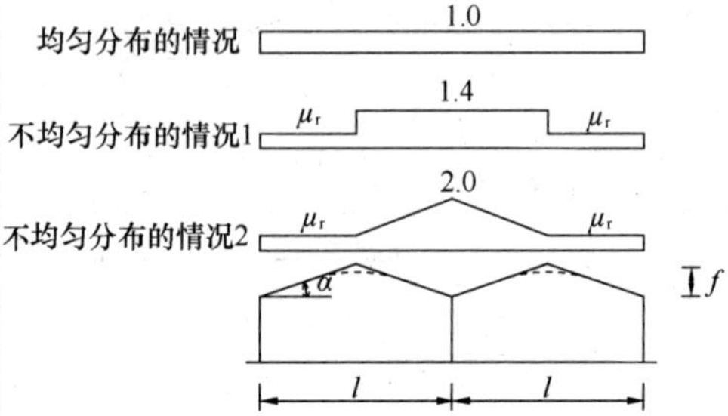 均匀分布的情况 1.0 不均匀分布的情况1 μ_r 1.4 μ_r 不均匀分布的情况2 μ_r 2.0 μ_r α　f　l　l	μ_r 按第 1 或 3 项规定采用
8	高低屋面	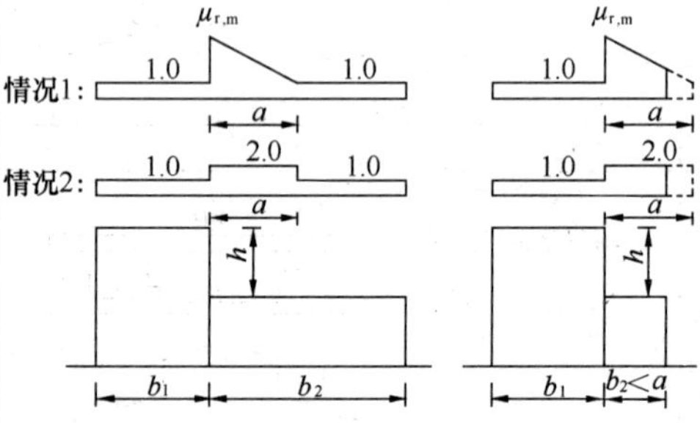 情况1: 1.0 $\mu_{r,m}$ 1.0 a　1.0 $\mu_{r,m}$ a 情况2: 1.0 2.0 1.0 a　1.0 2.0 a h b_1 b_2　h b_1 $b_2<a$ $a=2h(4\text{m}<a<8\text{m})$ $\mu_{r,m}=(b_1+b_2)/2h(2.0\leqslant\mu_{r,m}\leqslant4.0)$	—
9	有女儿墙及其他突起物的屋面	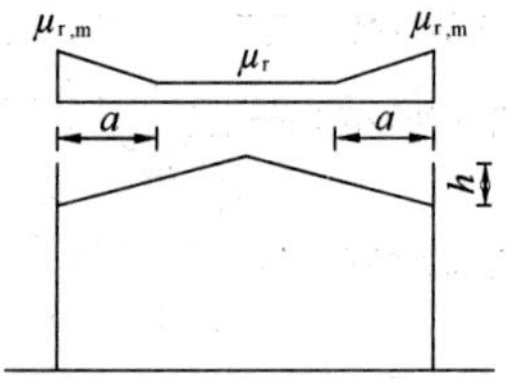 $\mu_{r,m}$ μ_r $\mu_{r,m}$ a a h $a=2h$ $\mu_{r,m}=1.5h/s_0(1.0\leqslant\mu_{r,m}\leqslant2.0)$	—

续表 7.2.1

项次	类别	屋面形式及积雪分布系数 μ_r	备 注
10	大跨屋面（$l>$100m）	$0.8\mu_r$ $1.2\mu_r$ $0.8\mu_r$ $l/4$ $l/2$ $l/4$ l	1 还应同时考虑第 2 项、第 3 项的积雪分布； 2 μ_r 按第 1 或 3 项规定采用

注：1 第 2 项单跨双坡屋面仅当坡度 α 在 20°～30°范围时，可采用不均匀分布情况；

2 第 4、5 项只适用于坡度 α 不大于 25°的一般工业厂房屋面；

3 第 7 项双跨双坡或拱形屋面，当 α 不大于 25°或 f/l 不大于 0.1 时，只采用均匀分布情况；

4 多跨屋面的积雪分布系数，可参照第 7 项的规定采用。

【荷载规范：第 7.2.1 条】

8.5 风 荷 载

8.5.1 风荷载标准值及基本风压

1. 垂直于建筑物表面上的风荷载标准值，应按下列规定确定：

（1）计算主要受力结构时，应按下式计算：

$$w_k=\beta_z\mu_s\mu_z w_0$$

式中 w_k——风荷载标准值（kN/m²）；

β_z——高度 z 处的风振系数；

μ_s——风荷载体型系数；

μ_z——风压高度变化系数；

w_0——基本风压（kN/m²）。

（2）计算围护结构时，应按下式计算：

$$w_k = \beta_{gz}\mu_{s1}\mu_z w_0$$

式中　β_{gz}——高度 z 处的阵风系数；

μ_{s1}——风荷载局部体型系数。

【荷载规范：第 8.1.1 条】

2. 基本风压应采用按本规范规定的方法确定的 50 年重现期的风压，但不得小于 0.3kN/m²。对于高层建筑、高耸结构以及对风荷载比较敏感的其他结构，基本风压的取值应适当提高，并应符合有关结构设计规范的规定。

【荷载规范：第 8.1.2 条】

8.5.2　风荷载体型系数

1. 房屋和构筑物的风荷载体型系数，可按下列规定采用：

（1）房屋和构筑物与表 8.3.1 中的体型类同时，可按表 8.3.1 的规定采用；

（2）房屋和构筑物与表 8.3.1 中的体型不同时，可按有关资料采用；当无资料时，宜由风洞试验确定；

（3）对于重要且体型复杂的房屋和构筑物，应由风洞试验确定。

表 8.3.1　风荷载体型系数

项次	类　别	体型及体型系数 μ_s	备　　注
1	封闭式落地双坡屋面	μ_s　α　−0.5 α: 0°, 30°, ≥60° μ_s: 0.0, +0.2, +0.8	中间值按线性插值法计算

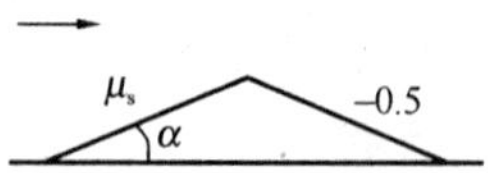

续表 8.3.1

<table>
<tr><th>项次</th><th>类 别</th><th>体型及体型系数 μ_s</th><th>备 注</th></tr>
<tr><td>2</td><td>封闭式
双坡屋面</td><td>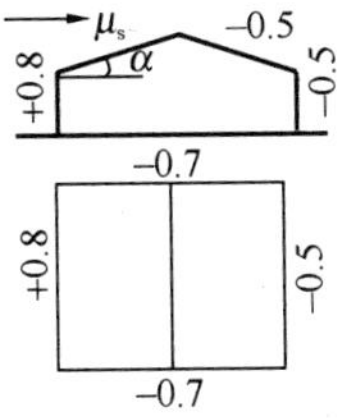

<table><tr><th>α</th><th>μs</th></tr><tr><td>≤15°
30°
≥60°</td><td>−0.6
0.0
+0.8</td></tr></table></td><td>1 中间值按线性插值法计算；
2 μ_s 的绝对值不小于 0.1</td></tr>
<tr><td>3</td><td>封闭式
落地
拱形屋面</td><td>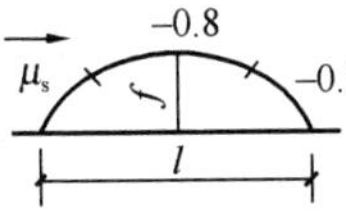

<table><tr><th>f/l</th><th>μs</th></tr><tr><td>0.1
0.2
0.5</td><td>+0.1
+0.2
+0.6</td></tr></table></td><td>中间值按线性插值法计算</td></tr>
<tr><td>4</td><td>封闭式
拱形屋面</td><td>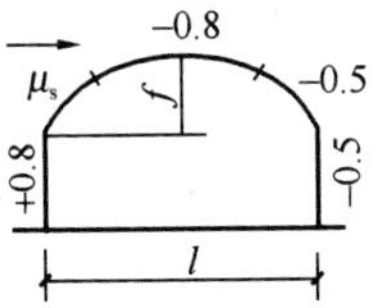

<table><tr><th>f/l</th><th>μs</th></tr><tr><td>0.1
0.2
0.5</td><td>−0.8
0.0
+0.6</td></tr></table></td><td>1 中间值按线性插值法计算；
2 μ_s 的绝对值不小于 0.1</td></tr>
<tr><td>5</td><td>封闭式
单坡屋面</td><td>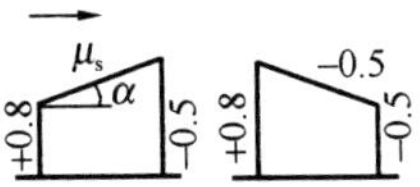
</td><td>迎风坡面的 μ_s 按第 2 项采用</td></tr>
<tr><td>6</td><td>封闭式
高低双坡
屋面</td><td>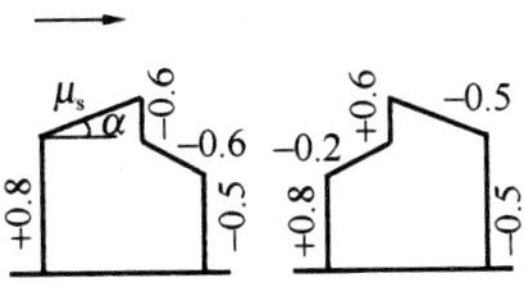
</td><td>迎风坡面的 μ_s 按第 2 项采用</td></tr>
<tr><td>7</td><td>封闭式
带天窗
双坡屋面</td><td>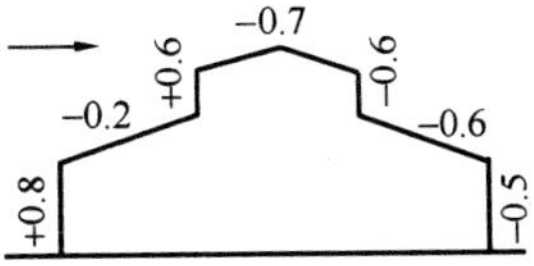
</td><td>带天窗的拱形屋面可按照本图采用</td></tr>
</table>

续表 8.3.1

项次	类　别	体型及体型系数 μ_s	备　注
8	封闭式双跨双坡屋面	μ_s　α +0.8　−0.5　−0.4　−0.4　−0.4	迎风坡面的 μ_s 按第 2 项采用
9	封闭式不等高不等跨的双跨双坡屋面	μ_s　α +0.8　−0.6　−0.6　−0.6　−0.4　−0.4 μ_s　α +0.8　−0.6　−0.6　−0.2　−0.5　−0.4	迎风坡面的 μ_s 按第 2 项采用
10	封闭式不等高不等跨的三跨双坡屋面	μ_s　α　μ_{s1}　h　h_1 +0.8　−0.6　−0.2　−0.5　−0.5　−0.5　−0.4　−0.4	1　迎风坡面的 μ_s 按第 2 项采用； 2　中跨上部迎风墙面的 μ_{s1} 按下式采用： $\mu_{s1}=0.6(1-2h_1/h)$ 当 $h_1=h$，取 $\mu_{s1}=-0.6$
11	封闭式带天窗带坡的双坡屋面	+0.8　−0.2　+0.6　−0.7　−0.6　−0.5　−0.6　−0.5　−0.5 +0.8　−0.2　+0.7　−0.3　+0.3　−0.6　−0.6　−0.5　−0.5	—
12	封闭式带天窗带双坡的双坡屋面	+0.8　−0.2　+0.7　−0.3　+0.3　−0.6　−0.6　−0.6　−0.5　−0.4　−0.4	—

续表 8.3.1

项次	类别	体型及体型系数 μ_s	备注
13	封闭式不等高不等跨且中跨带天窗的三跨双坡屋面	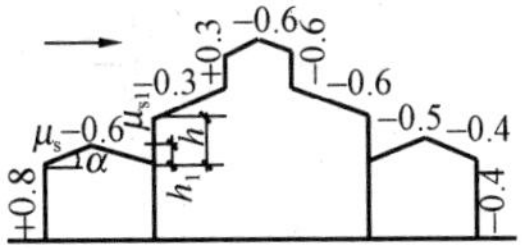 μ_s −0.6 α +0.8 μ_{s1} −0.3 h_1 h +0.3 −0.6 −0.6 −0.6 −0.5 −0.4 −0.4	1 迎风坡面的 μ_s 按第2项采用； 2 中跨上部迎风墙面的 μ_{s1} 按下式采用： $\mu_{s1}=0.6(1-2h_1/h)$ 当 $h_1=h$，取 $\mu_{s1}=-0.6$
14	封闭式带天窗的双跨双坡屋面	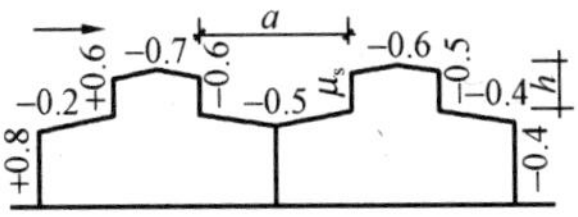 +0.8 −0.2 +0.6 −0.7 −0.6 a −0.5 μ_s −0.6 −0.5 −0.4 h −0.4	迎风面第2跨的天窗面的 μ_s 下列规定采用： 1 当 $a\leqslant 4h$，取 $\mu_s=0.2$； 2 当 $a>4h$，取 $\mu_s=0.6$；
15	封闭式带女儿墙的双坡屋面	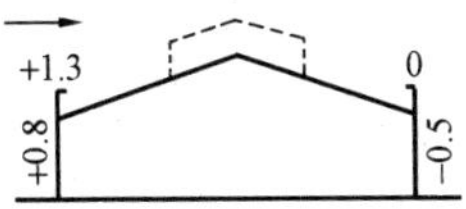 +1.3 +0.8 0 −0.5	当屋面坡度不大于15°时，屋面上的体型系数可按无女儿墙的屋面采用
16	封闭式带雨篷的双坡屋面	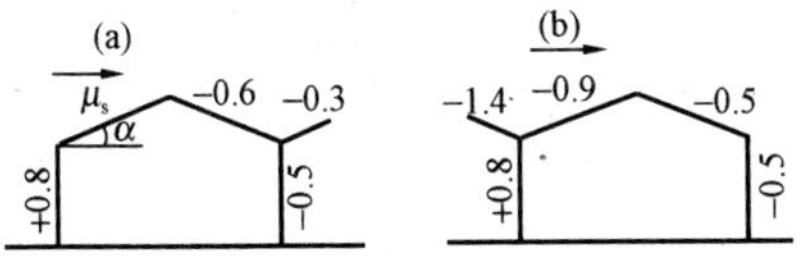 (a) μ_s α +0.8 −0.6 −0.3 −0.5 (b) −1.4 −0.9 +0.8 −0.5 −0.5	迎风坡面的 μ_s 按第2项采用

续表 8.3.1

项次	类　别	体型及体型系数 μ_s	备　　注
17	封闭式对立两个带雨篷的双坡屋面	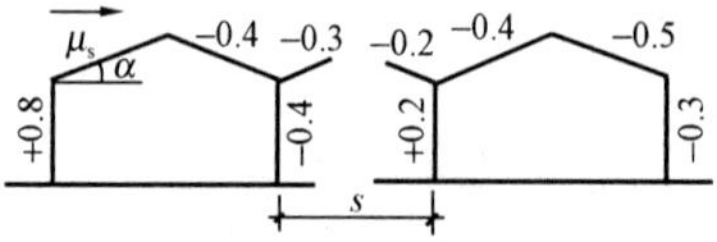 μ_s　α　−0.4　−0.3　−0.2　−0.4　−0.5　+0.8　−0.4　+0.2　−0.3　s	1　本图适用于 s 为 8～20m 范围内； 2　迎风坡面的 μ_s 按第 2 项采用
18	封闭式带下沉天窗的双坡屋面或拱形屋面	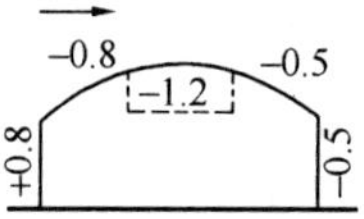 −0.8　−1.2　−0.5　+0.8　−0.5	—
19	封闭式带下沉天窗的双跨双坡或拱形屋面	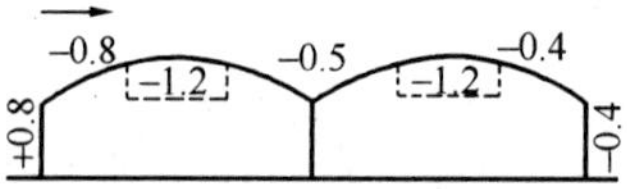 −0.8　−1.2　−0.5　−1.2　−0.4　+0.8　−0.4	—
20	封闭式带天窗挡风板的坡屋面	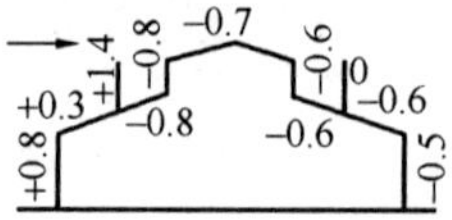 +1.4　−0.8　−0.7　−0.6　0　+0.3　−0.8　−0.6　−0.6　+0.8　−0.5	—
21	封闭式带天窗挡风板的双跨坡屋面	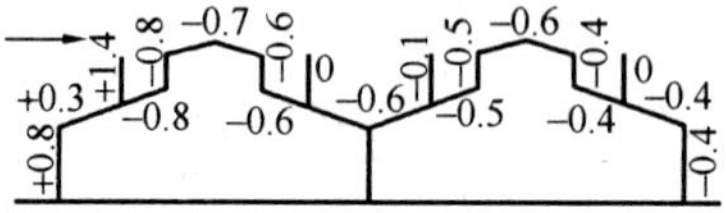 +1.4　−0.8　−0.7　−0.6　0　−0.1　−0.5　−0.6　−0.4　0　+0.3　−0.8　−0.6　−0.6　−0.5　−0.4　−0.4　+0.8　−0.4	—
22	封闭式锯齿形屋面	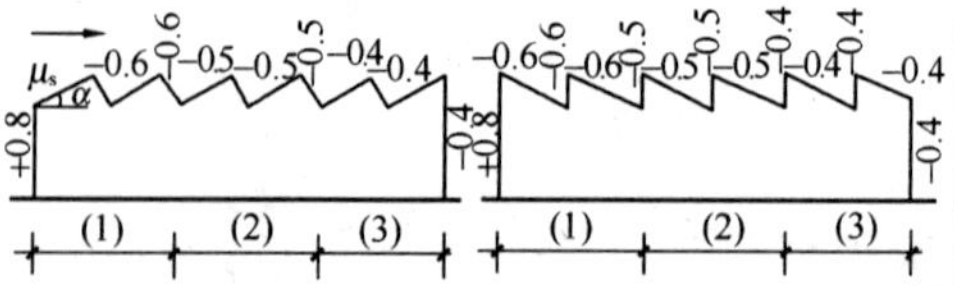 μ_s　α　−0.6　−0.6　−0.5　−0.5　−0.5　−0.4　−0.4　+0.8　−0.4　−0.6　−0.6　−0.6　−0.5　−0.5　−0.5　−0.5　−0.4　−0.4　−0.4　+0.8　−0.4　(1)　(2)　(3)　(1)　(2)　(3)	1　迎风坡面的 μ_s 按第 2 项采用； 2　齿面增多或减少时，可均匀地在（1）、（2）、（3）三个区段内调节

续表 8.3.1

<table>
<tr><th>项次</th><th>类 别</th><th>体型及体型系数 μ_s</th><th>备 注</th></tr>
<tr><td>23</td><td>封闭式复杂多跨屋面</td><td> 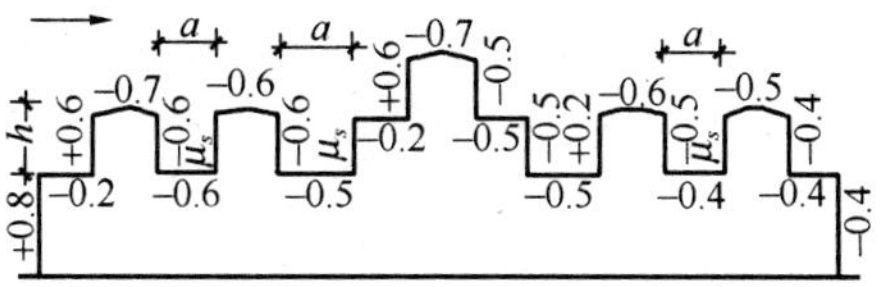</td><td>天窗面的 μ_s 按下列规定采用：
1 当 $a\leqslant 4h$ 时，取 $\mu_s=0.2$；
2 当 $a\leqslant 4h$ 时，取 $\mu_s=0.6$</td></tr>
<tr><td>24</td><td>靠山封闭式双坡屋面</td><td>(a) 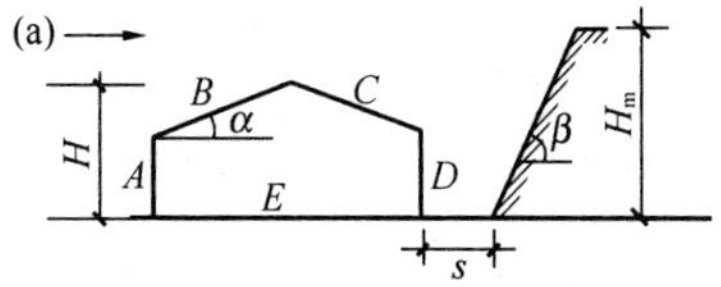
本图适用于 $H_m/H\geqslant 2$ 及 $s/H=0.2\sim 0.4$ 的情况
体型系数 μ_s 按下表采用：
<table>
<tr><th>β</th><th>α</th><th>A</th><th>B</th><th>C</th><th>D</th><th>E</th></tr>
<tr><td rowspan="3">30°</td><td>15°</td><td>+0.9</td><td>−0.4</td><td>0.0</td><td>+0.2</td><td>−0.2</td></tr>
<tr><td>30°</td><td>+0.9</td><td>+0.2</td><td>−0.2</td><td>−0.2</td><td>−0.3</td></tr>
<tr><td>60°</td><td>+1.0</td><td>+0.7</td><td>−0.4</td><td>−0.2</td><td>−0.5</td></tr>
<tr><td rowspan="3">60°</td><td>15°</td><td>+1.0</td><td>+0.3</td><td>+0.4</td><td>+0.5</td><td>+0.4</td></tr>
<tr><td>30°</td><td>+1.0</td><td>+0.4</td><td>+0.3</td><td>+0.4</td><td>+0.2</td></tr>
<tr><td>60°</td><td>+1.0</td><td>+0.8</td><td>−0.3</td><td>0.0</td><td>−0.5</td></tr>
<tr><td rowspan="3">90°</td><td>15°</td><td>+1.0</td><td>+0.5</td><td>+0.7</td><td>+0.8</td><td>+0.6</td></tr>
<tr><td>30°</td><td>+1.0</td><td>+0.6</td><td>+0.8</td><td>+0.9</td><td>+0.7</td></tr>
<tr><td>60°</td><td>+1.0</td><td>+0.9</td><td>−0.1</td><td>+0.2</td><td>−0.4</td></tr>
</table>
(b)
体型系数 μ_s 按下表采用：
<table>
<tr><th>β</th><th>A B C D</th><th>E</th><th>A′B′C′D′</th><th>F</th></tr>
<tr><td>15°</td><td>−0.8</td><td>+0.9</td><td>−0.2</td><td>−0.2</td></tr>
<tr><td>30°</td><td>−0.9</td><td>+0.9</td><td>−0.2</td><td>−0.2</td></tr>
<tr><td>60°</td><td>−0.9</td><td>+0.9</td><td>−0.2</td><td>−0.2</td></tr>
</table>
</td><td>—</td></tr>
</table>

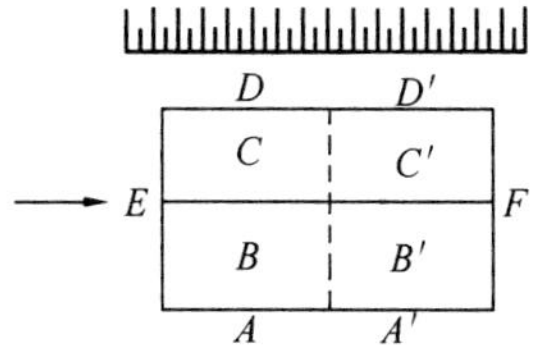

续表 8.3.1

<table>
<tr><th>项次</th><th>类　别</th><th>体型及体型系数 μ_s</th><th>备　注</th></tr>
<tr><td>25</td><td>靠山封闭式带天窗的双坡屋面</td><td>本图适用于 $H_m/H\geqslant2$ 及 $s/H=0.2\sim0.4$ 的情况体型系数 μ_s 按下表采用：

β | A | B | C | D | D′ | C′ | B′ | A′ | E
30° | +0.9 | +0.2 | −0.6 | −0.4 | −0.3 | −0.3 | −0.3 | −0.2 | −0.5
60° | +0.9 | +0.6 | +0.1 | +0.1 | +0.2 | +0.2 | +0.2 | +0.4 | +0.1
90° | +1.0 | +0.8 | +0.6 | +0.2 | +0.6 | +0.6 | +0.6 | +0.8 | +0.6</td><td>—</td></tr>
<tr><td>26</td><td>单面开敞式双坡屋面</td><td>(a) 开口迎风　(b) 开口背风</td><td>迎风坡面的 μ_s 按第 2 项采用</td></tr>
<tr><td>27</td><td>双面开敞及四面开敞式双坡屋面</td><td>(a) 两端有山墙　(b) 四面开敞
体型系数 μ_s

α | μ_{s1} | μ_{s2}
≤10° | −1.3 | −0.7
30° | +1.6 | +0.4</td><td>1　中间值按线性插值法计算；
2　本图屋面对风作用敏感，风压时正时负，设计时应考虑 μ_s 值变号的情况；
3　纵向风荷载对屋面所引起的总水平力，当 $\alpha\geqslant30°$ 时，为 $0.05Aw_h$；当 $\alpha<30°$ 时，为 $0.10Aw_h$；其中，A 为屋面的水平投影面积，w_h 为屋面高度 h 处的风压；
4　当室内堆放物品或房屋处于山坡时，屋面吸力应增大，可按第 26 项 (a) 采用</td></tr>
</table>

续表 8.3.1

<table>
<tr><th>项次</th><th>类 别</th><th>体型及体型系数 μ_s</th><th>备 注</th></tr>
<tr><td>28</td><td>前后纵墙半开敞双坡屋面</td><td> 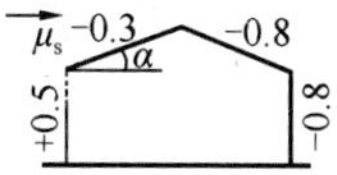</td><td>1 迎风坡面的 μ_s 按第 2 项采用；
2 本图适用于墙的上部集中开敞面积≥10%且＜50%的房屋；
3 当开敞面积达 50%时，背风墙面的系数改为－1.1</td></tr>
<tr><td>29</td><td>单坡及双坡顶盖</td><td>(a) 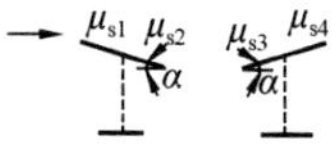
<table><tr><th>α</th><th>μ_{s1}</th><th>μ_{s2}</th><th>μ_{s3}</th><th>μ_{s4}</th></tr><tr><td>≤10°</td><td>－1.3</td><td>－0.5</td><td>＋1.3</td><td>＋0.5</td></tr><tr><td>30°</td><td>－1.4</td><td>－0.6</td><td>＋1.4</td><td>＋0.6</td></tr></table>(b)
(c)
<table><tr><th>α</th><th>μ_{s1}</th><th>μ_{s2}</th></tr><tr><td>≤10°</td><td>＋1.0</td><td>＋0.7</td></tr><tr><td>30°</td><td>－1.6</td><td>－0.4</td></tr></table></td><td>1 中间值按线性插值法计算；
2 (b) 项体型系数按第 27 项采用；
3 (b)、(c) 应考虑第 27 项注 2 和注 3</td></tr>
</table>

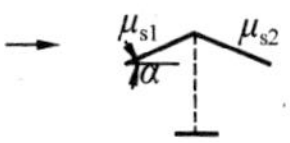

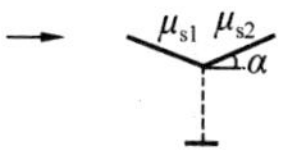

续表 8.3.1

<table>
<tr><th>项次</th><th>类　别</th><th>体型及体型系数 μ_s</th><th>备　　注</th></tr>
<tr><td>30</td><td>封闭式房屋和构筑物</td><td>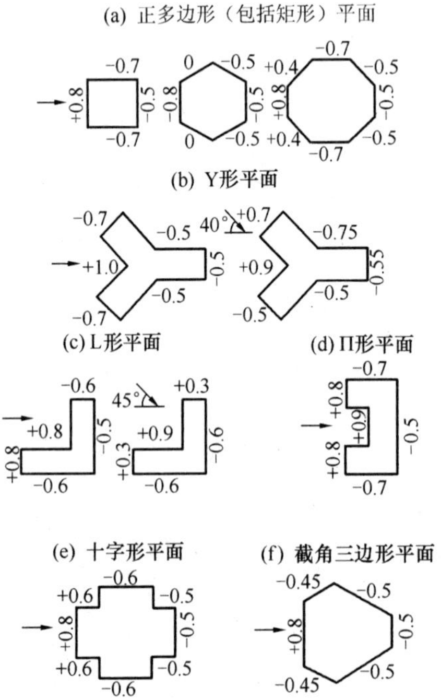
(a) 正多边形（包括矩形）平面
(b) Y形平面
(c) L形平面
(d) Π形平面
(e) 十字形平面
(f) 截角三边形平面</td><td>—</td></tr>
<tr><td>31</td><td>高度超过45m的矩形截面高层建筑</td><td>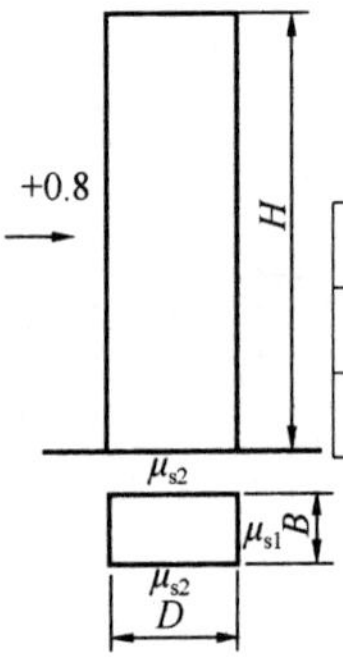
+0.8
H
μ_{s2}
μ_{s1}
B
μ_{s2}
D
<table>
<tr><td>D/B</td><td>≤1</td><td>1.2</td><td>2</td><td>≥4</td></tr>
<tr><td>μ_{s1}</td><td>−0.6</td><td>−0.5</td><td>−0.4</td><td>−0.3</td></tr>
<tr><td>μ_{s2}</td><td colspan="4">−0.7</td></tr>
</table></td><td>—</td></tr>
</table>

续表 8.3.1

<table>
<tr><th>项次</th><th>类 别</th><th>体型及体型系数 μ_s</th><th>备 注</th></tr>
<tr><td>32</td><td>各种截面的杆件</td><td> 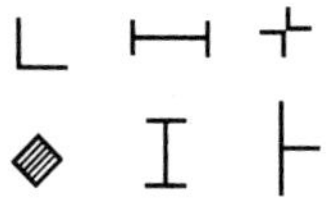$\mu=+1.3$</td><td>—</td></tr>
<tr><td>33</td><td>桁架</td><td> 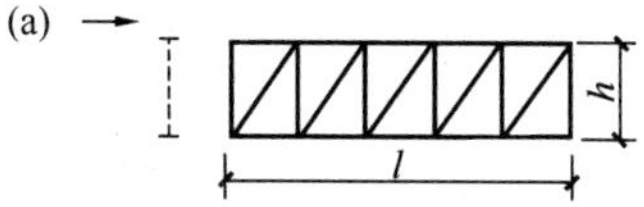(a)
单榀桁架的体型系数
$\mu_{st}=\phi\mu_s$
式中：μ_s 为桁架构件的体型系数，对型钢杆件按第 32 项采用，对圆管杆件按第 37（b）项采用；
$\phi=A_n/A$ 为桁架的挡风系数；
A_n 为桁架杆件和节点挡风的净投影面积；
$A=hl$ 为桁架的轮廓面积。 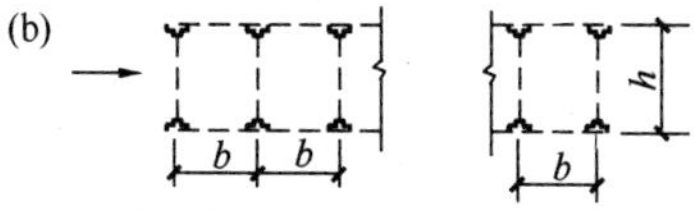
(b)
n 榀平行桁架的整体体型系数
$\mu_{stw}=\mu_{st}\frac{1-\eta^n}{1-\eta}$
式中：μ_{st}为单榀桁架的体型系数；
η 系数按下表采用。
<table><tr><th>ϕ \ b/h</th><th>≤1</th><th>2</th><th>4</th><th>6</th></tr><tr><td>≤0.1</td><td>1.00</td><td>1.00</td><td>1.00</td><td>1.00</td></tr><tr><td>0.2</td><td>0.85</td><td>0.90</td><td>0.93</td><td>0.97</td></tr><tr><td>0.3</td><td>0.66</td><td>0.75</td><td>0.80</td><td>0.85</td></tr><tr><td>0.4</td><td>0.50</td><td>0.60</td><td>0.67</td><td>0.73</td></tr><tr><td>0.5</td><td>0.33</td><td>0.45</td><td>0.53</td><td>0.62</td></tr><tr><td>0.6</td><td>0.15</td><td>0.30</td><td>0.40</td><td>0.50</td></tr></table></td><td>—</td></tr>
</table>

续表 8.3.1

<table>
<tr><th>项次</th><th>类　别</th><th>体型及体型系数 μ_s</th><th>备　　注</th></tr>
<tr><td>34</td><td>独立墙壁及围墙</td><td> 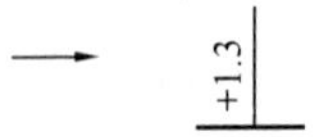+1.3</td><td>—</td></tr>
<tr><td>35</td><td>塔架</td><td> 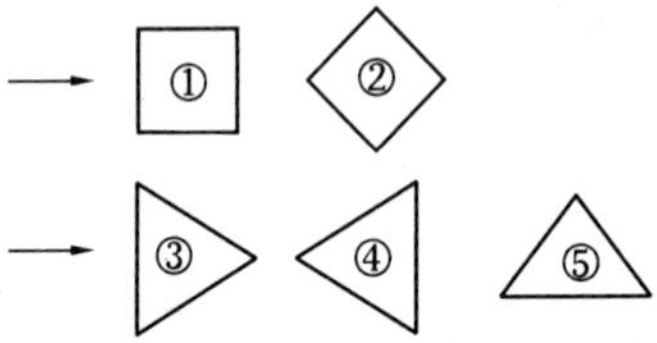
①　②
③　④　⑤
（a）角钢塔架整体计算时的体型系数 μ_s 按下表采用。
<table>
<tr><td rowspan="3">挡风系数
ϕ</td><td colspan="3">方　　形</td><td rowspan="3">三角形
风向
③④⑤</td></tr>
<tr><td rowspan="2">风向①</td><td colspan="2">风向②</td></tr>
<tr><td>单角钢</td><td>组合角钢</td></tr>
<tr><td>≤0.1</td><td>2.6</td><td>2.9</td><td>3.1</td><td>2.4</td></tr>
<tr><td>0.2</td><td>2.4</td><td>2.7</td><td>2.9</td><td>2.2</td></tr>
<tr><td>0.3</td><td>2.2</td><td>2.4</td><td>2.7</td><td>2.0</td></tr>
<tr><td>0.4</td><td>2.0</td><td>2.2</td><td>2.4</td><td>1.8</td></tr>
<tr><td>0.5</td><td>1.9</td><td>1.9</td><td>2.0</td><td>1.6</td></tr>
</table>
（b）管子及圆钢塔架整体计算时的体型系数 μ_s：
当 $\mu_z w_0 d^2$ 不大于 0.002 时，μ_s 按角钢塔架的 μ_s 值乘以 0.8 采用；
当 $\mu_z w_0 d^2$ 不小于 0.015 时，μ_s 按角钢塔架的 μ_s 值乘以 0.6 采用。
</td><td>中间值按线性插值法计算</td></tr>
<tr><td>36</td><td>旋转壳顶</td><td>
(a) $f/l>\frac{1}{4}$　　(b) $f/l\leqslant\frac{1}{4}$
ϕ　ψ　l　f
$\mu_s=-\cos^2\phi$
$\mu_s=0.5\sin^2\phi\sin\psi-\cos^2\phi$
式中　ψ 为平面角，ϕ 为仰角。
</td><td>—</td></tr>
</table>

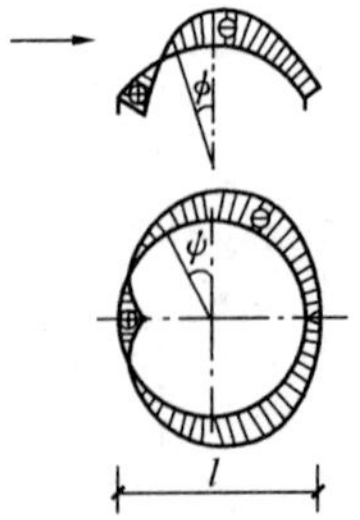

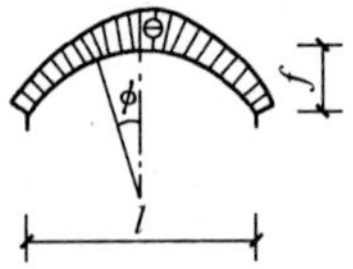

续表 8.3.1

<table>
<tr><th>项次</th><th>类 别</th><th>体型及体型系数 μ_s</th><th>备 注</th></tr>
<tr><td>37</td><td>圆截面构筑物（包括烟囱、塔桅等）</td><td>(a) 局部计算时表面分布的体型系数 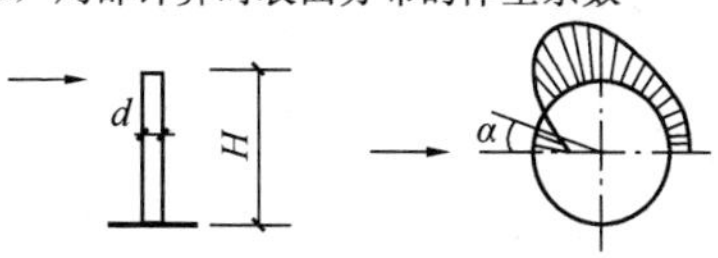
d H α

α	H/d≥25	H/d=7	H/d=1
0°	+1.0	+1.0	+1.0
15°	+0.8	+0.8	+0.8
30°	+0.1	+0.1	+0.1
45°	−0.9	−0.8	−0.7
60°	−1.9	−1.7	−1.2
75°	−2.5	−2.2	−1.5
90°	−2.6	−2.2	−1.7
105°	−1.9	−1.7	−1.2
120°	−0.9	−0.8	−0.7
135°	−0.7	−0.6	−0.5
150°	−0.6	−0.5	−0.4
165°	−0.6	−0.5	−0.4
180°	−0.6	−0.5	−0.4

(b) 整体计算时的体型系数

$\mu_z w_0 d^2$	表面情况	H/d≥25	H/d=7	H/d=1
≥0.015	Δ≈0	0.6	0.5	0.5
	Δ=0.02d	0.9	0.8	0.7
	Δ=0.08d	1.2	1.0	0.8
≤0.002		1.2	0.8	0.7

</td><td>1 (a) 项局部计算用表中的值适用于 $\mu_z w_0 d^2$ 大于 0.015 的表面光滑情况，其中 w_0 以 kN/m² 计，d 以 m 计。
2 (b) 项整体计算用表中的中间值按线性插值法计算；Δ 为表面凸出高度</td></tr>
</table>

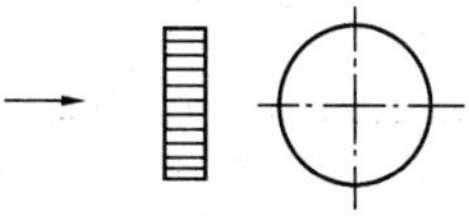

续表 8.3.1

<table>
<tr><th>项次</th><th>类　别</th><th>体型及体型系数 μ_s</th><th>备　　注</th></tr>
<tr><td>38</td><td>架空管道</td><td>
(a) 上下双管
<table>
<tr><td>s/d</td><td>≤0.25</td><td>0.5</td><td>0.75</td><td>1.0</td><td>1.5</td><td>2.0</td><td>≥3.0</td></tr>
<tr><td>μ_s</td><td>+1.20</td><td>+0.90</td><td>+0.75</td><td>+0.70</td><td>+0.65</td><td>+0.63</td><td>+0.60</td></tr>
</table>
(b) 前后双管
<table>
<tr><td>s/d</td><td>≤0.25</td><td>0.5</td><td>1.5</td><td>3.0</td><td>4.0</td><td>6.0</td><td>8.0</td><td>≥10.0</td></tr>
<tr><td>μ_s</td><td>+0.68</td><td>+0.86</td><td>+0.94</td><td>+0.99</td><td>+1.08</td><td>+1.11</td><td>+1.14</td><td>+1.20</td></tr>
</table>
(c) 密排多管
$\mu_s=+1.4$
</td><td>1　本图适用于 $\mu_z w_0 d^2 \geqslant 0.015$ 的情况；
2　(b)项前后双管的 μ_s 值为前后两管之和，其中前管为 0.6；
3　(c)项密排多管的 μ_s 值为各管之总和</td></tr>
<tr><td>39</td><td>拉索</td><td>
风荷载水平分量 w_x 的体型系数 μ_{sx} 及垂直分量 w_y 的体型系数 μ_{sy} 按下表采用：
<table>
<tr><th>α</th><th>μ_{sx}</th><th>μ_{sy}</th><th>α</th><th>μ_{sx}</th><th>μ_{sy}</th></tr>
<tr><td>0°</td><td>0.00</td><td>0.00</td><td>50°</td><td>0.60</td><td>0.40</td></tr>
<tr><td>10°</td><td>0.05</td><td>0.05</td><td>60°</td><td>0.85</td><td>0.40</td></tr>
<tr><td>20°</td><td>0.10</td><td>0.10</td><td>70°</td><td>1.10</td><td>0.30</td></tr>
<tr><td>30°</td><td>0.20</td><td>0.25</td><td>80°</td><td>1.20</td><td>0.20</td></tr>
<tr><td>40°</td><td>0.35</td><td>0.40</td><td>90°</td><td>1.25</td><td>0.00</td></tr>
</table>
</td><td>—</td></tr>
</table>

【荷载规范：第 8.3.1 条】

2. 当多个建筑物，特别是群集的高层建筑，相互间距较近时，宜考虑风力相互干扰的群体效应；一般可将单独建筑物的体型系数 μ_s 乘以相互干扰系数。相互干扰系数可按下列规定确定：

（1）对矩形平面高层建筑，当单个施扰建筑与受扰建筑高度相近时，根据施扰建筑的位置，对顺风向风荷载可在 1.00～1.10 范围内选取，对横风向风荷载可在 1.00～1.20 范围内选取；

（2）其他情况可比照类似条件的风洞试验资料确定，必要时宜通过风洞试验确定。

【荷载规范：第 8.3.2 条】

3. 计算围护构件及其连接的风荷载时，可按下列规定采用局部体型系数 μ_{sl}：

（1）封闭式矩形平面房屋的墙面及屋面可按表 8.3.3 的规定采用；

（2）檐口、雨篷、遮阳板、边棱处的装饰条等突出构件，取 −2.0；

（3）其他房屋和构筑物可按《建筑结构荷载规范》GB 50009—2012 第 8.3.1 条规定体型系数的 1.25 倍取值。

表 8.3.3 封闭式矩形平面房屋的局部体型系数

<table>
<tr><th>项次</th><th>类 别</th><th colspan="3">体型及局部体型系数</th><th>备 注</th></tr>
<tr><td rowspan="4">1</td><td rowspan="4">封闭式矩形平面房屋的墙面</td><td rowspan="4">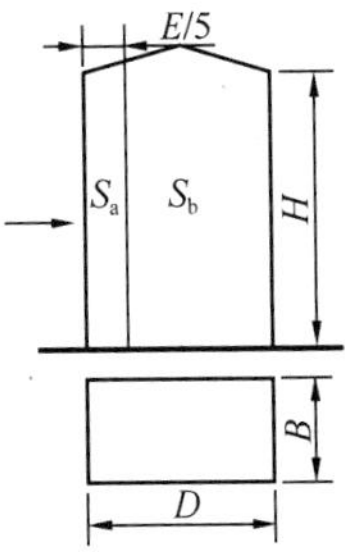</td><td colspan="2">迎风面</td><td rowspan="4">E 应取 2H 和迎风宽度 B 中较小者</td></tr>
</table>

体型及局部体型系数		
迎风面		1.0
侧面	S_a	−1.4
	S_b	−1.0
背风面		−0.6

续表 8.3.3

项次	类别	体型及局部体型系数	备注
2	封闭式矩形平面房屋的双坡屋面	（见下表）	1　E 应取 $2H$ 和迎风宽度 B 中较小者； 2　中间值可按线性插值法计算（应对相同符号项插值）； 3　同时给出两个值的区域应分别考虑正负风压的作用； 4　风沿纵轴吹来时，靠近山墙的屋面可参照表中 $\alpha \leqslant 5$ 时的 R_a 和 R_b 的取值

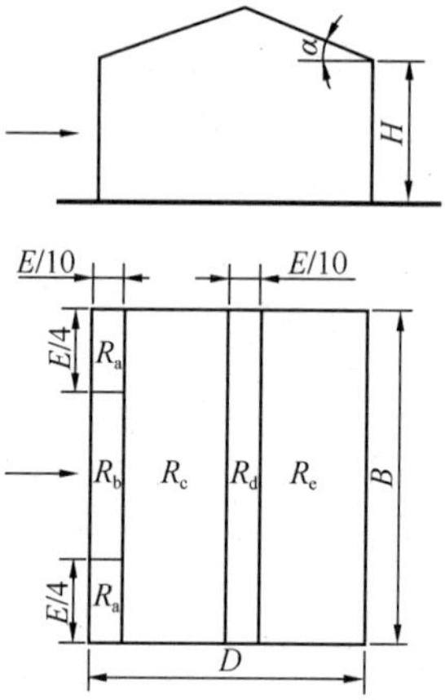

α		≤5	15	30	≥45
R_a	$H/D \leqslant 0.5$	−1.8 0.0	−1.5 +0.2	−1.5 +0.7	0.0 +0.7
	$H/D \geqslant 1.0$	−2.0 0.0	−2.0 +0.2		
R_b		−1.8 0.0	−1.5 +0.2	−1.5 +0.7	0.0 +0.7
R_c		−1.2 0.0	−0.6 +0.2	−0.3 +0.4	0.0 +0.6
R_d		−0.6 +0.2	−1.5 0.0	−0.5 0.0	−0.3 0.0
R_e		−0.6 0.0	−0.4 0.0	−0.4 0.0	−0.2 0.0

续表 8.3.3

项次	类别	体型及局部体型系数	备注
3	封闭式矩形平面房屋的单坡屋面	$E/10$；$E/4$；H；B；R_a；R_b；R_c；α	1 E 应取 $2H$ 和迎风宽度 B 中的较小者； 2 中间值可按线性插值法计算； 3 迎风坡面可参考第 2 项取值

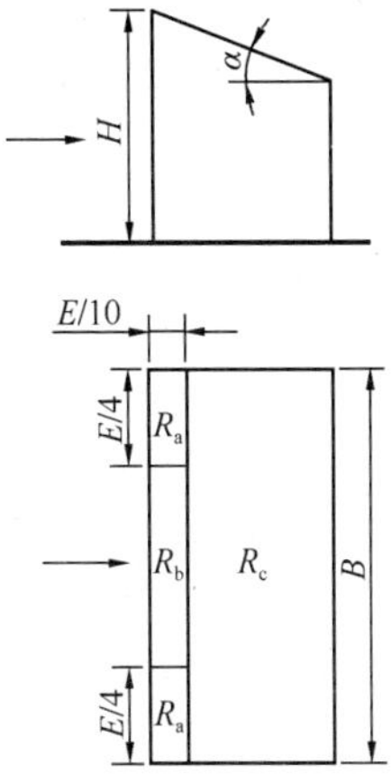

α	≤5	15	30	≥45
R_a	−2.0	−2.5	−2.3	−1.2
R_b	−2.0	−2.0	−1.5	−0.5
R_c	−1.2	−1.2	−0.8	−0.5

【荷载规范：第 8.3.3 条】

4. 计算非直接承受风荷载的围护构件风荷载时，局部体型系数 μ_{s1} 可按构件的从属面积折减，折减系数按下列规定采用：

(1) 当从属面积不大于 $1m^2$ 时，折减系数取 1.0；

(2) 当从属面积大于或等于 $25m^2$ 时，对墙面折减系数取 0.8，对局部体型系数绝对值大于 1.0 的屋面区域折减系数取 0.6，对其他屋面区域折减系数取 1.0；

(3) 当从属面积大于 $1m^2$ 小于 $25m^2$ 时，墙面和绝对值大于 1.0 的屋面局部体型系数可采用对数插值，即按下式计算局部体型系数：

$$\mu_{s1}(A)=\mu_{s1}(1)+[\mu_{s1}(25)-\mu_{s1}(1)]\log A/1.4 \quad (8.3.4)$$

【荷载规范：第 8.3.4 条】

5. 计算围护构件风荷载时，建筑物内部压力的局部体型系数可按下列规定采用：

(1) 封闭式建筑物，按其外表面风压的正负情况取 −0.2

或 0.2；

（2）仅一面墙有主导洞口的建筑物，按下列规定采用：

1）当开洞率大于 0.02 且小于或等于 0.10 时，取 $0.4\mu_{s1}$；

2）当开洞率大于 0.10 且小于或等于 0.30 时，取 $0.6\mu_{s1}$；

3）当开洞率大于 0.30 时，取 $0.8\mu_{s1}$。

（3）其他情况，应按开放式建筑物的 μ_{s1} 取值。

注：1　主导洞口的开洞率是指单个主导洞口面积与该墙面全部面积之比；

2　μ_{s1} 应取主导洞口对应位置的值。

【荷载规范：第 8.3.5 条】

6. 建筑结构的风洞试验，其试验设备、试验方法和数据处理应符合相关规范的规定。

【荷载规范：第 8.3.6 条】

9 建筑工程抗震设防分类标准

9.1 总 则

抗震设防区的所有建筑工程应确定其抗震设防类别。

新建、改建、扩建的建筑工程，其抗震设防类别不应低于本标准的规定。

【建筑抗震分类标准：第1.0.3条】

9.2 基本规定

1. 建筑工程应分为以下四个抗震设防类别：

(1) 特殊设防类：指使用上有特殊设施，涉及国家公共安全的重大建筑工程和地震时可能发生严重次生灾害等特别重大灾害后果，需要进行特殊设防的建筑。简称甲类。

(2) 重点设防类：指地震时使用功能不能中断或需尽快恢复的生命线相关建筑，以及地震时可能导致大量人员伤亡等重大灾害后果，需要提高设防标准的建筑。简称乙类。

(3) 标准设防类：指大量的除 (1)、(2)、(4) 款以外按标准要求进行设防的建筑。简称丙类。

(4) 适度设防类：指使用上人员稀少且震损不致产生次生灾害，允许在一定条件下适度降低要求的建筑。简称丁类。

【建筑抗震分类标准：第3.0.2条】

2. 各抗震设类别建筑的抗震设防标准，应符合下列要求：

(1) 标准设防类，应按本地区抗震设防烈度确定其抗震措施和地震作用，达到在遭遇高于当地抗震设防烈度的预估罕遇地震影响时不致倒塌或发生危及生命安全的严重破坏的抗震设防目标。

（2）重点设防类，应按高于本地区抗震设防烈度一度的要求加强其抗震措施；但抗震设防烈度为9度时应按比9度更高的要求采取抗震措施；地基基础的抗震措施，应符合有关规定。同时，应按本地区抗震设防烈度确定其地震作用。

（3）特殊设防类，应按高于本地区抗震设防烈度提高一度的要求加强其抗震措施；但抗震设防烈度为9度时应按比9度更高的要求采取抗震措施。同时，应按批准的地震安全性评价的结果且高于本地区抗震设防烈度的要求确定其地震作用。

（4）适度设防类，允许比本地区抗震设防烈度的要求适当降低其抗震措施，但抗震设防烈度为6度时不应降低。一般情况下，仍应按本地区抗震设防烈度确定其地震作用。

注：对于划为重点设防类而规模很小的工业建筑，当改用抗震性能较好的材料且符合抗震设计规范对结构体系的要求时，允许按标准设防类设防。

【建筑抗震分类标准：第3.0.3条】

10 建筑抗震设计

10.1 总 则

1. 抗震设防烈度为 6 度及以上地区的建筑，必须进行抗震设计。

【抗震设计规范：第 1.0.2 条】

2. 抗震设防烈度必须按国家规定的权限审批、颁发的文件（图件）确定。

【抗震设计规范：第 1.0.4 条】

10.2 基 本 规 定

10.2.1 建筑抗震设防分类和抗震设防标准

抗震设防的所有建筑应按现行国家标准《建筑工程抗震设防分类标准》GB 50223 确定其抗震设防类别及其抗震设防标准。

【抗震设计规范：第 3.1.1 条】

10.2.2 场地和地基

1. 选择建筑场地时，应根据工程需要和地震活动情况、工程地质和地震地质的有关资料，对抗震有利、一般、不利和危险地段做出综合评价。对不利地段，应提出避开要求；当无法避开时应采取有效的措施。对危险地段，严禁建造甲、乙类的建筑，不应建造丙类的建筑。

【抗震设计规范：第 3.3.1 条】

2. 建筑场地为Ⅰ类时，对甲、乙类的建筑应允许仍按本地区抗震设防烈度的要求采取抗震构造措施；对丙类的建筑应允许

按本地区抗震设防烈度降低一度的要求采取抗震构造措施，但抗震设防烈度为6度时仍应按本地区抗震设防烈度的要求采取抗震构造措施。

【抗震设计规范：第3.3.2条】

10.2.3　建筑形体及其构件布置的规则性

1. 建筑设计应根据抗震概念设计的要求明确建筑形体的规则性。不规则的建筑应按规定采取加强措施；特别不规则的建筑应进行专门研究和论证，采取特别的加强措施；严重不规则的建筑不应采用。

注：形体指建筑平面形状和立面、竖向剖面的变化。

【抗震设计规范：第3.4.1条】

2. 建筑形体及其构件布置的平面、竖向不规则性，应按下列要求划分：

（1）混凝土房屋、钢结构房屋和钢-混凝土混合结构房屋存在表3.4.3-1所列举的某项平面不规则类型或表3.4.3-2所列举的某项竖向不规则类型以及类似的不规则类型，应属于不规则的建筑。

表3.4.3-1　平面不规则的主要类型

不规则类型	定义和参考指标
扭转不规则	在规定的水平力作用下，楼层的最大弹性水平位移（或层间位移），大于该楼层两端弹性水平位移（或层间位移）平均值的1.2倍
凹凸不规则	平面凹进的尺寸，大于相应投影方向总尺寸的30%
楼板局部不连续	楼板的尺寸和平面刚度急剧变化，例如，有效楼板宽度小于该层楼板典型宽度的50%，或开洞面积大于该层楼面面积的30%，或较大的楼层错层

表3.4.3-2　竖向不规则的主要类型

不规则类型	定义和参考指标
侧向刚度不规则	该层的侧向刚度小于相邻上一层的70%，或小于其上相邻三个楼层侧向刚度平均值的80%；除顶层或出屋面小建筑外，局部收进的水平向尺寸大于相邻下一层的25%

续表 3.4.3-2

不规则类型	定义和参考指标
竖向抗侧力构件不连续	竖向抗侧力构件（柱、抗震墙、抗震支撑）的内力由水平转换构件（梁、桁架等）向下传递
楼层承载力突变	抗侧力结构的层间受剪承载力小于相邻上一楼层的 80%

（2）砌体房屋、单层工业厂房、单层空旷房屋、大跨屋盖建筑和地下建筑的平面和竖向不规则性的划分，应符合本规范有关章节的规定。

（3）当存在多项不规则或某项不规则超过规定的参考指标较多时，应属于特别不规则的建筑。

【抗震设计规范：第 3.4.3 条】

10.2.4 结构体系

1. 结构体系应符合下列各项要求：

（1）应具有明确的计算简图和合理的地震作用传递途径。

（2）应避免因部分结构或构件破坏而导致整个结构丧失抗震能力或对重力荷载的承载能力。

（3）应具备必要的抗震承载力，良好的变形能力和消耗地震能量的能力。

（4）对可能出现的薄弱部位，应采取措施提高其抗震能力。

【抗震设计规范：第 3.5.2 条】

10.2.5 非结构构件

1. 非结构构件，包括建筑非结构构件和建筑附属机电设备，自身及其与结构主体的连接，应进行抗震设计。

【抗震设计规范：第 3.7.1 条】

2. 框架结构的围护墙和隔墙，应估计其设置对结构抗震的不利影响，避免不合理设置而导致主体结构的破坏。

【抗震设计规范：第 3.7.4 条】

10.2.6　结构材料与施工

1. 抗震结构对材料和施工质量的特别要求，应在设计文件上注明。

【抗震设计规范：第3.9.1条】

2. 结构材料性能指标，应符合下列最低要求：

1）砌体结构材料应符合下列规定：

①普通砖和多孔砖的强度等级不应低于MU10，其砌筑砂浆强度等级不应低于M5；

②混凝土小型空心砌块的强度等级不应低于MU7.5，其砌筑砂浆强度等级不应低于Mb7.5。

2）混凝土结构材料应符合下列规定：

①混凝土的强度等级，框支梁、框支柱及抗震等级为一级的框架梁、柱、节点核芯区，不应低于C30；构造柱、芯柱、圈梁及其他各类构件不应低于C20；

②抗震等级为一、二、三级的框架和斜撑构件（含梯段），其纵向受力钢筋采用普通钢筋时，钢筋的抗拉强度实测值与屈服强度实测值的比值不应小于1.25；钢筋的屈服强度实测值与屈服强度标准值的比值不应大于1.3，且钢筋在最大拉力下的总伸长率实测值不应小于9%。

3）钢结构的钢材应符合下列规定：

①钢材的屈服强度实测值与抗拉强度实测值的比值不应大于0.85；

②钢材应有明显的屈服台阶，且伸长率不应小于20%；

③钢材应有良好的焊接性和合格的冲击韧性。

【抗震设计规范：第3.9.2条】

3. 在施工中，当需要以强度等级较高的钢筋替代原设计中的纵向受力钢筋时，应按照钢筋受拉承载力设计值相等的原则换算，并应满足最小配筋率要求。

【抗震设计规范：第3.9.4条】

4. 钢筋混凝土构造柱和底部框架-抗震墙房屋中的砌体抗震墙，其施工应先砌墙后浇构造柱和框架梁柱。

【抗震设计规范：第 3.9.6 条】

10.3 场地、地基和基础

10.3.1 场地

1. 建筑的场地类别，应根据土层等效剪切波速和场地覆盖层厚度按表 4.1.6 划分为四类，其中Ⅰ类分为$Ⅰ_0$、$Ⅰ_1$两个亚类。当有可靠的剪切波速和覆盖层厚度且其值处于表 4.1.6 所列场地类别的分界线附近时，应允许按插值方法确定地震作用计算所用的特征周期。

表 4.1.6 各类建筑场地的覆盖层厚度（m）

岩石的剪切波速或土的等效剪切波速（m/s）	场地类别				
	$Ⅰ_0$	$Ⅰ_1$	Ⅱ	Ⅲ	Ⅳ
$v_s>800$	0				
$800\geqslant v_s>500$		0			
$500\geqslant v_{se}>250$		<5	≥5		
$250\geqslant v_{se}>150$		<3	3~50	>50	
$v_{se}\leqslant150$		<3	3~15	15~80	>80

注：表中 v_s 系岩石的剪切波速。

【抗震设计规范：第 4.1.6 条】

2. 当需要在条状突出的山嘴、高耸孤立的山丘、非岩石和强风化岩石的陡坡、河岸和边坡边缘等不利地段建造丙类及丙类以上建筑时，除保证其在地震作用下的稳定性外。尚应估计不利地段对设计地震动参数可能产生的放大作用。其水平地震影响系数最大值应乘以增大系数。其值应根据不利地段的具体情况确定，在 1.1~1.6 范围内采用。

【抗震设计规范：第 4.1.8 条】

3. 场地岩土工程勘察，应根据实际需要划分的对建筑有利、一般、不利和危险的地段，提供建筑的场地类别和岩土地震稳定性（含滑坡、崩塌、液化和震陷特性）评价，对需要采用时程分析法补充计算的建筑，尚应根据设计要求提供土层剖面、场地覆盖层厚度和有关的动力参数。

【抗震设计规范：第4.1.9条】

10.3.2　天然地基和基础

1. 天然地基基础抗震验算时，应采用地震作用效应标准组合，且地基抗震承载力应取地基承载力特征值乘以地基抗震承载力调整系数计算。

【抗震设计规范：第4.2.2条】

2. 地基抗震承载力应按下式计算：

$$f_{aE} = \zeta_a f_a \tag{4.2.3}$$

式中　f_{aE}——调整后的地基抗震承载力；

ζ_a——地基抗震承载力调整系数，应按表4.2.3采用；

f_a——深宽修正后的地基承载力特征值，应按现行国家标准《建筑地基基础设计规范》GB 50007采用。

表4.2.3　地基抗震承载力调整系数

岩土名称和性状	ζ_a
岩石，密实的碎石土，密实的砾、粗、中砂，$f_{ak}\geqslant 300$的黏性土和粉土	1.5
中密、稍密的碎石土，中密和稍密的砾、粗、中砂，密实和中密的细、粉砂，$150\text{kPa}\leqslant f_{ak}<300\text{kPa}$的黏性土和粉土，坚硬黄土	1.3
稍密的细、粉砂，$100\text{kPa}\leqslant f_{ak}<150\text{kPa}$的黏性土和粉土，可塑黄土	1.1
淤泥，淤泥质土，松散的砂，杂填土，新近堆积黄土及流塑黄土	1.0

【抗震设计规范：第4.2.3条】

10.3.3　液化土和软土地基

1. 地面下存在饱和砂土和饱和粉土时，除6度外，应进行

液化判别；存在液化土层的地基，应根据建筑的抗震设防类别、地基的液化等级，结合具体情况采取相应的措施。

注：本条饱和土液化判别要求不含黄土、粉质黏土。

【抗震设计规范：第 4.3.2 条】

2. 当液化砂土层、粉土层较平坦且均匀时，宜按表 4.3.6 选用地基抗液化措施；尚可计入上部结构重力荷载对液化危害的影响，根据液化震陷量的估计适当调整抗液化措施。不宜将未经处理的液化土层作为天然地基持力层。

表 4.3.6 抗液化措施

建筑抗震	地基的液化等级		
设防类别	轻微	中等	严重
乙类	部分消除液化沉陷，或对基础和上部结构处理	全部消除液化沉陷，或部分消除液化沉陷且对基础和上部结构处理	全部消除液化沉陷
丙类	基础和上部结构处理，亦可不采取措施	基础和上部结构处理，或更高要求的措施	全部消除液化沉陷，或部分消除液化沉陷且对基础和上部结构处理
丁类	可不采取措施	可不采取措施	基础和上部结构处理，或其他经济的措施

注：甲类建筑的地基抗液化措施应进行专门研究，但不宜低于乙类的相应要求。

【抗震设计规范：第 4.3.6 条】

10.3.4 桩基

液化土和震陷软土中桩的配筋范围，应自桩顶至液化深度以下符合全部消除液化沉陷所要求的深度，其纵向钢筋应与桩顶部相同，箍筋应加粗和加密。

【抗震设计规范：第 4.4.5 条】

10.4　地震作用和结构抗震验算

10.4.1　一般规定

1. 各类建筑结构的地震作用，应符合下列规定：

1）一般情况下，应至少在建筑结构的两个主轴方向分别计算水平地震作用，各方向的水平地震作用应由该方向抗侧力构件承担。

2）有斜交抗侧力构件的结构，当相交角度大于15°时，应分别计算各抗侧力构件方向的水平地震作用。

3）质量和刚度分布明显不对称的结构，应计入双向水平地震作用下的扭转影响；其他情况，应允许采用调整地震作用效应的方法计入扭转影响。

4）8、9度时的大跨度和长悬臂结构及9度时的高层建筑，应计算竖向地震作用。

注：8、9度时采用隔震设计的建筑结构，应按有关规定计算竖向地震作用。

【抗震设计规范：第5.1.1条】

2. 计算地震作用时，建筑的重力荷载代表值应取结构和构配件自重标准值和各可变荷载组合值之和。各可变荷载的组合值系数，应按表5.1.3采用。

表5.1.3　组合值系数

<table>
<tr><td colspan="2">可变荷载种类</td><td>组合值系数</td></tr>
<tr><td colspan="2">雪荷载</td><td>0.5</td></tr>
<tr><td colspan="2">屋面积灰荷载</td><td>0.5</td></tr>
<tr><td colspan="2">屋面活荷载</td><td>不计入</td></tr>
<tr><td colspan="2">按实际情况计算的楼面活荷载</td><td>1.0</td></tr>
<tr><td rowspan="2">按等效均布荷载计算的楼面活荷载</td><td>藏书库、档案库</td><td>0.8</td></tr>
<tr><td>其他民用建筑</td><td>0.5</td></tr>
<tr><td rowspan="2">起重机悬吊物重力</td><td>硬钩吊车</td><td>0.3</td></tr>
<tr><td>软钩吊车</td><td>不计入</td></tr>
</table>

注：硬钩吊车的吊重较大时，组合值系数应按实际情况采用。

【抗震设计规范：第5.1.3条】

3. 建筑结构的地震影响系数应根据烈度、场地类别、设计地震分组和结构自振周期以及阻尼比确定。其水平地震影响系数最大值应按表 5.1.4-1 采用；特征周期应根据场地类别和设计地震分组按表 5.1.4-2 采用。计算罕遇地震作用时，特征周期应增加 0.05s。

注：周期大于 6.0s 的建筑结构所采用的地震影响系数应专门研究。

表 5.1.4-1 水平地震影响系数最大值

地震影响	6 度	7 度	8 度	9 度
多遇地震	0.04	0.08（0.12）	0.16（0.24）	0.32
罕遇地震	0.28	0.50（0.72）	0.90（1.20）	1.40

注：括号中数值分别用于设计基本地震加速度为 0.15g 和 0.30g 的地区。

表 5.1.4-2 特征周期值（S）

设计地震分组	场地类别				
	I_0	I_1	Ⅱ	Ⅲ	Ⅳ
第一组	0.20	0.25	0.35	0.45	0.65
第二组	0.25	0.30	0.40	0.55	0.75
第三组	0.30	0.35	0.45	0.65	0.90

【抗震设计规范：第 5.1.4 条】

4. 结构的截面抗震验算，应符合下列规定：

1）6 度时的建筑（不规则建筑及建造于Ⅳ类场地上较高的高层建筑除外），以及生土房屋和木结构房屋等，应符合有关的抗震措施要求，但应允许不进行截面抗震验算。

2）6 度时不规则建筑、建造于Ⅳ类场地上较高的高层建筑，7 度和 7 度以上的建筑结构（生土房屋和木结构房屋等除外），应进行多遇地震作用下的截面抗震验算。

注：采用隔震设计的建筑结构，其抗震验算应符合有关规定。

【抗震设计规范：第 5.1.6 条】

10.4.2 水平地震作用计算

1. 抗震验算时，结构任一楼层的水平地震剪力应符合下式

要求：

$$V_{EKi}>\lambda\sum_{j=i}^{n}G_j$$

式中　V_{EKi}——第 i 层对应于水平地震作用标准值的楼层剪力；

λ——剪力系数，不应小于表 5.2.5 规定的楼层最小地震剪力系数值，对竖向不规则结构的薄弱层，尚应乘以 1.15 的增大系数；

G_j——第 j 层的重力荷载代表值。

表 5.2.5　楼层最小地震剪力系数值

类　别	6 度	7 度	8 度	9 度
扭转效应明显或基本周期小于 3.5s 的结构	0.008	0.016（0.024）	0.032（0.048）	0.064
基本周期大于 5.0s 的结构	0.006	0.012（0.018）	0.024（0.036）	0.048

注：1　基本周期介于 3.5s 和 5s 之间的结构，按插入法取值；
　　2　括号内数值分别用于设计基本地震加速度为 0.15g 和 0.30g 的地区。

【抗震设计规范：第 5.2.5 条】

10.4.3　截面抗震验算

1. 结构构件的地震作用效应和其他荷载效应的基本组合，应按下式计算：

$$S=\gamma_G S_{GE}+\gamma_{Eh}S_{Ehk}+\gamma_{Ev}S_{Evk}+\Psi_w\gamma_w S_{wk}$$

式中　S——结构构件内力组合的设计值，包括组合的弯矩、轴向力和剪力设计值等；

γ_G——重力荷载分项系数，一般情况应采用 1.2，当重力荷载效应对构件承载能力有利时，不应大于 1.0；

γ_{Eh}、γ_{Ev}——分别为水平、竖向地震作用分项系数，应按表 5.4.1 采用；

γ_w——风荷载分项系数，应采用 1.4；

S_{GE}——重力荷载代表值的效应，可按本规范第 5.1.3 条采用，但有吊车时，尚应包括悬吊物重力标准值的效应；

S_{Ehk}——水平地震作用标准值的效应，尚应乘以相应的增大系数或调整系数；

S_{Evk}——竖向地震作用标准值的效应，尚应乘以相应的增大系数或调整系数；

S_{wk}——风荷载标准值的效应；

Ψ_w——风荷载组合值系数，一般结构取0.0，风荷载起控制作用的建筑应采用0.2。

注：本规范一般略去表示水平方向的下标。

表5.4.1 地震作用分项系数

地震作用	γ_{Eh}	γ_{Ev}
仅计算水平地震作用	1.3	0.0
仅计算竖向地震作用	0.0	1.3
同时计算水平与竖向地震作用（水平地震为主）	1.3	0.5
同时计算水平与竖向地震作用（竖向地震为主）	0.5	1.3

【抗震设计规范：第5.4.1条】

2. 结构构件的截面抗震验算，应采用下列设计表达式：

$$S \leqslant R\gamma_{RE}$$

式中 γ_{RE}——承载力抗震调整系数，除另有规定外，应按表5.4.2采用；

R——结构构件承载力设计值。

表5.4.2 承载力抗震调整系数

材料	结构构件	受力状态	γ_{RE}
钢	柱，梁，支撑，节点板件，螺栓，焊缝柱，支撑	强度 稳定	0.75 0.80
砌体	两端均有构造柱、芯柱的抗震墙 其他抗震墙	受剪 受剪	0.9 1.0
混凝土	梁 轴压比小于0.15的柱 轴压比不小于0.15的柱 抗震墙 各类构件	受弯 偏压 偏压 偏压 受剪、偏拉	0.75 0.75 0.80 0.85 0.85

【抗震设计规范：第5.4.2条】

3. 当仅计算竖向地震作用时，各类结构构件承载力抗震调整系数均应采用 1.0。

【抗震设计规范：第 5.4.3 条】

10.5 多层和高层钢筋混凝土房屋

10.5.1 一般规定

1. 本章适用的现浇钢筋混凝土房屋的结构类型和最大高度应符合表 6.1.1 的要求。平面和竖向均不规则的结构，适用的最大高度宜适当降低。

注：本章“抗震墙”指结构抗侧力体系中的钢筋混凝土剪力墙，不包括只承担重力荷载的混凝土墙。

表 6.1.1 现浇钢筋混凝土房屋适用的最大高度（m）

结构类型		烈度				
		6	7	8（0.2g）	8（0.3g）	9
框架		60	50	40	35	24
框架-抗震墙		130	120	100	80	50
抗震墙		140	120	100	80	60
部分框支抗震墙		120	100	80	50	不应采用
筒体	框架-核心筒	150	130	100	90	70
	筒中筒	180	150	120	100	80
板柱-抗震墙		80	70	55	40	不应采用

注：1 房屋高度指室外地面到主要屋面板板顶的高度（不包括局部突出屋顶部分）；
2 框架-核心筒结构指周边稀柱框架与核心筒组成的结构；
3 部分框支抗震墙结构指首层或底部两层为框支层的结构，不包括仅个别框支墙的情况；
4 表中框架，不包括异形柱框架；
5 板柱-抗震墙结构指板柱、框架和抗震墙组成抗侧力体系的结构；
6 乙类建筑或按本地区抗震设防烈度确定其适用的最大高度；
7 超过表内高度的房屋，应进行专门研究和论证，采取有效地加强措施。

【抗震设计规范：第 6.1.1 条】

2. 钢筋混凝土房屋应根据设防类别、烈度、结构类型和房屋高度采用不同的抗震等级，并应符合相应的计算和构造措施要求。丙类建筑的抗震等级应按表 6.1.2 确定。

表 6.1.2 现浇钢筋混凝土房屋的抗震等级

<table>
<tr><th rowspan="2" colspan="3">结构类型</th><th colspan="12">设防烈度</th></tr>
<tr><th colspan="2">6</th><th colspan="4">7</th><th colspan="4">8</th><th colspan="2">9</th></tr>
<tr><td rowspan="3">框架结构</td><td colspan="2">高度（m）</td><td>≤24</td><td>>24</td><td colspan="2">≤24</td><td colspan="2">>24</td><td colspan="2">≤24</td><td colspan="2">>24</td><td colspan="2">≤24</td></tr>
<tr><td colspan="2">框架</td><td>四</td><td>三</td><td colspan="2">三</td><td colspan="2">二</td><td colspan="2">二</td><td colspan="2">一</td><td colspan="2">一</td></tr>
<tr><td colspan="2">大跨度框架</td><td colspan="2">三</td><td colspan="4">二</td><td colspan="4">一</td><td colspan="2">一</td></tr>
<tr><td rowspan="3">框架-抗震墙结构</td><td colspan="2">高度（m）</td><td>≤60</td><td>>60</td><td>≤24</td><td colspan="2">25～60</td><td>>60</td><td>≤24</td><td colspan="2">25～60</td><td>>60</td><td>≤24</td><td>25～50</td></tr>
<tr><td colspan="2">框架</td><td>四</td><td>三</td><td>四</td><td colspan="2">三</td><td>二</td><td>三</td><td colspan="2">二</td><td>一</td><td>二</td><td>一</td></tr>
<tr><td colspan="2">抗震墙</td><td colspan="2">三</td><td>三</td><td colspan="3">二</td><td>二</td><td colspan="3">一</td><td colspan="2">一</td></tr>
<tr><td rowspan="2">抗震墙结构</td><td colspan="2">高度（m）</td><td>≤80</td><td>>80</td><td>≤24</td><td colspan="2">25～80</td><td>>80</td><td>≤24</td><td colspan="2">25～80</td><td>>80</td><td>≤24</td><td>25～60</td></tr>
<tr><td colspan="2">抗震墙</td><td>四</td><td>三</td><td>四</td><td colspan="2">三</td><td>二</td><td>三</td><td colspan="2">二</td><td>一</td><td>二</td><td>一</td></tr>
<tr><td rowspan="4">部分框支抗震墙结构</td><td colspan="2">高度（m）</td><td>≤80</td><td>>80</td><td>≤24</td><td colspan="2">25～80</td><td>>80</td><td>≤24</td><td colspan="2">25～80</td><td rowspan="4"></td><td colspan="2" rowspan="4"></td></tr>
<tr><td rowspan="2">抗震墙</td><td>一般部位</td><td>四</td><td>三</td><td>四</td><td colspan="2">三</td><td>二</td><td>三</td><td colspan="2">二</td></tr>
<tr><td>加强部位</td><td>三</td><td>二</td><td>三</td><td colspan="2">二</td><td>一</td><td>二</td><td colspan="2">一</td></tr>
<tr><td colspan="2">框支层框架</td><td colspan="2">二</td><td colspan="3">二</td><td>一</td><td colspan="3">一</td></tr>
<tr><td rowspan="2">框架-核心筒结构</td><td colspan="2">框架</td><td colspan="2">三</td><td colspan="4">二</td><td colspan="4">一</td><td colspan="2">一</td></tr>
<tr><td colspan="2">核心筒</td><td colspan="2">二</td><td colspan="4">二</td><td colspan="4">一</td><td colspan="2">一</td></tr>
<tr><td rowspan="2">筒中筒结构</td><td colspan="2">外筒</td><td colspan="2">三</td><td colspan="4">二</td><td colspan="4">一</td><td colspan="2">一</td></tr>
<tr><td colspan="2">内筒</td><td colspan="2">三</td><td colspan="4">二</td><td colspan="4">一</td><td colspan="2">一</td></tr>
<tr><td rowspan="3">板柱-抗震墙结构</td><td colspan="2">高度（m）</td><td>≤35</td><td>>35</td><td colspan="2">≤35</td><td colspan="2">>35</td><td colspan="2">≤35</td><td colspan="2">>35</td><td colspan="2" rowspan="3"></td></tr>
<tr><td colspan="2">框架、板柱的柱</td><td>三</td><td>二</td><td colspan="2">二</td><td colspan="2">二</td><td colspan="4">一</td></tr>
<tr><td colspan="2">抗震墙</td><td>二</td><td>二</td><td colspan="2">二</td><td colspan="2">一</td><td colspan="2">二</td><td colspan="2">一</td></tr>
</table>

注：1 建筑场地为Ⅰ类时，除 6 度外应允许按表内降低一度所对应的抗震等级采取抗震构造措施，但相应的计算要求不应降低；

2 接近或等于高度分界时，应允许结合房屋不规则程度及场地、地基条件确定抗震等级；

3 大跨度框架指跨度不小于 18m 的框架；

4 高度不超过 60m 的框架-核心筒结构按框架-抗震墙的要求设计时，应按表中框架-抗震墙结构的规定确定其抗震等级。

【抗震设计规范：第 6.1.2 条】

10.5.2　框架的基本抗震构造措施

1. 梁的截面尺寸，宜符合下列各项要求：

（1）截面宽度不宜小于200mm；

（2）截面高宽比不宜大于4；

（3）净跨与截面高度之比不宜小于4。

【抗震设计规范：第6.3.1条】

2. 梁的钢筋配置，应符合下列各项要求：

（1）梁端计入受压钢筋的混凝土受压区高度和有效高度之比，一级不应大于0.25，二、三级不应大于0.35。

（2）梁端截面的底面和顶面纵向钢筋配筋量的比值，除按计算确定外，一级不应小于0.5，二、三级不应小于0.3。

（3）梁端箍筋加密区的长度、箍筋最大间距和最小直径应按表6.3.3采用，当梁端纵向受拉钢筋配筋率大于2%时，表中箍筋最小值径数值应增大2mm。

表6.3.3　梁端箍筋加密区的长度、箍筋的最大间距和最小直径

抗震等级	加密区长度（采用较大值）(mm)	箍筋最大间距（采用最小值）(mm)	箍筋最小直径(mm)
一	$2h_b$，500	$h_b/4$，$6d$，100	10
二	$1.5h_b$，500	$h_b/4$，$8d$，100	8
三	$1.5h_b$，500	$h_b/4$，$8d$，150	8
四	$1.5h_b$，500	$h_b/4$，$8d$，150	6

注：1　d为纵向钢筋直径，h_b为梁截面高度；

2　箍筋直径大于12mm、数量不少于4肢且肢距不大于150mm时，一、二级的最大间距应允许适当放宽，但不得大于150mm。

【抗震设计规范：第6.3.3条】

3. 柱的钢筋配置，应符合下列各项要求：

（1）柱纵向受力钢筋的最小总配筋率应按表6.3.7-1采用，同时每一侧配筋率不应小于0.2%；对建造于Ⅳ类场地且较高的

高层建筑，最小总配筋率应增加0.1%。

表 6.3.7-1 柱截面纵向钢筋的最小总配筋率（百分率）

类别	抗震等级			
	一	二	三	四
中柱和边柱	0.9（1.0）	0.7（0.8）	0.6（0.7）	0.5（0.6）
角柱、框支柱	1.1	0.9	0.8	0.7

注：1 表中括号内数值用于框架结构的柱；

2 钢筋强度标准值小于400MPa时，表中数值应增加0.1，钢筋强度标准值为400MPa时，表中数值应增加0.05；

3 混凝土强度等级高于C60时，上述数值应相应增加0.1。

（2）柱箍筋在规定的范围内应加密，加密区的箍筋间距和直径，应符合下列要求：

1）一般情况下，箍筋的最大间距和最小直径，应按表6.3.7-2采用。

表 6.3.7-2 柱箍筋加密区的箍筋最大间距和最小直径

抗震等级	箍筋最大间距（采用较小值，mm）	箍筋最小直径（mm）
一	6*d*，100	10
二	8*d*，100	8
三	8*d*，150（柱根100）	8
四	8*d*，150（柱根100）	6（柱根8）

注：1 *d* 为柱纵筋最小直径；

2 柱根指底层柱下端箍筋加密区。

2）一级框架柱的箍筋直径大于12mm且箍筋肢距不大于150mm及二级框架柱的箍筋直径不小于10mm且箍筋肢距不大于200mm时，除底层柱下端外，最大间距应允许采用150mm；三级框架柱的截面尺寸不大于400mm时，箍筋最小直径应允许采用6mm；四级框架柱剪跨比不大于2时，箍筋直径不应小于8mm。

3）框支柱和剪跨比不大于2的框架柱，箍筋间距不应大于100mm。

【抗震设计规范：第6.3.7条】

10.5.3　抗震墙结构的基本抗震构造措施

1. 抗震墙竖向、横向分布钢筋的配筋，应符合下列要求：

(1) 一、二、三级抗震墙的竖向和横向分布钢筋最小配筋率均不应小于 0.25%，四级抗震墙分布钢筋最小配筋率不应小于 0.20%。

注：高度小于 24m 且剪压比很小的四级抗震墙，其竖向分布筋的最小配筋率应允许按 0.15%采用。

(2) 部分框支抗震墙结构的落地抗震墙底部加强部位，竖向和横向分布钢筋配筋率均不应小于 0.3%。

【抗震设计规范：第 6.4.3 条】

2. 抗震墙竖向和横向分布钢筋的配置，尚应符合下列规定：

(1) 抗震墙的竖向和横向分布钢筋的间距不宜大于 300mm，部分框支抗震墙结构的落地抗震墙底部加强部位，竖向和横向分布钢筋的间距不宜大于 200mm。

(2) 抗震墙厚度大于 140mm 时，其竖向和横向分布钢筋应双排布置，双排分布钢筋间拉筋的间距不宜大于 600mm，直径不应小于 6mm。

(3) 抗震墙竖向和横向分布钢筋的直径，均不宜大于墙厚的 1/10 且不应小于 8mm 竖向钢筋直径不宜小于 10mm。

【抗震设计规范：第 6.4.4 条】

3. 抗震墙两端和洞口两侧应设置边缘构件，边缘构件包括暗柱、端柱和翼墙，并应符合下列要求：

(1) 对于抗震墙结构，底层墙肢底截面的轴压比不大于表 6.4.5-1 规定的一、二、三级抗震墙及四级抗震墙，墙肢两端可设置构造边缘构件，构造边缘构件的范围可按图 6.4.5-1 采用，构造边缘构件的配筋除应满足受弯承载力要求外，并宜符合表 6.4.5-2 的要求。

表 6.4.5-1　抗震墙设置构造边缘构件的最大轴压比

抗震等级或烈度	一级（9度）	一级（7、8度）	二、三级
轴压比	0.1	0.2	0.3

表 6.4.5-2　抗震墙构造边缘构件的配筋要求

抗震等级	底部加强部位			其他部位		
	纵向钢筋最小量（取较大值）	箍筋		纵向钢筋最小量（取较大值）	拉筋	
		最小直径（mm）	沿竖向最大间距（mm）		最小直径（mm）	沿竖向最大间距（mm）
一	$0.010A_c$，$6\phi16$	8	100	$0.008A_c$，$6\phi14$	8	150
二	$0.008A_c$，$6\phi14$	8	150	$0.006A_c$，$6\phi12$	8	200
三	$0.006A_c$，$6\phi12$	6	150	$0.005A_c$，$4\phi12$	6	200
四	$0.005A_c$，$4\phi12$	6	200	$0.004A_c$，$4\phi12$	6	250

注：1　A_c 为边缘构件的截面面积；

2　其他部位的拉筋，水平间距不应大于纵筋间距的2倍；转角处宜采用箍筋；

3　当端柱承受集中荷载时，其纵向钢筋、箍筋直径和间距应满足柱的相应要求。

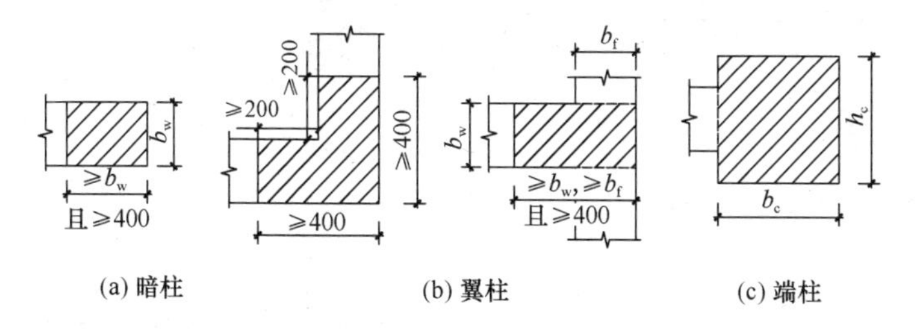

图 6.4.5-1　抗震墙的构造边缘构件范围

（2）底层墙肢底截面的轴压比大于表 6.4.5-1 规定的一、二、三级抗震墙，以及部分框支抗震墙结构的抗震墙，应在底部加强部位及相邻的上一层设置约束边缘构件，在以上的其他部位可设置构造边缘构件。约束边缘构件沿墙肢的长度、配箍特征值、箍筋和纵向钢筋宜符合表 6.4.5-3 的要求（图 6.4.5-2）。

表 6.4.5-3　抗震墙约束边缘构件的范围及配筋要求

项　　目	一级（9度）		一级（7、8度）		二、三级	
	$\lambda \leqslant 0.2$	$\lambda > 0.2$	$\lambda \leqslant 0.3$	$\lambda > 0.3$	$\lambda \leqslant 0.4$	$\lambda > 0.4$
l_c（暗柱）	$0.20h_w$	$0.25h_w$	$0.15h_w$	$0.20h_w$	$0.15h_w$	$0.20h_w$
l_c（翼墙或端柱）	$0.15h_w$	$0.20h_w$	$0.10h_w$	$0.15h_w$	$0.10h_w$	$0.15h_w$
λ_v	0.12	0.20	0.12	0.20	0.12	0.20
纵向钢筋（取较大值）	$0.012A_c$，$8\phi16$		$0.012A_c$，$8\phi16$		$0.010A_c$，$6\phi16$（三级 $6\phi14$）	
箍筋或拉筋沿竖向间距	100mm		100mm		150mm	

注：1　抗震墙的翼墙长度小于其3倍厚度或端柱截面边长小于2倍墙厚时，按无翼墙、无端柱查表；端柱有集中荷载时，配筋构造按柱要求；

2　l_c 为约束边缘构件沿墙肢长度，且不小于墙厚和400mm；有翼墙或端柱时不应小于翼墙厚度或端柱沿墙肢方向截面高度加300mm；

3　λ_v 为约束边缘构件的配箍特征值，体积配箍率可按本规范式（6.3.9）计算，并可适当计入满足构造要求且在墙端有可靠锚固的水平分布钢筋的截面面积；

4　h_w 为抗震墙墙肢长度；

5　λ 为墙肢轴压比；

6　A_c 为图6.4.5-2中约束边缘构件阴影部分的截面面积。

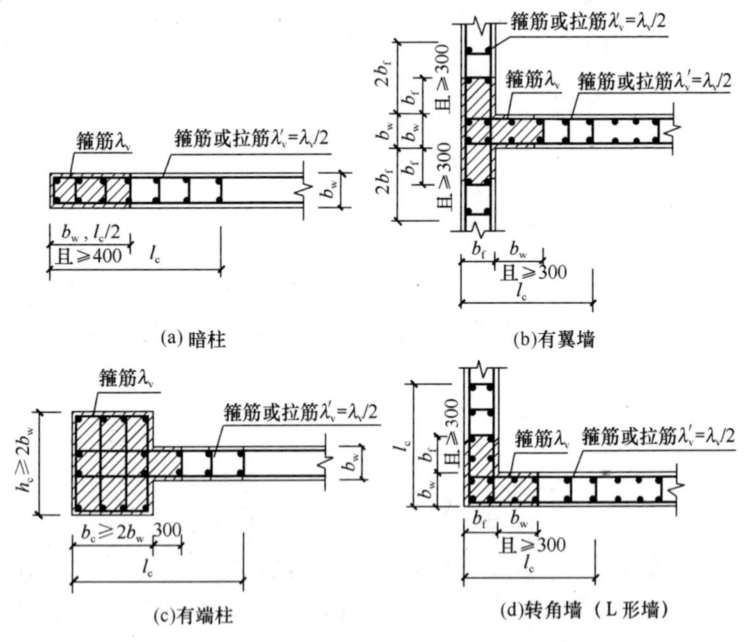

图 6.4.5-2　抗震墙的约束边缘构件

【抗震设计规范：第6.4.5条】

10.6 多层砌体房屋和底部框架砌体房屋

10.6.1 一般规定

1. 多层房屋的层数和高度应符合下列要求：

（1）一般情况下，房屋的层数和总高度不应超过表 7.1.2 的规定。

表 7.1.2 房屋的层数和总高度限值（m）

房屋类别		最小抗震墙厚度(mm)	烈度和设计基本地震加速度											
			6		7				8				9	
			0.05*g*		0.10*g*		0.15*g*		0.20*g*		0.30*g*		0.40*g*	
			高度	层数	高度	层数	高度	层数	高度	层数	高度	层数	高度	层数
多层砌体房屋	普通砖	240	21	7	21	7	21	7	18	6	15	5	12	4
	多孔砖	240	21	7	21	7	18	6	18	6	15	5	9	3
	多孔砖	190	21	7	18	6	15	5	15	5	12	4	—	—
	小砌块	190	21	7	21	7	18	6	18	6	15	5	9	3
底都框架-抗震墙砌体房屋	普通砖 多孔砖	240	22	7	22	7	19	6	16	5	—	—	—	—
	多孔砖	190	22	7	19	6	16	5	13	4	—	—	—	—
	小砌块	190	22	7	22	7	19	6	16	5	—	—	—	—

注：1 房屋的总高度指室外地面到主要屋面板板顶或檐口的高度，半地下室从地下室室内地面算起，全地下室和嵌固条件好的半地下室应允许从室外地面算起；对带阁楼的坡屋面应算到山尖墙的 1/2 高度处；

2 室内外高差大于 0.6m 时，房屋总高度应允许比表中的数据适当增加，但增加量应少于 1.0m；

3 乙类的多层砌体房屋仍按本地区设防烈度查表，其层数应减少一层且总高度应降低 3m；不应采用底部框架-抗震墙砌体房屋；

4 本表小砌块砌体房屋不包括配筋混凝土小型空心砌块砌体房屋。

（2）横墙较少的多层砌体房屋，总高度应比表 7.1.2 的规定降低 3m，层数相应减少一层；各层横墙很少的多层砌体房屋，还应再减少一层。

注：横墙较少是指同一楼层内开间大于 4.2m 的房间占该层总面积的 40%以上；其中，开间不大于 4.2m 的房间占该层总面积不到 20%且开间大于 4.8m 的房间占该层总面积的 50%以上为横墙很少。

（3）6、7 度时。横墙较少的丙类多层砌体房屋，当按规定采取加强措施并满足抗震承载力要求时，其高度和层数应允许仍按表 7.1.2 的规定采用。

（4）采用蒸压灰砂砖和蒸压粉煤灰砖的砌体的房屋，当砌体的抗剪强度仅达到普通黏土砖砌体的 70%时，房屋的层数应比普通砖房减少一层，总高度应减少 3m；当砌体的抗剪强度达到普通黏土砖砌体的取值时，房屋层数和总高度的要求同普通砖房屋。

【抗震设计规范：第 7.1.2 条】

2. 房屋抗震横墙的间距，不应超过表 7.1.5 的要求：

表 7.1.5　房屋抗震横墙的间距（m）

<table>
<tr><th colspan="3" rowspan="2">房屋类别</th><th colspan="4">烈度</th></tr>
<tr><th>6</th><th>7</th><th>8</th><th>9</th></tr>
<tr><td rowspan="3">多层砌体房屋</td><td colspan="2">现浇或装配整体式钢筋混凝土楼、屋盖</td><td>15</td><td>15</td><td>11</td><td>7</td></tr>
<tr><td colspan="2">装配式钢筋混凝土楼、屋盖</td><td>11</td><td>11</td><td>9</td><td>4</td></tr>
<tr><td colspan="2">木屋盖</td><td>9</td><td>9</td><td>4</td><td>—</td></tr>
<tr><td colspan="2" rowspan="2">底部框架-抗震墙砌体房屋</td><td>上部各层</td><td colspan="3">同多层砌体房屋</td><td>—</td></tr>
<tr><td>底层或底部两层</td><td>18</td><td>15</td><td>11</td><td>—</td></tr>
</table>

注：1　多层砌体房屋的顶层，除木屋盖外的最大横墙间距应允许适当放宽，但应采取相应加强措施；

2　多孔砖抗震横墙厚度为 190mm 时，最大横墙间距应比表中数值减少 3m。

【抗震设计规范：第 7.1.5 条】

3. 底部框架-抗震墙砌体房屋的结构布置，应符合下列要求：

（1）上部的砌体墙体与底部的框架梁或抗震墙，除楼梯间附近的个别墙段外均应对齐。

（2）房屋的底部。应沿纵横两方向设置一定数量的抗震墙，并应均匀对称布置。6度且总层数不超过四层的底层框架-抗震墙砌体房屋，应允许采用嵌砌于框架之间的约束普通砖砌体或小砌块砌体的砌体抗震墙，但应计入砌体墙对框架的附加轴力和附加剪力并进行底层的抗震验算，且同一方向不应同时采用钢筋混凝土抗震墙和约束砌体抗震墙；其余情况，8度时应采用钢筋混凝土抗震墙，6、7度时应采用钢筋混凝土抗震墙或配筋小砌块砌体抗震墙。

(3) 底层框架-抗震墙砌体房屋的纵横两个方向，第二层计入构造柱影响的侧向刚度与底层侧向刚度的比值，6、7度时不应大于2.5，8度时不应大于2.0，且均不应小于1.0。

(4) 底部两层框架-抗震墙砌体房屋纵横两个方向，底层与底部第二层侧向刚度应接近，第三层计入构造柱影响的侧向刚度与底部第二层侧向刚度的比值，6、7度时不应大于2.0，8度时不应大于1.5，且均不应小于1.0。

(5) 底部框架-抗震墙砌体房屋的抗震墙应设置条形基础、筏形基础等整体性好的基础。

【抗震设计规范：第7.1.8条】

10.6.2 计算要点

1. 底部框架-抗震墙砌体房屋的地震作用效应，应按下列规定调整：

(1) 对底层框架-抗震墙砌体房屋，底层的纵向和横向地震剪力设计值均应乘以增大系数；其值应允许在1.2～1.5范围内选用，第二层与底层侧向刚度比大者应取大值。

(2) 对底部两层框架-抗震墙砌体房屋，底层和第二层的纵向和横向地震剪力设计值亦均应乘以增大系数；其值应允许在1.2～1.5范围内选用，第三层与第二层侧向刚度比大者应取大值。

(3) 底层或底部两层的纵向和横向地震剪力设计值应全部由该方向的抗震墙承担，并按各墙体的侧向刚度比例分配。

【抗震设计规范：第7.2.4条】

2. 各类砌体沿阶梯形截面破坏的抗震抗剪强度设计值，应按下式确定：

$$f_{vE} = \zeta_N f_v$$

式中　f_{vE}——砌体沿阶梯形截面破坏的抗震抗剪强度设计值；

f_v——非抗震设计的砌体抗剪强度设计值；

ζ_N——砌体抗震抗剪强度的正应力影响系数，应按表7.2.6采用。

表7.2.6　砌体强度的正应力影响系数

砌体类别	σ_0/f_v							
	0.0	1.0	3.0	5.0	7.0	10.0	12.0	≥16.0
普通砖，多孔砖	0.80	0.99	1.25	1.47	1.65	1.90	2.05	—
小砌块	—	1.23	1.69	2.15	2.57	3.02	3.32	3.92

注：σ_0 为对应于重力荷载代表值的砌体截面平均压应力。

【抗震设计规范：第7.2.6条】

10.6.3　多层砖砌体房屋抗震构造措施

1. 各类多层砖砌体房屋，应按下列要求设置现浇钢筋混凝土构造柱（以下简称构造柱）：

（1）构造柱设置部位，一般情况下应符合表7.3.1的要求。

（2）外廊式和单面走廊式的多层房屋，应根据房屋增加一层的层数，按表7.3.1的要求设置构造柱，且单面走廊两侧的纵墙均应按外墙处理。

（3）横墙较少的房屋，应根据房屋增加一层的层数，按表7.3.1的要求设置构造柱。当横墙较少的房屋为外廊式或单面走廊式时，应按本条2款要求设置构造柱；但6度不超过四层、7度不超过三层和8度不超过二层时，应按增加二层的层数对待。

（4）各层横墙很少的房屋，应按增加二层的层数设置构造柱。

（5）采用蒸压灰砂砖和蒸压粉煤灰砖的砌体房屋，当砌体的抗剪强度仅达到普通黏土砖砌体的70%时，应根据增加一层的层数按本条1～4款要求设置构造柱；但6度不超过四层、7度不超过三层和8度不超过二层时，应按增加二层的层数对待。

表7.3.1 多层砖砌体房屋构造柱设置要求

<table>
<tr><th colspan="4">房屋层数</th><th colspan="2" rowspan="2">设 置 部 位</th></tr>
<tr><th>6度</th><th>7度</th><th>8度</th><th>9度</th></tr>
<tr><td>四、五</td><td>三、四</td><td>二、三</td><td></td><td rowspan="3">楼、电梯间四角，楼梯斜梯段上下端对应的墙体处；
外墙四角和对应转角；
错层部位横墙与外纵墙交接处；
大房间内外墙交接处；
较大洞口两侧</td><td>隔12m或单元横墙与外纵墙交接处；
楼梯间对应的另一侧内横墙与外纵墙交接处</td></tr>
<tr><td>六</td><td>五</td><td>四</td><td>二</td><td>隔开间横墙（轴线）与外墙交接处；
山墙与内纵墙交接处</td></tr>
<tr><td>七</td><td>≥六</td><td>≥五</td><td>≥三</td><td>内墙（轴线）与外墙交接处；
内墙的局部较小墙垛处；
内纵墙与横墙（轴线）交接处</td></tr>
</table>

注：较大洞口，内墙指不小于2.1m的洞口；外墙在内外墙交接处已设置构造柱时应允许适当放宽，但洞侧墙体应加强。

【抗震设计规范：第7.3.1条】

2. 多层砖砌体房屋的现浇钢筋混凝土圈梁设置应符合下列要求：

（1）装配式钢筋混凝土楼、屋盖或木屋盖的砖房，应按表7.3.3的要求设置圈梁；纵墙承重时，抗震横墙上的圈梁间距应比表内要求适当加密。

（2）现浇或装配整体式钢筋混凝土楼、屋盖与墙体有可靠连接的房屋，应允许不另设圈梁。但楼板沿抗震墙体周边均应加强配筋并应与相应的构造柱钢筋可靠连接。

表 7.3.3　多层砖砌体房屋现浇钢筋混凝土圈梁设置要求

墙　类	烈　度		
	6、7	8	9
外墙和内纵墙	屋盖处及每层楼盖处	屋盖处及每层楼盖处	屋盖处及每层楼盖处
内横墙	同上；屋盖处间距不应大于 4.5m；楼盖处间距不应大于 7.2m；构造柱对应部位	同上；各层所有横墙，且间距不应大于 4.5m；构造柱对应部位	同上；各层所有横墙

【抗震设计规范：第 7.3.3 条】

3. 多层砖砌体房屋的楼、屋盖应符合下列要求：

（1）现浇钢筋混凝土楼板或屋面板伸进纵、横墙内的长度，均不应小于 120mm。

（2）装配式钢筋混凝土楼板或屋面板，当圈梁未设在板的同一标高时，板端伸进外墙的长度不应小于 120mm，伸进内墙的长度不应小于 100mm 或采用硬架支模连接，在梁上不应小于 80mm 或采用硬架支模连接。

（3）当板的跨度大于 4.8m 并与外墙平行时，靠外墙的预制板侧边应与墙或圈梁拉结。

（4）房屋端部大房间的楼盖，6 度时房屋的屋盖和 7～9 度时房屋的楼、屋盖，当圈梁设在板底时，钢筋混凝土预制板应相互拉结，并应与梁、墙或圈梁拉结。

【抗震设计规范：第 7.3.5 条】

4. 楼、屋盖的钢筋混凝土梁或屋架应与墙、柱（包括构造柱）或圈梁可靠连接；不得采用独立砖柱。跨度不小于 6m 大梁的支承构件应采用组合砌体等加强措施，并满足承载力要求。

【抗震设计规范：第 7.3.6 条】

5. 6、7 度时长度大于 7.2m 的大房间，以及 8、9 度时外墙转角及内外墙交接处，应沿墙高每隔 500mm 配置 2ϕ6 的通长钢筋和 ϕ4 分布短筋平面内点焊组成的拉结网片或 ϕ4 点焊网片。

【抗震设计规范：第 7.3.7 条】

6. 楼梯间尚应符合下列要求：

(1) 顶层楼梯间墙体应沿墙高每隔 500mm 设 2ϕ6 通长钢筋和 ϕ4 分布短钢筋平面内点焊组成的拉结网片或 ϕ4 点焊网片；7～9 度时其他各层楼梯间墙体应在休息平台或楼层半高处设置 60mm 厚、纵向钢筋不应少于 2ϕ10 的钢筋混凝土带或配筋砖带，配筋砖带不少于 3 皮，每皮的配筋不少于 2ϕ6，砂浆强度等级不应低于 M7.5 且不低于同层墙体的砂浆强度等级。

(2) 楼梯间及门厅内墙阳角处的大梁支承长度不应小于 500mm，并应与圈梁连接。

(3) 装配式楼梯段应与平台板的梁可靠连接，8、9 度时不应采用装配式楼梯段；不应采用墙中悬挑式踏步或踏步竖肋插入墙体的楼梯，不应采用无筋砖砌栏板。

(4) 突出屋顶的楼、电梯间，构造柱应伸到顶部，并与顶部圈梁连接，所有墙体应沿墙高每隔 500mm 设 2ϕ6 通长钢筋和 ϕ4 分布短筋平面内点焊组成的拉结网片或 ϕ4 点焊网片。

【抗震设计规范：第 7.3.8 条】

10.6.4　多层砌块房屋抗震构造措施

1. 多层小砌块房屋应按表 7.4.1 的要求设置钢筋混凝土芯柱。对外廊式和单面走廊式的多层房屋、横墙较少的房屋、各层横墙很少的房屋，尚应分别按本规范第 7.3.1 条第 (2)、(3)、(4) 款关于增加层数的对应要求，按表 7.4.1 的要求设置芯柱。

表 7.4.1　多层小砌块房屋芯柱设置要求

<table>
<tr><th colspan="4">房屋层数</th><th rowspan="2">设置部位</th><th rowspan="2">设置数量</th></tr>
<tr><th>6 度</th><th>7 度</th><th>8 度</th><th>9 度</th></tr>
<tr><td>四、五</td><td>三、四</td><td>二、三</td><td></td><td>外墙转角，楼、电梯间四角，楼梯斜梯段上下端对应的墙体处；
大房间内外墙交接处；
错层部位横墙与外纵墙交接处：
隔 12m 或单元横墙与外纵墙交接处</td><td rowspan="2">外墙转角，灌实 3 个孔；
内外墙交接处，灌实 4 个孔；
楼梯斜段上下端对应的墙体处，灌实 2 个孔</td></tr>
<tr><td>六</td><td>五</td><td>四</td><td></td><td>同上；
隔开间横墙（轴线）与外纵墙交接处</td></tr>
<tr><td>七</td><td>六</td><td>五</td><td>二</td><td>同上；
各内墙（轴线）与外纵墙交接处；
内纵墙与横墙（轴线）交接处和洞口两侧</td><td>外墙转角，灌实 5 个孔；
内外墙交接处，灌实 4 个孔；
内墙交接处，灌实4～5 个孔；
洞口两侧各灌实 1 个孔</td></tr>
<tr><td></td><td>七</td><td>≥六</td><td>≥三</td><td>同上；
横墙内芯柱间距不大于 2m</td><td>外墙转角，灌实 7 个孔；
内外墙交接处，灌实 5 个孔；
内墙交接处，灌实4～5 个孔；
洞口两侧各灌实 1 个孔</td></tr>
</table>

注：外墙转角、内外墙交接处、楼电梯间四角等部位，应允许采用钢筋混凝土构造柱替代部分芯柱。

【抗震设计规范：第 7.4.1 条】

2. 多层小砌块房屋的现浇钢筋混凝土圈梁的设置位置应按本规范第 7.3.3 条多层砖砌体房屋圈梁的要求执行，圈梁宽度不应小于 190mm，配筋不应少于 4ϕ12，箍筋间距不应大于 200mm。

【抗震设计规范：第 7.4.4 条】

10.6.5 底部框架-抗震墙砌体房屋抗震构造措施

1. 底部框架-抗震墙砌体房屋的底部采用钢筋混凝土墙时，其截面和构造应符合下列要求：

（1）墙体周边应设置梁（或暗梁）和边框柱（或框架柱）组成的边框；边框梁的截面宽度不宜小于墙板厚度的 1.5 倍，截面高度不宜小于墙板厚度的 2.5 倍；边框柱的截面高度不宜小于墙板厚度的 2 倍。

（2）墙板的厚度不宜小于 160mm，且不应小于墙板净高的 1/20；墙体宜开设洞口形成若干墙段，各墙段的高宽比不宜小于 2。

（3）墙体的竖向和横向分布钢筋配筋率均不应小于 0.30%，并应采用双排布置；双排分布钢筋间拉筋的间距不应大于 600mm，直径不应小于 6mm。

（4）墙体的边缘构件可按本规范第 6.4 节关于一般部位的规定设置。

【抗震设计规范：第 7.5.3 条】

2. 底部框架-抗震墙砌体房屋的框架柱应符合下列要求：

（1）柱的截面不应小于 400mm×400mm，圆柱直径不应小于 450mm。

（2）柱的轴压比，6 度时不宜大于 0.85，7 度时不宜大于 0.75，8 度时不宜大于 0.65。

（3）柱的纵向钢筋最小总配筋率，当钢筋的强度标准值低于 400MPa 时，中柱在 6、7 度时不应小于 0.9%，8 度时不应小于 1.1%；边柱、角柱和混凝土抗震墙端柱在 6、7 度时不应小于

1.0%，8度时不应小于1.2%。

(4) 柱的箍筋直径，6、7度时不应小于8mm，8度时不应小于10mm，并应全高加密箍筋，间距不大于100mm。

(5) 柱的最上端和最下端组合的弯矩设计值应乘以增大系数，一、二、三级的增大系数应分别按1.5、1.25和1.15采用。

【抗震设计规范：第7.5.6条】

3. 底部框架-抗震墙砌体房屋的楼盖应符合下列要求：

(1) 过渡层的底板应采用现浇钢筋混凝土板，板厚不应小于120mm；并应少开洞、开小洞，当洞口尺寸大于800mm时，洞口周边应设置边梁。

(2) 其他楼层，采用装配式钢筋混凝土楼板时均应设现浇圈梁；采用现浇钢筋混凝土楼板时应允许不另设圈梁，但楼板沿抗震墙体周边均应加强配筋并应与相应的构造柱可靠连接。

【抗震设计规范：第7.5.7条】

4. 底部框架-抗震墙砌体房屋的钢筋混凝土托墙梁，其截面和构造应符合下列要求：

(1) 梁的截面宽度不应小于300mm，梁的截面高度不应小于跨度的1/10。

(2) 箍筋的直径不应小于8mm，间距不应大于200mm；梁端在1.5倍梁高且不小于1/5梁净跨范围内，以及上部墙体的洞口处和洞口两侧各500mm且不小于梁高的范围内，箍筋间距不应大于100mm。

(3) 沿梁高应设腰筋，数量不应少于2ϕ14，间距不应大于200mm。

(4) 梁的纵向受力钢筋和腰筋应按受拉钢筋的要求锚固在柱内，且支座上部的纵向钢筋在柱内的锚固长度应符合钢筋混凝土框支梁的有关要求。

【抗震设计规范：第7.5.8条】

10.7 多层和高层钢结构房屋

10.7.1 一般规定

1. 本章适用的钢结构民用房屋的结构类型和最大高度应符合表 8.1.1 的规定。平面和竖向均不规则的钢结构，适用的最大高度宜适当降低。

注：1 钢支撑-混凝土框架和钢框架-混凝土筒体结构的抗震设计，应符合本规范附录 G 的规定；

2 多层钢结构厂房的抗震设计，应符合本规范附录 H 第 H.2 节的规定。

表 8.1.1 钢结构房屋适用的最大高度（m）

结构类型	6、7 度	7 度	8 度		9 度
	(0.10g)	(0.15g)	(0.20g)	(0.30g)	(0.40g)
框架	110	90	90	70	50
框架-中心支撑	220	200	180	150	120
框架-偏心支撑（延性墙板）	240	220	200	180	160
筒体（框筒，筒中筒，桁架筒，束筒）和巨型框架	300	280	260	240	180

注：1 房屋高度指室外地面到主要屋面板板顶的高度（不包括局部突出屋顶部分）；

2 超过表内高度的房屋，应进行专门研究和论证，采取有效地加强措施；

3 表内的筒体不包括混凝土筒。

【抗震设计规范：第 8.1.1 条】

2. 本章适用的钢结构民用房屋的最大高宽比不宜超过表 8.1.2 的规定。

表 8.1.2 钢结构民用房屋适用的最大高宽比

烈度	6、7	8	9
最大高宽比	6.5	6.0	5.5

注：塔形建筑的底部有大底盘时，高宽比可按大底盘以上计算。

【抗震设计规范：第 8.1.2 条】

3. 钢结构房屋应根据设防分类、烈度和房屋高度采用不同的抗震等级，并应符合相应的计算和构造措施要求。丙类建筑的抗震等级应按表 8.1.3 确定。

表 8.1.3　钢结构房屋的抗震等级

房屋高度	烈度			
	6	7	8	9
≤50m	—	四	三	二
>50m	四	三	二	一

注：1　高度接近或等于高度分界时，应允许结合房屋不规则程度和场地、地基条件确定抗震等级；

2　一般情况，构件的抗震等级应与结构相同；当某个部位各构件的承载力均满足 2 倍地震作用组合下的内力要求时，7～9 度的构件抗震等级应允许按降低一度确定。

【抗震设计规范：第 8.1.3 条】

10.7.2　钢框架结构的抗震构造措施

1. 框架柱的长细比，一级不应大于 $60\sqrt{235/f_{ay}}$，二级不应大于 $80\sqrt{235/f_{ay}}$，三级不应大于 $100\sqrt{235/f_{ay}}$，四级时不应大于 $120\sqrt{235/f_{ay}}$。

【抗震设计规范：第 8.3.1 条】

2. 梁与柱的连接构造应符合下列要求：

（1）梁与柱的连接宜采用柱贯通型。

（2）柱在两个互相垂直的方向都与梁刚接时宜采用箱形截面，并在梁翼缘连接处设置隔板；隔板采用电渣焊时，柱壁板厚度不宜小于 16mm，小于 16mm 时可改用工字形柱或采用贯通式隔板。当柱仅在一个方向与梁刚接时，宜采用工字形截面，并将柱腹板置于刚接框架平面内。

（3）工字形柱（绕强轴）和箱形柱与梁刚接时（图 8.3.4-1），应符合下列要求：

1）梁翼缘与柱翼缘间应采用全熔透坡口焊缝；一、二级时，

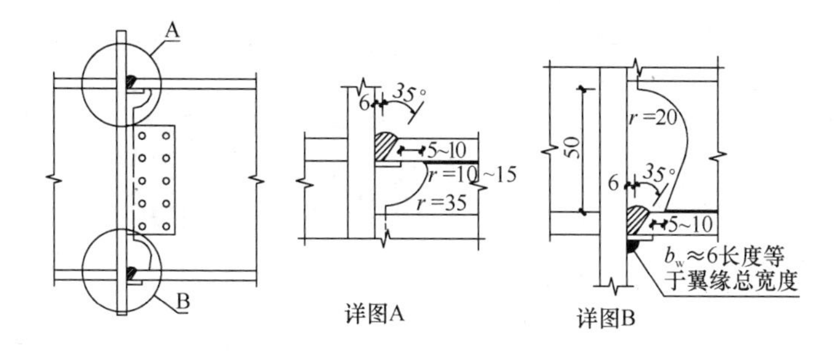

图 8.3.4-1 框架梁与柱的现场连接

应检验焊缝的 V 形切口冲击韧性，其夏比冲击韧性在－20℃时不低于 27J；

2）柱在梁翼缘对应位置应设置横向加劲肋（隔板），加劲肋（隔板）厚度不应小于梁翼缘厚度，强度与梁翼缘相同；

3）梁腹板宜采用摩擦型高强度螺栓与柱连接板连接（经工艺试验合格能确保现场焊接质量时，可用气体保护焊进行焊接）；腹板角部应设置焊接孔，孔形应使其端部与梁翼缘和柱翼缘间的全熔透坡口焊缝完全隔开；

4）腹板连接板与柱的焊接，当板厚不大于 16mm 时应采用双面角焊缝，焊缝有效厚度应满足等强度要求，且不小于 5mm；板厚大于 16mm 时采用 K 形坡口对接焊缝。该焊缝宜采用气体保护焊，且板端应绕焊；

5）一级和二级时，宜采用能将塑性铰自梁端外移的端部扩大形连接、梁端加盖板或骨形连接。

（4）框架梁采用悬臂梁段与柱刚性连接时（图 8.3.4-2），悬臂梁段与柱应采用全焊接连接，此时上下翼缘焊接孔的形式宜相同；梁的现场拼接可采用翼缘焊接腹板螺栓连接或全部螺栓连接。

（5）箱形柱在与梁翼缘对应位置设置的隔板，应采用全熔透对接焊缝与壁板相连。工字形柱的横向加劲肋与柱翼缘，应采用全熔透对接焊缝连接，与腹板可采用角焊缝连接。

【抗震设计规范：第 8.3.4 条】

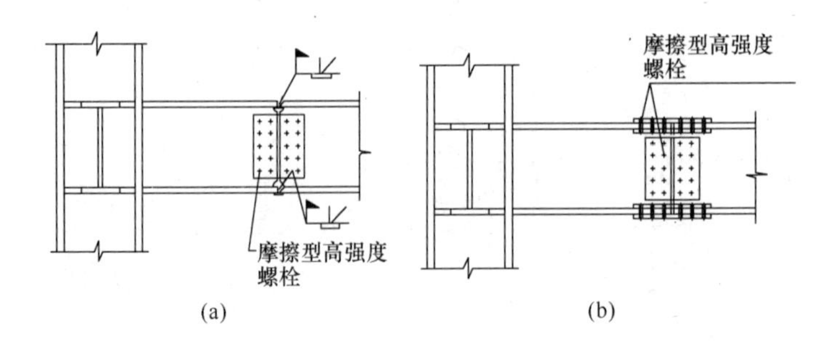

图 8.3.4-2　框架柱与梁悬臂段的连接

3. 梁与柱刚性连接时，柱在梁翼缘上下各 500mm 的范围内，柱翼缘与柱腹板间或箱形柱壁板间的连接焊缝应采用全熔透坡口焊缝。

【抗震设计规范：第 8.3.6 条】

10.7.3　钢框架-中心支撑结构的抗震构造措施

1. 中心支撑的杆件长细比和板件宽厚比限值应符合下列规定：

(1) 支撑杆件的长细比，按压杆设计时，不应大于 $120\sqrt{235/f_{ay}}$；一、二、三级中心支撑不得采用拉杆设计，四级采用拉杆设计时，其长细比不应大于 180。

(2) 支撑杆件的板件宽厚比，不应大于表 8.4.1 规定的限值。采用节点板连接时，应注意节点板的强度和稳定。

表 8.4.1　钢结构中心支撑板件宽厚比限值

板件名称	一级	二级	三级	四级
翼缘外伸部分	8	9	10	13
工字形截面腹板	25	26	27	33
箱形截面壁板	18	20	25	30
圆管外径与壁厚比	38	40	40	42

注：表列数值适用于 Q235 钢，采用其他牌号钢材应乘以 $\sqrt{235/f_{ay}}$，圆管应乘以 $235/f_{ay}$。

【抗震设计规范：第 8.4.1 条】

10.7.4 钢框架-偏心支撑结构的抗震构造措施

1. 偏心支撑框架消能梁段的钢材屈服强度不应大于345MPa。消能梁段及与消能梁段同一跨内的非消能梁段，其板件的宽厚比不应大于表8.5.1规定的限值。

表8.5.1 偏心支撑框架梁的板件宽厚比限值

板件名称		宽厚比限值
翼缘外伸部分		8
腹板	当 $N/(Af)\leqslant 0.14$ 时	$90[1-1.65N/(Af)]$
	当 $N/(Af)>0.14$ 时	$33[2.3-N/(Af)]$

注：表列数值适用于Q235钢，当材料为其他钢号时应乘以 $\sqrt{235/f_{ay}}$，$N/(Af)$ 为梁轴压比。

【抗震设计规范：第8.5.1条】

10.8 隔震和消能减震设计

10.8.1 一般规定

1. 隔震和消能减震设计时，隔震装置和消能部件应符合下列要求：

(1) 隔震装置和消能部件的性能参数应经试验确定。

(2) 隔震装置和消能部件的设置部位，应采取便于检查和替换的措施。

(3) 设计文件上应注明对隔震装置和消能部件的性能要求，安装前应按规定进行检测，确保性能符合要求。

【抗震设计规范：第12.1.5条】

10.8.2 房屋隔震设计要点

1. 隔震设计应根据预期的竖向承载力、水平向减震系数和位移控制要求，选择适当的隔震装置及抗风装置组成结构的隔震层。

隔震支座应进行竖向承载力的验算和罕遇地震下水平位移的验算。

隔震层以上结构的水平地震作用应根据水平向减震系数确定；其竖向地震作用标准值，8 度（0.20g）、8 度（0.30g）和 9 度时分别不应小于隔震层以上结构总重力荷载代表值的 20%、30%和 40%。

【抗震设计规范：第 12.2.1 条】

2. 隔震层以下的结构和基础应符合下列要求：

（1）隔震层支墩、支柱及相连构件，应采用隔震结构罕遇地震下隔震支座底部的竖向力、水平力和力矩进行承载力验算。

（2）隔震层以下的结构（包括地下室和隔震塔楼下的底盘）中直接支承隔震层以上结构的相关构件，应满足嵌固的刚度比和隔震后设防地震的抗震承载力要求，并按罕遇地震进行抗剪承载力验算。隔震层以下地面以上的结构在罕遇地震下的层间位移角限值应满足表 12.2.9 要求。

（3）隔震建筑地基基础的抗震验算和地基处理仍应按本地区抗震设防烈度进行，甲、乙类建筑的抗液化措施应按提高一个液化等级确定，直至全部消除液化沉陷。

表 12.2.9　隔震层以下地面以上结构罕遇地震作用下层间弹塑性位移角限值

下部结构类型	[θ_p]
钢筋混凝土框架结构和钢结构	1/100
钢筋混凝土框架-抗震墙	1/200
钢筋混凝土抗震墙	1/250

【抗震设计规范：第 12.2.9 条】

10.9　地下建筑

10.9.1　抗震构造措施和抗液化措施

1. 钢筋混凝土地下建筑的抗震构造，应符合下列要求：

（1）宜采用现浇结构。需要设置部分装配式构件时，应使其与周围构件有可靠的连接。

（2）地下钢筋混凝土框架结构构件的最小尺寸应不低于同类地面结构构件的规定。

（3）中柱的纵向钢筋最小总配筋率，应增加0.2%。中柱与梁或顶板、中间楼板及底板连接处的箍筋应加密，其范围和构造与地面框架结构的柱相同。

【抗震设计规范：第14.3.1条】

2. 地下建筑的顶板、底板和楼板，应符合下列要求：

（1）宜采用梁板结构。当采用板柱-抗震墙结构时，应在柱上板带中设构造暗梁，其构造要求与同类地面结构的相应构件相同。

（2）对地下连续墙的复合墙体，顶板、底板及各层楼板的负弯矩钢筋至少应有50%锚入地下连续墙，锚入长度按受力计算确定；正弯矩钢筋需锚入内衬，并均不小于规定的锚固长度。

（3）楼板开孔时，孔洞宽度应不大于该层楼板宽度的30%；洞口的布置宜使结构质量和刚度的分布仍较均匀、对称，避免局部突变。孔洞周围应设置满足构造要求的边梁或暗梁。

【抗震设计规范：第14.3.2条】

3. 地下建筑周围土体和地基存在液化土层时，应采取下列措施：

（1）对液化土层采取注浆加固和换土等消除或减轻液化影响的措施。

（2）进行地下结构液化上浮验算，必要时采取增设抗拔桩、配置压重等相应的抗浮措施。

（3）存在液化土薄夹层，或施工中深度大于20m的地下连续墙围护结构遇到液化土层时，可不做地基抗液化处理，但其承载力及抗浮稳定性验算应计入土层液化引起的土压力增加及摩阻力降低等因素的影响。

【抗震设计规范：第14.3.3条】

4. 地下建筑穿越地震时岸坡可能滑动的古河道或可能发生明显不均匀沉陷的软土地带时，应采取更换软弱土或设置桩基础等措施。

【抗震设计规范：第 14.3.4 条】

5. 位于岩石中的地下建筑，应采取下列抗震措施：

（1）口部通道和未经注浆加固处理的断层破碎带区段采用复合式支护结构时，内衬结构应采用钢筋混凝土衬砌，不得采用素混凝土衬砌。

（2）采用离壁式衬砌时，内衬结构应在拱墙相交处设置水平撑抵紧围岩。

（3）采用钻爆法施工时，初期支护和围岩地层间应密实回填。干砌块石回填时应注浆加强。

【抗震设计规范：第 14.3.5 条】

11 建筑地基基础设计

11.1 基本规定

11.1.1 地基基础设计等级与作用效应

1. 地基基础设计应根据地基复杂程度、建筑物规模和功能特征以及由于地基问题可能造成建筑物破坏或影响正常使用的程度分为三个设计等级，设计时应根据具体隋况，按表 3.0.1 选用。

表 3.0.1 地基基础设计等级

设计等级	建筑和地基类型
甲级	重要的工业与民用建筑物 30 层以上的高层建筑 体型复杂，层数相差超过 10 层的高低层连成一体建筑物 大面积的多层地下建筑物（如地下车库、商场、运动场等） 对地基变形有特殊要求的建筑物 复杂地质条件下的坡上建筑物（包括高边坡） 对原有工程影响较大的新建建筑物 场地和地基条件复杂的一般建筑物 位于复杂地质条件及软土地区的二层及二层以上地下室的基坑工程 开挖深度大于 15m 的基坑工程 周边环境条件复杂、环境保护要求高的基坑工程
乙级	除甲级、丙级以外的工业与民用建筑物 除甲级、丙级以外的基坑工程
丙级	场地和地基条件简单、荷载分布均匀的七层及七层以下民用建筑及一般工业建筑；次要的轻型建筑物 非软土地区且场地地质条件简单、基坑周边环境条件简单、环境保护要求不高且开挖深度小于 5.0m 的基坑工程

【建筑地基基础设计规范：第 3.0.1 条】

2. 根据建筑物地基基础设计等级及长期荷载作用下地基变形对上部结构的影响程度，地基基础设计应符合下列规定：

（1）所有建筑物的地基计算均应满足承载力计算的有关规定；

（2）设计等级为甲级、乙级的建筑物，均应按地基变形设计；

（3）设计等级为丙级的建筑物有下列情况之一时应作变形验算：

1）地基承载力特征值小于130kPa，且体型复杂的建筑：

2）在基础上及其附近有地面堆载或相邻基础荷载差异较大，可能引起地基产生过大的不均匀沉降时；

3）软弱地基上的建筑物存在偏心荷载时；

4）相邻建筑距离近，可能发生倾斜时；

5）地基内有厚度较大或厚薄不均的填土，其自重固结未完成时。

（4）对经常受水平荷载作用的高层建筑、高耸结构和挡土墙等，以及建造在斜坡上或边坡附近的建筑物和构筑物，尚应验算其稳定性：

（5）基坑工程应进行稳定性验算；

（6）建筑地下室或地下构筑物存在上浮问题时，尚应进行抗浮验算。

【建筑地基基础设计规范：第3.0.2条】

3. 地基基础设计时，所采用的作用效应与相应的抗力限值应符合下列规定：

（1）按地基承载力确定基础底面积及埋深或按单桩承载力确定桩数时，传至基础或承台底面上的作用效应应按正常使用极限状态下作用的标准组合；相应的抗力应采用地基承载力特征值或单桩承载力特征值；

（2）计算地基变形时，传至基础底面上的作用效应应按正常使用极限状态下作用的准永久组合，不应计入风荷载和地震作用；相应的限值应为地基变形允许值；

(3) 计算挡土墙、地基或滑坡稳定以及基础抗浮稳定时，作用效应应按承载能力极限状态下作用的基本组合，但其分项系数均为 1.0；

(4) 在确定基础或桩基承台高度、支挡结构截面、计算基础或支挡结构内力、确定配筋和验算材料强度时，上部结构传来的作用效应和相应的基底反力、挡土墙土压力以及滑坡推力，应按承载能力极限状态下作用的基本组合，采用相应的分项系数；当需要验算基础裂缝宽度时，应按正常使用极限状态下作用的标准组合；

(5) 基础设计安全等级、结构设计使用年限、结构重要性系数应按有关规范的规定采用，但结构重要性系数 γ_0 不应小于 1.0。

【建筑地基基础设计规范：第 3.0.5 条】

11.2 地基岩土的分类及工程特性指标

11.2.1 岩土的分类

1. 碎石土的密实度，可按表 4.1.6 分为松散、稍密、中密、密实。

表 4.1.6 碎石土的密实度

重型圆锥动力触探锤击数 $N_{63.5}$	密实度
$N_{63.5}\leqslant5$	松散
$5<N_{63.5}\leqslant10$	稍密
$10<N_{63.5}\leqslant20$	中密
$N_{63.5}>20$	密实

注：1 本表适用于平均粒径小于或等于 50mm 且最大粒径不超过 100mm 的卵石、碎石、圆砾、角砾；对于平均粒径大于 50mm 或最大粒径大于 100mm 的碎石土，可按本规范附录 B 鉴别其密实度；

2 表内 $N_{63.5}$ 指为经综合修正后的平均值。

【建筑地基基础设计规范：第 4.1.6 条】

2. 砂土的密实度，可按表 4.1.8 分为松散、稍密、中密、密实。

表 4.1.8　砂土的密实度

标准贯入试验锤击数 N	密　实　度
$N \leqslant 10$	松　散
$10 < N \leqslant 15$	稍　密
$15 < N \leqslant 30$	中　密
$N > 30$	密　实

注：当用静力触探探头阻力判定砂土的密实度时。可根据当地经验确定。

【建筑地基基础设计规范：第 4.1.8 条】

11.3　地 基 计 算

11.3.1　基础埋置深度

1. 高层建筑基础的埋置深度应满足地基承载力、变形和稳定性要求。位于岩石地基上的高层建筑，其基础埋深应满足抗滑稳定性要求。

【建筑地基基础设计规范：第 5.1.3 条】

11.3.2　承载力计算

1. 基础底面的压力，应符合下列规定：

(1) 当轴心荷载作用时

$$p_k \leqslant f_a \qquad (5.2.1\text{-}1)$$

式中　p_k——相应于作用的标准组合时，基础底面处的平均压力值（kPa）；

f_a——修正后的地基承载力特征值（kPa）。

(2) 当偏心荷载作用时，除符合式（5.2.1-1）要求外，尚应符合下式规定：

$$p_{\mathrm{kmax}} \leqslant 1.2 f_{\mathrm{a}} \tag{5.2.1-2}$$

式中　p_{kmax}——相应于作用的标准组合时，基础底面边缘的最大压力值（kPa）。

【建筑地基基础设计规范：第5.2.1条】

2. 基础底面的压力，可按下列公式确定：

（1）当轴心荷载作用时

$$p_{\mathrm{k}} = \frac{F_{\mathrm{k}} + G_{\mathrm{k}}}{A} \tag{5.2.2-1}$$

式中　F_{k}——相应于作用的标准组合时，上部结构传至基础顶面的竖向力值（kN）；

G_{k}——基础自重和基础上的土重（kN）；

A——基础底面面积（m^2）。

（2）当偏心荷载作用时

$$p_{\mathrm{kmax}} = \frac{F_{\mathrm{k}} + G_{\mathrm{k}}}{A} + \frac{M_{\mathrm{k}}}{W} \tag{5.2.2-2}$$

$$p_{\mathrm{kmin}} = \frac{F_{\mathrm{k}} + G_{\mathrm{k}}}{A} + \frac{M_{\mathrm{k}}}{W} \tag{5.2.2-3}$$

式中　M_{k}——相应于作用的标准组合时，作用于基础底面的力矩值（kN·m）；

W——基础底面的抵抗矩（m^3）；

p_{kmin}——相应于作用的标准组合时，基础底面边缘的最小压力值（kPa）。

（3）当基础底面形状为矩形且偏心距 $e > b/6$ 时（图5.2.2），p_{kmax}应按下式计算：

$$p_{\mathrm{kmax}} = \frac{2(F_{\mathrm{k}} + G_{\mathrm{k}})}{3la} \tag{5.2.2-4}$$

式中　l——垂直于力矩作用方向的基础底面边长（m）；

a——合力作用点至基础底面最大压力边缘的距离（m）。

【建筑地基基础设计规范：第5.2.2条】

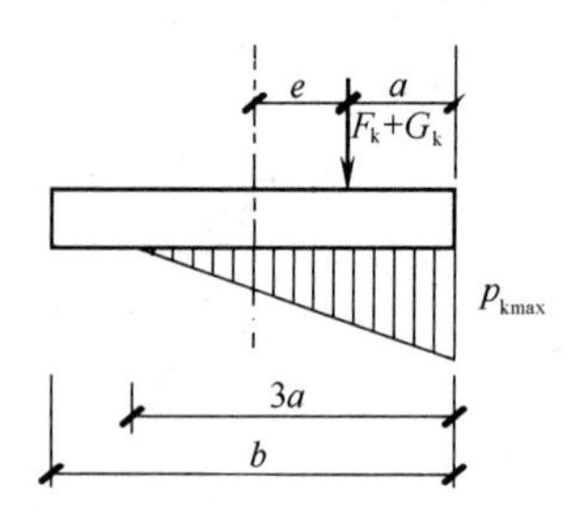

图 5.2.2　偏心荷载（$e>b/6$）下基底压力计算示意

b——力矩作用方向基础底面边长

3. 当基础宽度大于 3m 或埋置深度大于 0.5m 时，从载荷试验或其他原位测试、经验值等方法确定的地基承载力特征值，尚应按下式修正：

$$f_a = f_{ak} + \eta_b \gamma (b-3) + \eta_d \gamma_m (d-0.5) \qquad (5.2.4)$$

式中　f_a——修正后的地基承载力特征值（kPa）；

f_{ak}——地基承载力特征值（kPa），按本规范第 5.2.3 条；

η_b、η_d——基础宽度和埋置深度的地基承载力修正系数，按基底下土的类别查表 5.2.4 取值；

γ——基础底面以下土的重度（kN/m³），地下水位以下取浮重度；

b——基础底面宽度（m），当基础底面宽度小于 3m 时按 3m 取值，大于 6m 时按 6m 取值；

γ_m——基础底面以上土的加权平均重度（kN/m³），位于地下水位以下的土层取有效重度；

d——基础埋置深度（m），宜自室外地面标高算起。在填方整平地区，可自填土地面标高算起，但填土在上部结构施工后完成时，应从天然地面标高算起。对于地下室，当采用箱形基础或筏基时，基础埋置深度自室外地面标高算起；当采用独立基础或条形基础时，应从室内地面标高算起。

表 5.2.4　承载力修正系数

土的类别		η_b	η_d
淤泥和淤泥质土		0	1.0
人工填土 e或I_L大于等于0.85的黏性土		0	1.0
红黏土	含水比$a_w>0.8$	0	1.2
	含水比$a_w\leqslant 0.8$	0.15	1.4
大面积压实填土	压实系数大于0.95、黏粒含量$\rho_c\geqslant 10\%$的粉土	0	1.5
	最大干密度大于$2100kg/m^3$的级配砂石	0	2.0
粉　土	黏粒含量$\rho_c\geqslant 10\%$的粉土	0.3	1.5
	黏粒含量$\rho_c<10\%$的粉土	0.5	2.0
e及I_L均小于0.85的黏性土		0.3	1.6
粉砂、细砂（不包括很湿与饱和时的稍密状态）		2.0	3.0
中砂、粗砂、砾砂和碎石土		3.0	4.4

注：1　强风化和全风化的岩石，可参照所风化成的相应土类取值，其他状态下的岩石不修正；

2　地基承载力特征值按本规范附录D深层平板载荷试验确定时η_d取0；

3　含水比是指土的天然含水量与液限的比值；

4　大面积压实填土是指填土范围大于两倍基础宽度的填土。

【建筑地基基础设计规范：第5.2.4条】

11.3.3　变形计算

1. 建筑物的地基变形计算值，不应大于地基变形允许值。

【建筑地基基础设计规范：第5.3.1条】

2. 建筑物的地基变形允许值应按表5.3.4规定采用。对表中未包括的建筑物，其地基变形允许值应根据上部结构对地基变形的适应能力和使用上的要求确定。

表 5.3.4 建筑物的地基变形允许值

<table>
<tr><th colspan="2" rowspan="2">变 形 特 征</th><th colspan="2">地基土类别</th></tr>
<tr><th>中、低压缩性土</th><th>高压缩性土</th></tr>
<tr><td colspan="2">砌体承重结构基础的局部倾斜</td><td>0.002</td><td>0.003</td></tr>
<tr><td rowspan="3">工业与民用建筑相邻柱基的沉降差</td><td>框架结构</td><td>$0.002l$</td><td>$0.003l$</td></tr>
<tr><td>砌体墙填充的边排柱</td><td>$0.0007l$</td><td>$0.001l$</td></tr>
<tr><td>当基础不均匀沉降时不产生附加应力的结构</td><td>$0.005l$</td><td>$0.005l$</td></tr>
<tr><td colspan="2">单层排架结构（柱距为 6m）柱基的沉降量（mm）</td><td>(120)</td><td>200</td></tr>
<tr><td rowspan="2">桥式吊车轨面的倾斜（按不调整轨道考虑）</td><td>纵向</td><td colspan="2">0.004</td></tr>
<tr><td>横向</td><td colspan="2">0.003</td></tr>
<tr><td rowspan="4">多层和高层建筑的整体倾斜</td><td>$H_g \leqslant 24$</td><td colspan="2">0.004</td></tr>
<tr><td>$24 < H_g \leqslant 60$</td><td colspan="2">0.003</td></tr>
<tr><td>$60 < H_g \leqslant 100$</td><td colspan="2">0.0025</td></tr>
<tr><td>$H_g > 100$</td><td colspan="2">0.002</td></tr>
<tr><td colspan="2">体型简单的高层建筑基础的平均沉降量（mm）</td><td colspan="2">200</td></tr>
<tr><td rowspan="6">高耸结构基础的倾斜</td><td>$H_g \leqslant 20$</td><td colspan="2">0.008</td></tr>
<tr><td>$20 < H_g \leqslant 50$</td><td colspan="2">0.006</td></tr>
<tr><td>$50 < H_g \leqslant 100$</td><td colspan="2">0.005</td></tr>
<tr><td>$100 < H_g \leqslant 150$</td><td colspan="2">0.004</td></tr>
<tr><td>$150 < H_g \leqslant 200$</td><td colspan="2">0.003</td></tr>
<tr><td>$200 < H_g \leqslant 250$</td><td colspan="2">0.002</td></tr>
<tr><td rowspan="3">高耸结构基础的沉降量（mm）</td><td>$H_g \leqslant 100$</td><td colspan="2">400</td></tr>
<tr><td>$100 < H_g \leqslant 200$</td><td colspan="2">300</td></tr>
<tr><td>$200 < H_g \leqslant 250$</td><td colspan="2">200</td></tr>
</table>

注：1 本表数值为建筑物地基实际最终变形允许值；
2 有括号者仅适用于中压缩性土；
3 l 为相邻柱基的中心距离（mm）；H_g 为自室外地面起算的建筑物高度（m）；
4 倾斜指基础倾斜方向两端点的沉降差与其距离的比值；
5 局部倾斜指砌体承重结构沿纵向 6～10m 内基础两点的沉降差与其距离的比值。

【建筑地基基础设计规范：第 5.3.4 条】

3. 计算地基变形时，地基内的应力分布，可采用各向同性均质线性变形体理论。其最终变形量可按下式进行计算：

$$s = \psi_s s' = \psi_s \sum_{i=1}^{n} \frac{p_0}{E_{si}} (z_i \overline{\alpha}_i - z_{i-1} \overline{\alpha}_{i-1}) \qquad (5.3.5)$$

式中 s——地基最终变形量（mm）；

s'——按分层总和法计算出的地基变形量（mm）；

ψ_s——沉降计算经验系数，根据地区沉降观测资料及经验确定，无地区经验时可根据变形计算深度范围内压缩模量的当量值（$\overline{E}_s$）、基底附加压力按表 5.3.5 取值；

n——地基变形计算深度范围内所划分的土层数（图 5.3.5）；

p_0——相应于作用的准永久组合时基础底面处的附加压力（kPa）；

E_{si}——基础底面下第 i 层土的压缩模量（MPa），应取土的自重压力至土的自重压力与附加压力之和的压力段计算；

z_i、z_{i-1}——基础底面至第 i 层土、第 $i-1$ 层土底面的距离（m）；

$\overline{\alpha}_i$、$\overline{\alpha}_{i-1}$——基础底面计算点至第 i 层土、第 $i-1$ 层土底面范围内平均附加应力系数，可按本规范附录 K 采用。

表 5.3.5 沉降计算经验系数 ψ_s

$\overline{E}_s$（MPa） / 基底附加压力	2.5	4.0	7.0	15.0	20.0
$p_0 \geqslant f_{ak}$	1.4	1.3	1.0	0.4	0.2
$p_0 \leqslant 0.75 f_{ak}$	1.1	1.0	0.7	0.4	0.2

【建筑地基基础设计规范：第 5.3.5 条】

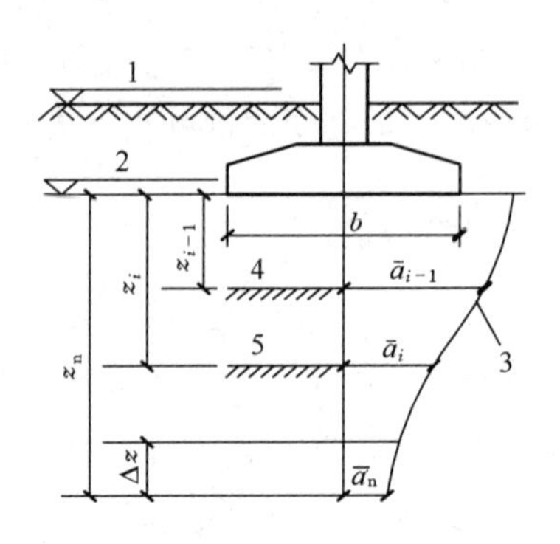

图 5.3.5　基础沉降计算的分层示意

1—天然地面标高；2—基底标高；3—平均附加应力系数$\bar{a}$曲线；4—i—1 层；5—i 层

11.4　软 弱 地 基

11.4.1　利用与处理

1. 复合地基设计应满足建筑物承载力和变形要求。当地基土为欠固结土、膨胀土、湿陷性黄土、可液化土等特殊性土时，设计采用的增强体和施工工艺应满足处理后地基土和增强体共同承担荷载的技术要求。

【建筑地基基础设计规范：第 7.2.7 条】

2. 复合地基承载力特征值应通过现场复合地基载荷试验确定，或采用增强体载荷试验结果和其周边土的承载力特征值结合经验确定。

【建筑地基基础设计规范：第 7.2.8 条】

11.4.2　建筑措施

1. 当建筑物设置沉降缝时，应符合下列规定：

（1）建筑物的下列部位，宜设置沉降缝：

1）建筑平面的转折部位；

2）高度差异或荷载差异处；

3）长高比过大的砌体承重结构或钢筋混凝土框架结构的适当部位；

4）地基土的压缩性有显著差异处；

5）建筑结构或基础类型不同处；

6）分期建造房屋的交界处。

（2）沉降缝应有足够的宽度，沉降缝宽度可按表 7.3.2 选用。

表 7.3.2 房屋沉降缝的宽度

房屋层数	沉降缝宽度（mm）
二～三	50～80
四～五	80～120
五层以上	不小于 120

【建筑地基基础设计规范：第 7.3.2 条】

2. 相邻建筑物基础间的净距，可按表 7.3.3 选用。

表 7.3.3 相邻建筑物基础间的净距（m）

影响建筑的预估平均沉降量 s（mm） \ 被影响建筑的长高比	$2.0 \leqslant \frac{L}{H_f} < 3.0$	$3.0 \leqslant \frac{L}{H_f} < 5.0$
70～150	2～3	3～6
160～250	3～6	6～9
260～400	6～9	9～12
>400	9～12	不小于 12

注：1 表中 L 为建筑物长度或沉降缝分隔的单元长度（m）；H_f 为自基础底面标高算起的建筑物高度（m）；

2 当被影响建筑的长高比为 $1.5 < L/H_f < 2.0$ 时，其间净距可适当缩小。

【建筑地基基础设计规范：第 7.3.3 条】

11.5　基　　础

11.5.1　无筋扩展基础

1. 无筋扩展基础（图 8.1.1）高度应满足下式的要求：

$$H_0 \geqslant \frac{b-b_0}{2\tan\alpha} \tag{8.1.1}$$

式中　b——基础底面宽度（m）；

b_0——基础顶面的墙体宽度或柱脚宽度（m）；

H_0——基础高度（m）；

$\tan\alpha$——基础台阶宽高比 $b_2 : H_0$，其允许值可按表 8.1.1 选用；

b_2——基础台阶宽度（m）。

表 8.1.1　无筋扩展基础台阶宽高比的允许值

基础材料	质量要求	台阶宽高比的允许值		
		$p_k \leqslant 100$	$100 < p_k \leqslant 200$	$200 < p_k \leqslant 300$
混凝土基础	C15 混凝土	1∶1.00	1∶1.00	1∶1.25
毛石混凝土基础	C15 混凝土	1∶1.00	1∶1.25	1∶1.50
砖基础	砖不低于 MU10、砂浆不低于 M5	1∶1.50	1∶1.50	1∶1.50
毛石基础	砂浆不低于 M5	1∶1.25	1∶1.50	—
灰土基础	体积比为 3∶7 或 2∶8 的灰土，其最小干密度： 粉土 1550kg/m³ 粉质黏土 1500kg/m³ 黏土 1450kg/m³	1∶1.25	1∶1.50	—

续表 8.1.1

基础材料	质量要求	台阶宽高比的允许值		
		$p_k \leqslant 100$	$100 < p_k \leqslant 200$	$200 < p_k \leqslant 300$
三合土基础	体积比 1∶2∶4～1∶3∶6（石灰∶砂∶骨料），每层约虚铺 220mm，夯至 150mm	1∶1.50	1∶2.00	—

注：1 p_k 为作用的标准组合时基础底面处的平均压力值（kPa）；

2 阶梯形毛石基础的每阶伸出宽度，不宜大于 200mm；

3 当基础由不同材料叠合组成时，应对接触部分作抗压验算；

4 混凝土基础单侧扩展范围内基础底面处的平均压力值超过 300kPa 时，尚应进行抗剪验算；对基底反力集中于立柱附近的岩石地基，应进行局部受压承载力验算。

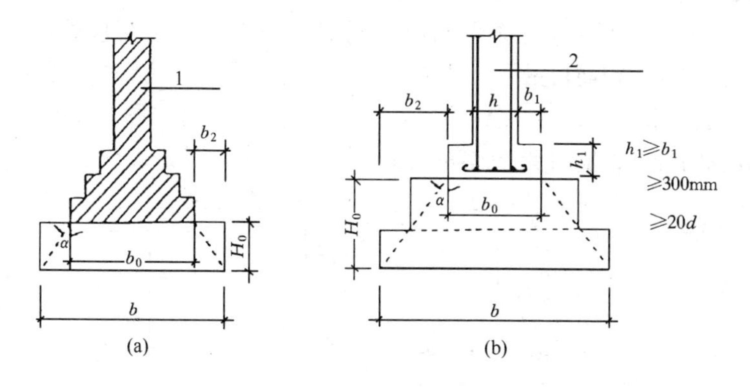

图 8.1.1 无筋扩展基础构造示意

d—柱中纵向钢筋直径；1—承重墙；2—钢筋混凝土柱

【建筑地基基础设计规范：第 8.1.1 条】

11.5.2 扩展基础

1. 扩展基础的构造，应符合下列规定：

（1）锥形基础的边缘高度不宜小于 200mm，且两个方向的坡度不宜大于 1∶3；阶梯形基础的每阶高度，宜为 300mm～500mm。

(2) 垫层的厚度不宜小于 70mm，垫层混凝土强度等级不宜低于 C10。

(3) 扩展基础受力钢筋最小配筋率不应小于 0.15%，底板受力钢筋的最小直径不应小于 10mm，间距不应大于 200mm，也不应小于 100mm。墙下钢筋混凝土条形基础纵向分布钢筋的直径不应小于 8mm；间距不应大于 300mm；每延米分布钢筋的面积不应小于受力钢筋面积的 15%。当有垫层时钢筋保护层的厚度不应小于 40mm；无垫层时不应小于 70mm。

(4) 混凝土强度等级不应低于 C20。

(5) 当柱下钢筋混凝土独立基础的边长和墙下钢筋混凝土条形基础的宽度大于或等于 2.5m 时，底板受力钢筋的长度可取边长或宽度的 0.9 倍，并宜交错布置（图 8.2.1-1）。

(6) 钢筋混凝土条形基础底板在 T 形及十字形交接处，底板横向受力钢筋仅沿一个主要受力方向通长布置，另一方向的横向受力钢筋可布置到主要受力方向底板宽度 1/4 处（图 8.2.1-2）。在拐角处底板横向受力钢筋应沿两个方向布置（图 8.2.1-2）。

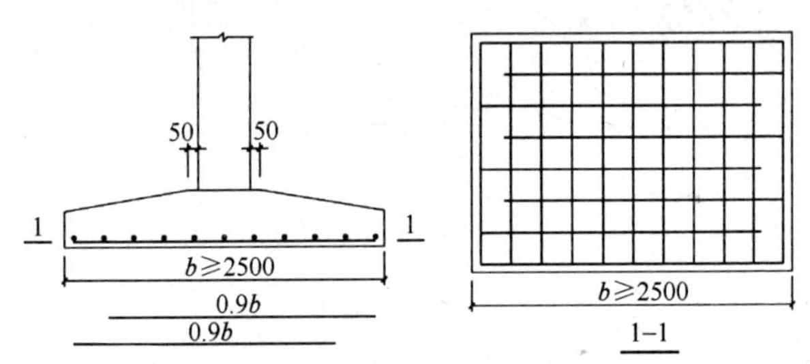

图 8.2.1-1　柱下独立基础底板受力钢筋布置

【建筑地基基础设计规范：第 8.2.1 条】

2. 现浇柱的基础，其插筋的数量、直径以及钢筋种类应与柱内纵向受力钢筋相同。插筋的锚固长度应满足本规范第 8.2.2 条的规定，插筋与柱的纵向受力钢筋的连接方法，应符合现行国家标准《混凝土结构设计规范》GB 50010 的有关规定。插筋的下端宜做成直钩放在基础底板钢筋网上。当符合下列条件之一

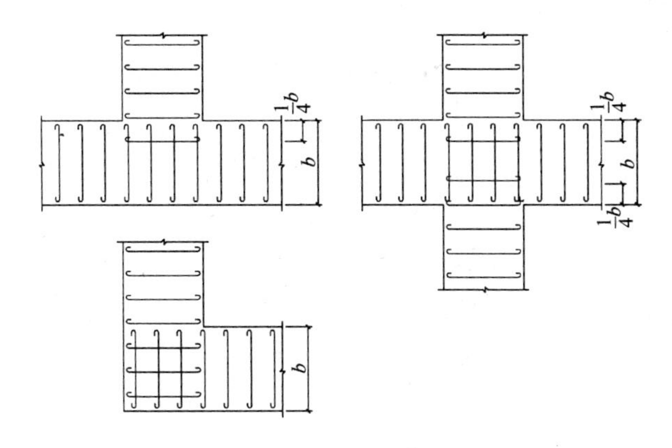

图 8.2.1-2 墙下条形基础纵横交叉处底板受力钢筋布置

时，可仅将四角的插筋伸至底板钢筋网上，其余插筋锚固在基础顶面下 l_a 或 l_{aE} 处（图 8.2.3）。

（1）柱为轴心受压或小偏心受压，基础高度大于或等于1200mm；

（2）柱为大偏心受压，基础高度大于或等于 1400mm。

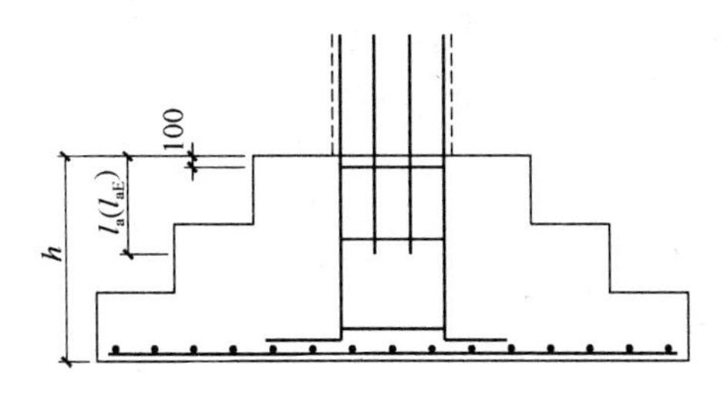

图 8.2.3 现浇柱的基础中插筋构造示意

【建筑地基基础设计规范：第 8.2.3 条】

3. 预制钢筋混凝土柱与杯口基础的连接（图 8.2.4），应符合下列规定：

（1）柱的插入深度，可按表 8.2.4-1 选用，并应满足本规范第 8.2.2 条钢筋锚固长度的要求及吊装时柱的稳定性。

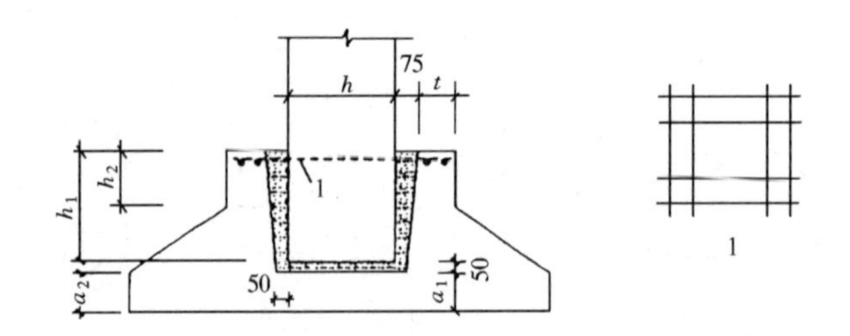

图 8.2.4　预制钢筋混凝土柱与杯口基础的连接示意

注：$a_2 \geqslant a_1$；1—焊接网

表 8.2.4-1　柱的插入深度 h_1（mm）

矩形或工字形柱				双　肢　柱
$h<500$	$500 \leqslant h<800$	$800 \leqslant h \leqslant 1000$	$h>1000$	
$h \sim 1.2h$	h	$0.9h$ 且≥800	$0.8h$ ≥1000	$(1/3 \sim 2/3)h_a$ $(1.5 \sim 1.8)h_b$

注：1　h 为柱截面长边尺寸；h_a 为双肢柱全截面长边尺寸；h_b 为双肢柱全截面短边尺寸；

2　柱轴心受压或小偏心受压时，h_1 可适当减小，偏心距大于 $2h$ 时，h_1 应适当加大。

（2）基础的杯底厚度和杯壁厚度，可按表 8.2.4-2 选用。

表 8.2.4-2　基础的杯底厚度和杯壁厚度

柱截面长边尺寸 h（mm）	杯底厚度 a_1（mm）	杯壁厚度 t（mm）
$h<500$	≥150	150～200
$500 \leqslant h<800$	≥200	≥200
$800 \leqslant h<1000$	≥200	≥300
$1000 \leqslant h<1500$	≥250	≥350
$2500 \leqslant h<2000$	≥300	≥400

注：1　双肢柱的杯底厚度值，可适当加大；

2　当有基础梁时，基础梁下的杯壁厚度，应满足其支承宽度的要求；

3　柱子插入杯口部分的表面应凿毛，柱子与杯口之间的空隙，应用比基础混凝土强度等级高一级的细石混凝土充填密实，当达到材料设计强度的 70% 以上时，方能进行上部吊装。

（3）当柱为轴心受压或小偏心受压且 $t/h_2 \geqslant 0.65$ 时，或大偏心受压且 $t/h_2 \geqslant 0.75$ 时，杯壁可不配筋；当柱为轴心受压或小偏心受压且 $0.5 \leqslant t/h_2 < 0.65$ 时，杯壁可按表 8.2.4-3 构造配筋；其他情况下，应按计算配筋。

表 8.2.4-3　杯壁构造配筋

柱截面长边尺寸（mm）	$h<1000$	$1000 \leqslant h < 1500$	$1500 \leqslant h \leqslant 2000$
钢筋直径（mm）	8～10	10～12	12～16

注：表中钢筋置于杯口顶部，每边两根（图 8.2.4）。

【建筑地基基础设计规范：第 8.2.4 条】

4. 扩展基础的计算应符合下列规定：

（1）对柱下独立基础，当冲切破坏锥体落在基础底面以内时，应验算柱与基础交接处以及基础变阶处的受冲切承载力；

（2）对基础底面短边尺寸小于或等于柱宽加两倍基础有效高度的柱下独立基础，以及墙下条形基础，应验算柱（墙）与基础交接处的基础受剪切承载力；

（3）基础底板的配筋，应按抗弯计算确定；

（4）当基础的混凝土强度等级小于柱的混凝土强度等级时，尚应验算柱下基础顶面的局部受压承载力。

【建筑地基基础设计规范：第 8.2.7 条】

11.5.3　柱下条形基础

1. 柱下条形基础的构造，除应符合本规范第 8.2.1 条的要求外，尚应符合下列规定：

（1）柱下条形基础梁的高度宜为柱距的 1/4～1/8。翼板厚度不应小于 200mm。当翼板厚度大于 250mm 时，宜采用变厚度翼板，其顶面坡度宜小于或等于 1∶3。

（2）条形基础的端部宜向外伸出，其长度宜为第一跨距的 0.25 倍。

（3）现浇柱与条形基础梁的交接处，基础梁的平面尺寸应大

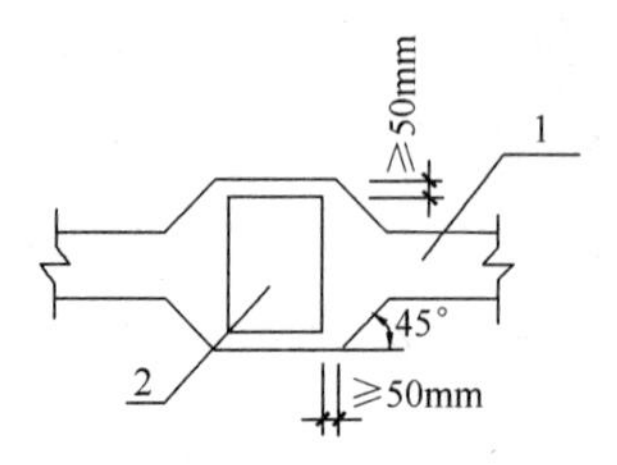

图 8.3.1　现浇柱与条形基础梁交接处平面尺寸
1—基础梁；2—柱

于柱的平面尺寸，且柱的边缘至基础梁边缘的距离不得小于 50mm（图 8.3.1）。

（4）条形基础梁顶部和底部的纵向受力钢筋除应满足计算要求外，顶部钢筋应按计算配筋全部贯通，底部通长钢筋不应少于底部受力钢筋截面总面积的 1/3。

（5）柱下条形基础的混凝土强度等级，不应低于 C20。

【建筑地基基础设计规范：第 8.3.1 条】

11.5.4　高层建筑筏形基础

1. 平板式筏基的板厚应满足受冲切承载力的要求。

【建筑地基基础设计规范：第 8.4.6 条】

2. 平板式筏基应验算距内筒和柱边缘 h_0 处截面的受剪承载

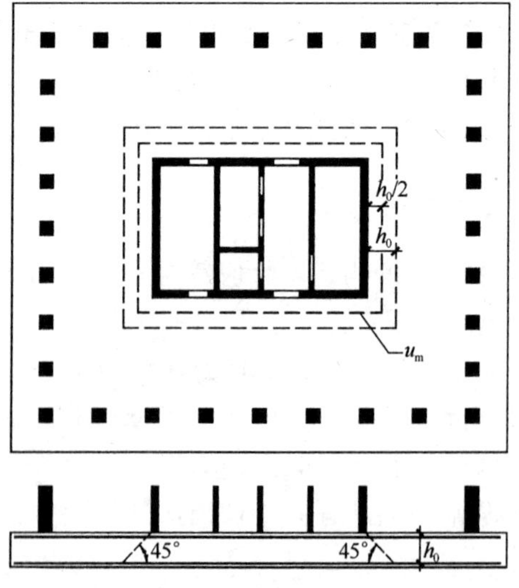

图 8.4.8　筏板受内筒冲切的临界截回位置

力。当筏板变厚度时，尚应验算变厚度处筏板的受剪承载力。

【建筑地基基础设计规范：第 8.4.8 条】

3. 梁板式筏基底板应计算正截面受弯承载力，其厚度尚应满足受冲切承载力、受剪切承载力的要求。

【建筑地基基础设计规范：第 8.4.11 条】

4. 地下室底层柱、剪力墙与梁板式筏基的基础梁连接的构造应符合下列规定：

（1）柱、墙的边缘至基础梁边缘的距离不应小于 50mm（图 8.4.13）；

（2）当交叉基础梁的宽度小于柱截面的边长时，交叉基础梁连接处应设置八字角，柱角与八字角之间的净距不宜小于 50mm（图 8.4.13a）；

（3）单向基础梁与柱的连接，可按图 8.4.13b、c 采用；

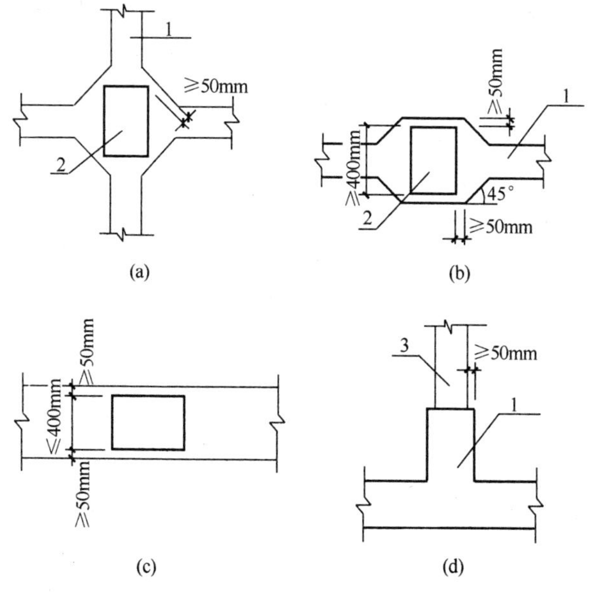

图 8.4.13 地下室底层柱或剪力墙与梁板式筏基的基础梁连接的构造要求

1—基础梁；2—柱；3—墙

（4）基础梁与剪力墙的连接，可按图 8.4.13d 采用。

【建筑地基基础设计规范：第 8.4.13 条】

5. 梁板式筏基基础梁和平板式筏基的顶面应满足底层柱下局部受压承载力的要求。对抗震设防烈度为 9 度的高层建筑，验算柱下基础梁、筏板局部受压承载力时，应计入竖向地震作用对柱轴力的影响。

【建筑地基基础设计规范：第 8.4.18 条】

12　高层建筑筏形与箱形基础设计

12.1　基本规定

1. 高层建筑筏形与箱形基础的地基设计应进行承载力和地基变形计算。对建造在斜坡上的高层建筑，应进行整体稳定验算。

【高层筏形与箱形基础规范：第 3.0.2 条】

2. 高层建筑筏形与箱形基础设计和施工前应进行岩土工程勘察，为设计和施工提供依据。

【高层筏形与箱形基础规范：第 3.0.2 条】

3. 高层建筑筏形与箱形基础设计时，所采用的荷载效应最不利组合与相应的抗力限值应符合下列规定：

(1) 按修正后地基承载力特征值确定基础底面积及埋深或按单桩承载力特征值确定桩数时，传至基础或承台底面上的荷载效应应按正常使用极限状态下荷载效应的标准组合计算；

(2) 计算地基变形时，传至基础底面上的荷载效应应按正常使用极限状态下荷载效应的准永久组合计算，不应计入风荷载和地震作用，相应的限值应为地基变形允许值；

(3) 计算地下室外墙土压力、地基或斜坡稳定及滑坡推力时，荷载效应应按承载能力极限状态下荷载效应的基本组合计算，但其荷载分项系数均为 1.0；

(4) 在进行基础构件的承载力设计或验算时，上部结构传来的荷载效应组合和相应的基底反力，应采用承载能力极限状态下荷载效应的基本组合及相应的荷载分项系数；当需要验算基础裂缝宽度时，应采用正常使用极限状态荷载效应标准组合；

(5) 基础设计安全等级、结构设计使用年限、结构重要性系数应按国家现行有关标准的规定采用，但结构重要性系数 γ_0 不应小于 1.0。

【高层筏形与箱形基础规范：第 3.0.4 条】

4. 荷载组合应符合下列规定：

（1）在正常使用极限状态下，荷载效应的标准组合值 S_k 应用下式表示：

$$S_k = S_{Gk} + S_{Q1k} + \psi_{c2} S_{Q2k} + \cdots + \psi_{ci} S_{Qik} \quad (3.0.5\text{-}1)$$

式中　S_{Gk}——按永久荷载标准值 G_k 计算的荷载效应值；

S_{Qik}——按可变荷载标准值 Q_{ik} 计算的荷载效应值；

ψ_{ci}——可变荷载 Q_i 的组合值系数，按现行国家标准《建筑结构荷载规范》GB 50009 的规定取值。

（2）荷载效应的准永久组合值 S_k 应用下式表示：

$$S_k = S_{Gk} + \psi_{q1} S_{Q1k} + \psi_{q2} S_{Q2k} + \cdots + \psi_{qi} S_{Qik} \quad (3.0.5\text{-}2)$$

式中　ψ_{qi}——准永久值系数，按现行国家标准《建筑结构荷载规范》GB 50009 的规定取值。

承载能力极限状态下，由可变荷载效应控制的基本组合设计值 S，应用下式表达：

$$S = \gamma_G S_{Gk} + \gamma_{Q1} S_{Q1k} + \gamma_{Q2} \psi_{c2} S_{Q2k} + \cdots + \gamma_{Qi} \psi_{ci} S_{Qik} \quad (3.0.5\text{-}3)$$

式中　γ_G——永久荷载的分项系数，按现行国家标准《建筑结构荷载规范》GB 50009 的规定取值；

γ_{Qi}——第 i 个可变荷载的分项系数，按现行国家标准《建筑结构荷载规范》GB 50009 的规定取值。

（3）对由永久荷载效应控制的基本组合，也可采用简化规则，荷载效应基本组合的设计值 S 按下式确定：

$$S = 1.35 S_k \leqslant R \quad (3.0.5\text{-}4)$$

式中　R——结构构件抗力的设计值，按有关建筑结构设计规范的规定确定；

S_k——荷载效应的标准组合值。

【高层筏形与箱形基础规范：第 3.0.5 条】

12.2 地基计算

12.2.1 基础埋置深度

1. 高层建筑筏形与箱形基础的埋置深度，应按下列条件确定：

(1) 建筑物的用途，有无地下室、设备基础和地下设施，基础的形式和构造；

(2) 作用在地基上的荷载大小和性质；

(3) 工程地质和水文地质条件；

(4) 相邻建筑物基础的埋置深度；

(5) 地基土冻胀和融陷的影响；

(6) 抗震要求。

【高层筏形与箱形基础规范：第5.2.1条】

2. 高层建筑筏形与箱形基础的埋置深度应满足地基承载力、变形和稳定性要求。

【高层筏形与箱形基础规范：第5.2.2条】

3. 在抗震设防区，除岩石地基外，天然地基上的筏形与箱形基础的埋置深度不宜小于建筑物高度的1/15；桩筏与桩箱基础的埋置深度（不计桩长）不宜小于建筑物高度的1/18。

【高层筏形与箱形基础规范：第5.2.3条】

12.2.2 承载力计算

1. 筏形与箱形基础的底面压力应符合下列公式规定：

(1) 当受轴心荷载作用时

$$p_k \leqslant f_a \tag{5.3.1-1}$$

式中 p_k——相应于荷载效应标准组合时，基础底面处的平均压力值（kPa）；

f_a——修正后的地基承载力特征值（kPa）。

(2) 当受偏心荷载作用时，除应符合式（5.3.1-1）规定外，尚应符合下式规定：

$$p_{kmax} \leqslant 1.2 f_a \tag{5.3.1-2}$$

式中　p_{kmax}——相应于荷载效应标准组合时，基础底面边缘的最大压力值（kPa）。

（3）对于非抗震设防的高层建筑筏形与箱形基础，除应符合式（5.3.1-1）、式（5.3.1-2）的规定外，尚应符合下式规定：

$$p_{kmin} \geqslant 0 \tag{5.3.1-3}$$

式中　p_{kmin}——相应于荷载效应标准组合时，基础底面边缘的最小压力值（kPa）。

【高层筏形与箱形基础规范：第 5.3.1 条】

2. 筏形与箱形基础的底面压力，可按下列公式确定：

（1）当受轴心荷载作用时

$$p_k = \frac{F_k + G_k}{A} \tag{5.3.2-1}$$

式中　F_k——相应于荷载效应标准组合时，上部结构传至基础顶面的竖向力值（kN）；

G_k——基础自重和基础上的土重之和，在稳定的地下水位以下的部分，应扣除水的浮力（kN）；

A——基础底面面积（m^2）。

（2）当受偏心荷载作用时

$$p_{kmax} = \frac{p_k + G_k}{A} + \frac{M_k}{W} \tag{5.3.2-2}$$

$$p_{kmin} = \frac{F_k + G_k}{A} + \frac{M_k}{W} \tag{5.3.2-3}$$

式中　M_k——相应于荷载效应标准组合时，作用于基础底面的力矩值（kN·m）；

W——基础底面边缘抵抗矩（m^3）。

【高层筏形与箱形基础规范：第 5.3.2 条】

3. 对于抗震设防的建筑，筏形与箱形基础的底面压力除应符合第 5.3.1 条的要求外，尚应按下列公式验算地基抗震承载力：

$$p_{kE} \leqslant f_{aE} \tag{5.3.3-1}$$

$$p_{max} \leqslant 1.2 f_{aE} \tag{5.3.3-2}$$

$$f_{aE} = \zeta_a f_a \tag{5.3.3-3}$$

式中　p_{kE}——相应于地震作用效应标准组合时，基础底面的平均压力值（kPa）；

p_{max}——相应于地震作用效应标准组合时，基础底面边缘的最大压力值（kPa）；

f_{aE}——调整后的地基抗震承载力（kPa）；

ζ_a——地基抗震承载力调整系数，按表 5.3.3 确定。

在地震作用下，对于高宽比大于 4 的高层建筑，基础底面不宜出现零应力区；对于其他建筑，当基础底面边缘出现零应力时，零应力区的面积不应超过基础底面面积的 15%；与裙房相连且采用天然地基的高层建筑，在地震作用下主楼基础底面不宜出现零应力区。

表 5.3.3　地基抗震承载力调整系数 ζ_a

岩土名称和性状	ζ_a
岩石，密实的碎石土，密实的砾、粗、中砂，f_{ak}≤300kPa 的黏性土和粉土	1.5
中密、稍密的碎石土，中密和稍密的砾、粗、中砂，密实和中密的细、粉砂，150kPa≤f_{ak}<300kPa 的黏性土和粉土	1.3
稍密的细、粉砂，100kPa≤f_{ak}<150kPa 的黏性土和粉土，新近沉积的黏性土和粉土	1.1
淤泥，淤泥质土，松散的砂，填土	1.0

注：f_{ak}为地基承载力的特征值。

【高层筏形与箱形基础规范：第 5.3.3 条】

4. 地基承载力特征值可由载荷试验等原位测试或按理论公式并结合工程实践经验综合确定。

【高层筏形与箱形基础规范：第 5.3.4 条】

5. 地基承载力特征值应按现行国家标准《建筑地基基础设

计规范》GB 50007 的规定进行深度和宽度修正。

【高层筏形与箱形基础规范：第 5.3.5 条】

12.2.3　变形计算

1. 高层建筑筏形与箱形基础的地基变形计算值，不应大于建筑物的地基变形允许值，建筑物的地基变形允许值应按地区经验确定，当无地区经验时应符合现行国家标准《建筑地基基础设计规范》GB 50007 的规定。

【高层筏形与箱形基础规范：第 5.4.1 条】

2. 当采用土的压缩模量计算筏形与箱形基础的最终沉降量 s 时，应按下列公式计算：

$$s = s_1 + s_2 \tag{5.4.2-1}$$

$$s_1 = \psi' \sum_{i=1}^{m} \frac{p_c}{E'_{si}} (z_i \bar{\alpha}_i - z_{i-1} \bar{\alpha}_{i-1}) \tag{5.4.2-2}$$

$$s_2 = \psi_s \sum_{i=1}^{n} \frac{p_0}{E_{si}} (z_i \bar{\alpha}_i - z_{i-1} \bar{\alpha}_{i-1}) \tag{5.4.2-3}$$

式中　s——最终沉降量（mm）；

s_1——基坑底面以下地基土回弹再压缩引起的沉降量（mm）；

s_2——由基底附加压力引起的沉降量（mm）；

ψ'——考虑回弹影响的沉降计算经验系数，无经验时取 $\psi'=1$；

ψ_s——沉降计算经验系数，按地区经验采用；当缺乏地区经验时，可按现行国家标准《建筑地基基础设计规范》GB 50007 的有关规定采用；

p_c——相当于基础底面处地基土的自重压力的基底压力（kPa），计算时地下水位以下部分取土的浮重度（kN/m^3）；

p_0——准永久组合下的基础底面处的附加压力（kPa）；

E'_{si}、E_{si}——基础底面下第 i 层土的回弹再压缩模量和压缩模量

(MPa)，按本规范第 4.3.1 条试验要求取值；

m——基础底面以下回弹影响深度范围内所划分的地基土层数；

n——沉降计算深度范围内所划分的地基土层数；

z_i、z_{i-1}——基础底面至第 i 层、第 $i-1$ 层底面的距离（m）；

$\bar{\alpha}_i$、$\bar{\alpha}_{i-1}$——基础底面计算点至第 i 层、第 $i-1$ 层底面范围内平均附加应力系数，按本规范附录 B 采用。

式（5.4.2-2）中的沉降计算深度应按地区经验确定，当无地区经验时可取基坑开挖深度；式（5.4.2-3）中的沉降计算深度可按现行国家标准《建筑地基基础设计规范》GB 50007 确定。

【高层筏形与箱形基础规范：第 5.4.2 条】

3. 当采用土的变形模量计算筏形与箱形基础的最终沉降量 s 时，应按下式计算：

$$s = p_{\mathrm{k}} b \eta \sum_{i=1}^{n} \frac{\delta_i - \delta_{i-1}}{E_{0i}} \tag{5.4.3}$$

式中 p_{k}——长期效应组合下的基础底面处的平均压力标准值（kPa）；

b——基础底面宽度（m）；

$\delta_i - \delta_{i-1}$——与基础长宽比 L/b 及基础底面至第 i 层土和第 $i-1$ 层土底面的距离深度 z 有关的无因次系数，可按本规范附录 C 中的表 C 确定；

E_{0i}——基础底面下第 i 层土的变形模量（MPa），通过试验或按地区经验确定；

η——沉降计算修正系数，可按表 5.4.3 确定。

表 5.4.3 修正系数 η

$2m=\frac{2z_n}{b}$	$0<m\leqslant 0.5$	$0.5<m\leqslant 1$	$1<m\leqslant 2$	$2<m\leqslant 3$	$3<m\leqslant 5$	$5<m\leqslant \infty$
η	1.00	0.95	0.90	0.80	0.75	0.70

【高层筏形与箱形基础规范：第 5.4.3 条】

4. 按式（5.4.3）进行沉降计算时，沉降计算深度 z_{n} 宜按下式计算：

$$z_n = (z_m + \xi b)\beta \qquad (5.4.4)$$

式中　z_m——与基础长宽比有关的经验值（m），可按表 5.4.4-1 确定；

ξ——折减系数，可按表 5.4.4-1 确定；

β——调整系数，可按表 5.4.4-2 确定。

表 5.4.4-1　z_m 值和折减系数 ξ

L/b	≤1	2	3	4	≥5
z_m	11.6	12.4	12.5	12.7	13.2
ξ	0.42	0.49	0.53	0.60	1.00

表 5.4.4-2　调整系数 β

土类	碎石	砂土	粉土	黏性土	软土
β	0.30	0.50	0.60	0.75	1.00

【高层筏形与箱形基础规范：第 5.4.4 条】

5. 带裙房高层建筑的大面积整体筏形基础的沉降宜按上部结构、基础与地基共同作用的方法进行计算。

【高层筏形与箱形基础规范：第 5.4.5 条】

6. 对于多幢建筑下的同一大面积整体筏形基础可根据每幢建筑及其影响范围按上部结构、基础与地基共同作用的方法分别进行沉降计算，并可按变形叠加原理计算整体筏形基础的沉降。

【高层筏形与箱形基础规范：第 5.4.6 条】

12.2.4　稳定性计算

1. 高层建筑在承受地震作用、风荷载或其他水平荷载时，筏形与箱形基础的抗滑移稳定性（图 5.5.1）应符合下式的要求：

$$K_s Q \leqslant F_1 + F_2 + (E_p - E_a)l \qquad (5.5.1)$$

式中　F_1——基底摩擦力合力（kN）；

F_2——平行于剪力方向的侧壁摩擦力合力（kN）；

E_a、E_p——垂直于剪力方向的地下结构外墙面单位长度上主动土压力合力、被动土压力合力（kN/m）；

l——垂直于剪力方向的基础边长（m）；

Q——作用在基础顶面的风荷载、水平地震作用或其他水平荷载（kN）。风荷载、地震作用分别按现行国家标准《建筑结构荷载规范》GB 50009、《建筑抗震设计规范》GB 50011 确定，其他水平荷载按实际发生的情况确定；

K_s——抗滑移稳定性安全系数，取 1.3。

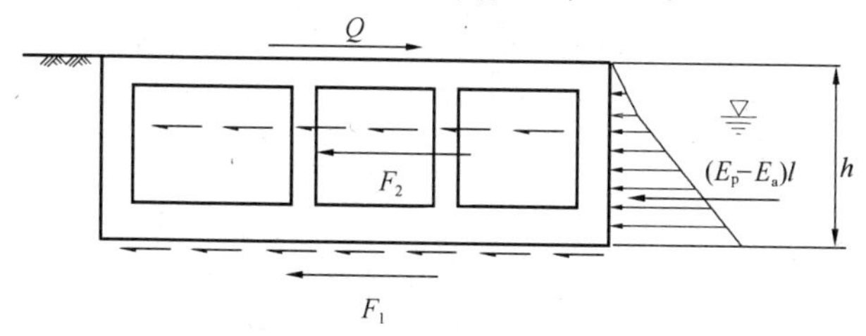

图 5.5.1　抗滑移稳定性验算示意

【高层筏形与箱形基础规范：第 5.5.1 条】

12.3　结构设计与构造要求

12.3.1　一般规定

1. 基础混凝土应符合耐久性要求。筏形基础和桩箱、桩筏基础的混凝土强度等级不应低于 C30；箱形基础的混凝土强度等级不应低于 C25。

【高层筏形与箱形基础规范：第 6.1.7 条】

12.3.2　筏形基础

1. 地下室底层柱、剪力墙与梁板式筏基的基础梁连接的构造应符合下列规定：

（1）当交叉基础梁的宽度小于柱截面的边长时，交叉基础梁连接处宜设置八字角，柱角和八字角之间的净距不宜小于 50mm [图 6.2.8(a)]；

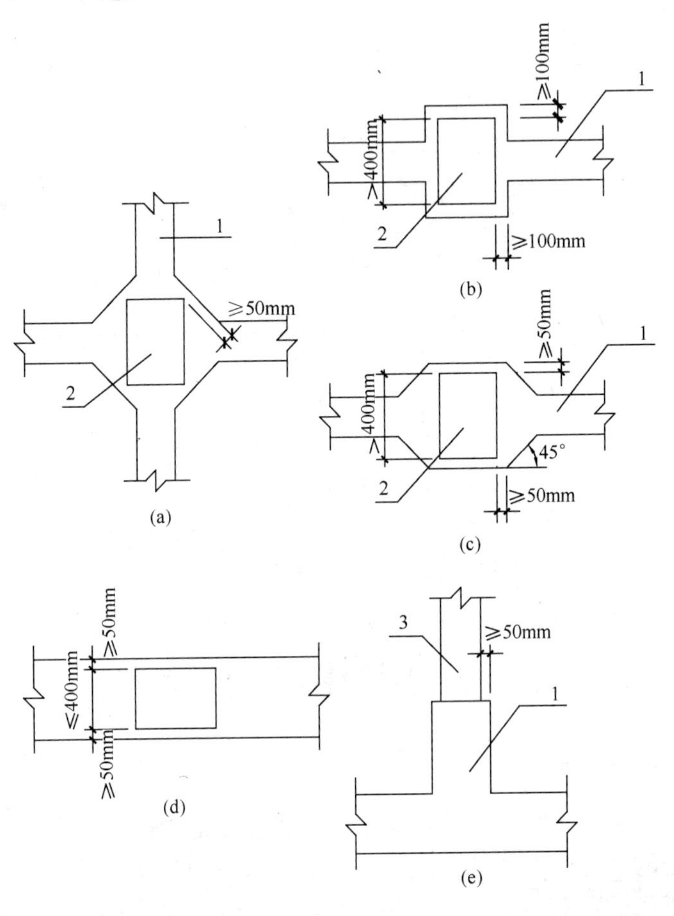

图 6.2.8　地下室底层柱和剪力墙与梁板式筏基的基础梁连接构造

1—基础梁；2—柱；3—墙

（2）当单向基础梁与柱连接、且柱截面的边长大于 400mm 时，可按图 6.2.8(b)、图 6.2.8(c)采用，柱角和八字角之间的净距不宜小于 50mm；当柱截面的边长小于或等于 400mm 时，可按图 6.2.8(d)采用；

(3) 当基础梁与剪力墙连接时，基础梁边至剪力墙边的距离不宜小于 50mm[图 6.2.8(e)]。

【高层筏形与箱形基础规范：第 6.2.8 条】

2. 筏形基础地下室的外墙厚度不应小于 250mm，内墙厚度不宜小于 200mm。墙体内应设置双面钢筋，钢筋不宜采用光面圆钢筋。钢筋配置量除应满足承载力要求外，尚应考虑变形、抗裂及外墙防渗等要求。水平钢筋的直径不应小于 12mm，竖向钢筋的直径不应小于 10mm，间距不应大于 200mm。当筏板的厚度大于 2000mm 时，宜在板厚中间部位设置直径不小于 12mm、间距不大于 300mm 的双向钢筋。

【高层筏形与箱形基础规范：第 6.2.9 条】

3. 当地基土比较均匀、地基压缩层范围内无软弱土层或可液化土层、上部结构刚度较好，柱网和荷载较均匀、相邻柱荷载及柱间距的变化不超过 20%，且平板式筏基板的厚跨比或梁板式筏基梁的高跨比不小于 1/6 时，筏形基础可仅考虑底板局部弯曲作用，计算筏形基础的内力时，基底反力可按直线分布，并扣除底板及其上填土的自重。

当不符合上述要求时，筏基内力可按弹性地基梁板等理论进行分析。计算分析时应根据土层情况和地区经验选用地基模型和参数。

【高层筏形与箱形基础规范：第 6.2.10 条】

4. 对有抗震设防要求的结构，嵌固端处的框架结构底层柱根截面组合弯矩设计值应按现行国家标准《建筑抗震设计规范》GB 50011 的规定乘以与其抗震等级相对应的增大系数。

【高层筏形与箱形基础规范：第 6.2.11 条】

5. 当梁板式筏基的基底反力按直线分布计算时，其基础梁的内力可按连续梁分析，边跨的跨中弯矩以及第一内支座的弯矩值宜乘以 1.2 的增大系数。考虑到整体弯曲的影响，梁板式筏基的底板和基础梁的配筋除应满足计算要求外，基础梁和底板的顶部跨中钢筋应按实际配筋全部连通，纵横方向的底部支座钢筋尚应有 1/3 贯通全跨。底板上下贯通钢筋的配筋率均不应小于 0.15%。

【高层筏形与箱形基础规范：第 6.2.12 条】

6. 按基底反力直线分布计算的平板式筏基，可按柱下板带和跨中板带分别进行内力分析，并应符合下列要求：

（1）柱下板带中在柱宽及其两侧各 0.5 倍板厚且不大于 1/4 板跨的有效宽度范围内，其钢筋配置量不应小于柱下板带钢筋的一半，且应能承受部分不平衡弯矩 $\alpha_m M_{unb}$，M_{unb} 为作用在冲切临界截面重心上的部分不平衡弯矩，α_m 可按下式计算：

$$\alpha_m = 1 - \alpha_s \tag{6.2.13}$$

式中　α_m——不平衡弯矩通过弯曲传递的分配系数；

α_s——按本规范式（6.2.2-3）计算。

（2）考虑到整体弯曲的影响，筏板的柱下板带和跨中板带的底部钢筋应有 1/3 贯通全跨，顶部钢筋应按实际配筋全部连通，上下贯通钢筋的配筋率均不应小于 0.15%。

（3）有抗震设防要求、平板式筏基的顶面作为上部结构的嵌固端、计算柱下板带截面组合弯矩设计值时，柱根内力应考虑乘以与其抗震等级相应的增大系数。

【高层筏形与箱形基础规范：第 6.2.13 条】

7. 带裙房高层建筑筏形基础的沉降缝和后浇带设置应符合下列要求：

（1）当高层建筑与相连的裙房之间设置沉降缝时，高层建筑的基础埋深应大于裙房基础的埋深，其值不应小于 2m。地面以下沉降缝的缝隙应用粗砂填实[图 6.2.14(a)]。

（2）当高层建筑与相连的裙房之间不设置沉降缝时，宜在裙房一侧设置用于控制沉降差的后浇带。当高层建筑基础面积满足地基承载力和变形要求时，后浇带宜设在与高层建筑相邻裙房的第一跨内。当需要满足高层建筑地基承载力、降低高层建筑沉降量，减小高层建筑与裙房间的沉降差而增大高层建筑基础面积时，后浇带可设在距主楼边柱的第二跨内，此时尚应满足下列条件：

1）地基土质应较均匀；

2）裙房结构刚度较好且基础以上的地下室和裙房结构层数不应少于两层；

3）后浇带一侧与主楼连接的裙房基础底板厚度应与高层建筑的基础底板厚度相同[图 6.2.14(b)]。

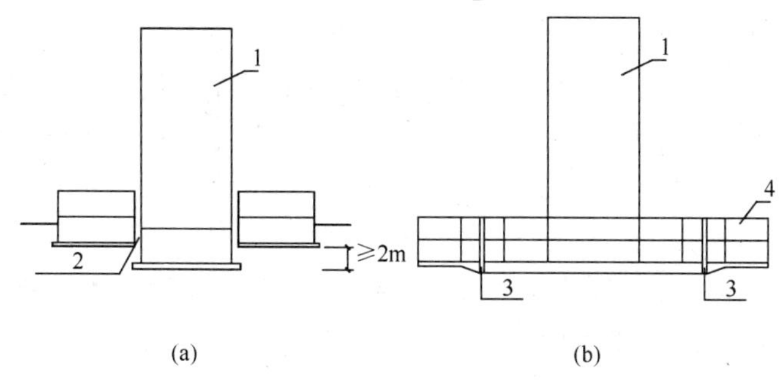

图 6.2.14　后浇带（沉降缝）示意

1—高层；2—室外地坪以下用粗砂填实；3—后浇带；4—裙房及地下室

根据沉降实测值和计算值确定的后期沉降差满足设计要求后，后浇带混凝土方可进行浇筑。

（3）当高层建筑与相连的裙房之间不设沉降缝和后浇带时，高层建筑及与其紧邻一跨裙房的筏板应采用相同厚度，裙房筏板的厚度宜从第二跨裙房开始逐渐变化，应同时满足主、裙楼基础整体性和基础板的变形要求；应进行地基变形和基础内力的验算，验算时应分析地基与结构间变形的相互影响，并应采取有效措施防止产生有不利影响的差异沉降。

【高层筏形与箱形基础规范：第 6.2.14 条】

12.3.3　桩筏与桩箱基础

1. 桩上筏形与箱形基础的构造应符合下列规定：

（1）桩上筏形与箱形基础的混凝土强度等级不应低于 C30；垫层混凝土强度等级不应低于 C10，垫层厚度不应小于 70mm；

（2）当箱形基础的底板和筏板仅按局部弯矩计算时，其配筋除应满足局部弯曲的计算要求外，箱基底板和筏板顶部跨中钢筋应全部连通，箱基底板和筏基的底部支座钢筋应分别有 1/4 和 1/3 贯通全跨，上下贯通钢筋的配筋率均不应小于 0.15%；

（3）底板下部纵向受力钢筋的保护层厚度在有垫层时不应小于 50mm，无垫层时不应小于 70mm，此外尚不应小于桩头嵌入底板内的长度；

（4）均匀布桩的梁板式筏基的底板和箱基底板的厚度除应满足承载力计算要求外，其厚度与最大双向板格的短边净跨之比不应小于 1/14，且不应小于 400mm 平板式筏基的板厚不应小于 500mm；

（5）当筏板厚度大于 2000mm 时，宜在板厚中间设置直径不小于 12mm、间距不大于 300mm 的双向钢筋网。

【高层筏形与箱形基础规范：第 6.4.5 条】

12.4　检测与监测

12.4.1　基坑检验

1. 基坑检验应包括下列内容：

（1）核对基坑的位置、平面尺寸、坑底标高是否与勘察和设计文件一致；

（2）核对基坑侧面和基坑底的土质及地下水状况是否与勘察报告一致；

（3）检查是否有洞穴、古墓、古井、暗沟、防空掩体及地下埋设物，并查清其位置、深度、性状；

（4）检查基坑底土是否受到施工的扰动及扰动的范围和深度；

（5）冬、雨期施工时应检查基坑底土是否受冻，是否受浸泡、冲刷或干裂等，并应查明受影响的范围和深度；对开挖完成后未能立即浇筑混凝土的基坑，应检查基坑底的保护措施；

（6）对地基土，可采用轻型圆锥动力触探进行检验；轻型圆锥动力触探的规格及操作应符合现行国家标准《岩土工程勘察规范》GB 50021 的规定；

（7）基坑检验尚应符合现行国家标准《建筑地基基础工程施工质量验收规范》GB 50202 的有关规定。

【高层筏形与箱形基础规范：第 8.3.1 条】

2. 对经过处理的地基，应检验地基处理的质量是否符合设计要求。

【高层筏形与箱形基础规范：第 8.3.2 条】

3. 对桩筏与桩箱基础，基坑开挖后，应检验桩的位置、桩顶标高、桩头混凝土质量及预留插入底板的钢筋长度是否符合设计要求。

【高层筏形与箱形基础规范：第 8.3.3 条】

4. 应根据基坑检验发现的问题，提出关于设计和施工的处理意见。

【高层筏形与箱形基础规范：第 8.3.4 条】

5. 当现场检验结果与勘察报告有较大差异时，应进行补充勘察。

【高层筏形与箱形基础规范：第 8.3.5 条】

12.4.2 建筑物沉降观测

1. 建筑物沉降观测应设置永久性高程基准点，每个场地永久性高程基准点的数量不得少于 3 个。高程基准点应设置在变形影响范围以外，高程基准点的标石应埋设在基岩或稳定的地层中，并应保证在观测期间高程基准点的标高不发生变动。

【高层筏形与箱形基础规范：第 8.4.1 条】

2. 沉降观测点的布设，应根据建筑物体形、结构特点、工程地质条件等确定。宜在建筑物中心点、角点及周边每隔 10m～15m 或每隔（2～3）根柱处布设观测点，并应在基础类型、埋深和荷载有明显变化及可能发生差异沉降的两侧布设观测点。

【高层筏形与箱形基础规范：第 8.4.2 条】

3. 沉降观测的水准测量级别和精度应根据建筑物的重要性、使用要求、环境影响、工程地质条件及预估沉降量等因素按现行行业标准《建筑变形测量规范》JGJ 8 的有关规定确定。

【高层筏形与箱形基础规范：第 8.4.3 条】

4. 沉降观测应从完成基础底板施工时开始，在施工和使用期间连续进行长期观测，直至沉降稳定终止。

【高层筏形与箱形基础规范：第 8.4.4 条】

5. 沉降稳定的控制标准宜按沉降观测期间最后 100d 的平均沉降速率不大于 0.01mm/d 采用。

【高层筏形与箱形基础规范：第 8.4.5 条】

13 建筑桩基设计

13.1 基本设计规定

13.1.1 一般规定

1. 根据建筑规模、功能特征、对差异变形的适应性、场地地基和建筑物体形的复杂性以及由于桩基问题可能造成建筑破坏或影响正常使用的程度，应将桩基设计分为表 3.1.2 所列的三个设计等级。桩基设计时，应根据表 3.1.2 确定设计等级。

表 3.1.2 建筑桩基设计等级

设计等级	建筑类型
甲级	（1）重要的建筑； （2）30 层以上或高度超过 100m 的高层建筑； （3）体型复杂且层数相差超过 10 层的高低层（含纯地下室）连体建筑； （4）20 层以上框架-核心筒结构及其他对差异沉降有特殊要求的建筑； （5）场地和地基条件复杂的 7 层以上的一般建筑及坡地、岸边建筑； （6）对相邻既有工程影响较大的建筑
乙级	除甲级、丙级以外的建筑
丙级	场地和地基条件简单、荷载分布均匀的 7 层及 7 层以下的一般建筑

【建筑桩基规范：第 3.1.2 条】

2. 桩基应根据具体条件分别进行下列承载能力计算和稳定性验算：

（1）应根据桩基的使用功能和受力特征分别进行桩基的竖向承载力计算和水平承载力计算；

（2）应对桩身和承台结构承载力进行计算；对于桩侧土不排

水抗剪强度小于 10kPa 且长径比大于 50 的桩，应进行桩身压屈验算；对于混凝土预制桩，应按吊装、运输和锤击作用进行桩身承载力验算；对于钢管桩，应进行局部压屈验算；

（3）当桩端平面以下存在软弱下卧层时，应进行软弱下卧层承载力验算；

（4）对位于坡地、岸边的桩基，应进行整体稳定性验算；

（5）对于抗浮、抗拔桩基，应进行基桩和群桩的抗拔承载力计算；

（6）对于抗震设防区的桩基，应进行抗震承载力验算。

【建筑桩基规范：第 3.1.3 条】

3. 下列建筑桩基应进行沉降计算：

（1）设计等级为甲级的非嵌岩桩和非深厚坚硬持力层的建筑桩基；

（2）设计等级为乙级的体形复杂、荷载分布显著不均匀或桩端平面以下存在软弱土层的建筑桩基；

（3）软土地基多层建筑减沉复合疏桩基础。

【建筑桩基规范：第 3.1.4 条】

13.1.2　基本资料

1. 桩基设计应具备以下资料：

（1）岩土工程勘察文件：

1）桩基按两类极限状态进行设计所需用岩土物理力学参数及原位测试参数；

2）对建筑场地的不良地质作用，如滑坡、崩塌、泥石流、岩溶、土洞等，有明确判断、结论和防治方案；

3）地下水位埋藏情况、类型和水位变化幅度及抗浮设计水位，土、水的腐蚀性评价，地下水浮力计算的设计水位；

4）抗震设防区按设防烈度提供的液化土层资料；

5）有关地基土冻胀性、湿陷性、膨胀性评价。

（2）建筑场地与环境条件的有关资料：

1）建筑场地现状，包括交通设施、高压架空线、地下管线和地下构筑物的分布；

2）相邻建筑物安全等级、基础形式及埋置深度；

3）附近类似工程地质条件场地的桩基工程试桩资料和单桩承载力设计参数；

4）周围建筑物的防振、防噪声的要求；

5）泥浆排放、弃土条件；

6）建筑物所在地区的抗震设防烈度和建筑场地类别。

（3）建筑物的有关资料：

1）建筑物的总平面布置图；

2）建筑物的结构类型、荷载，建筑物的使用条件和设备对基础竖向及水平位移的要求；

3）建筑结构的安全等级。

（4）施工条件的有关资料：

1）施工机械设备条件，制桩条件，动力条件，施工工艺对地质条件的适应性；

2）水、电及有关建筑材料的供应条件；

3）施工机械的进出场及现场运行条件。

（5）供设计比较用的有关桩型及实施的可行性的资料。

【建筑桩基规范：第 3.2.1 条】

13.1.3　桩的选型与布置

1. 基桩的布置应符合下列条件：

（1）基桩的最小中心距应符合表 3.3.3 的规定；当施工中采取减小挤土效应的可靠措施时，可根据当地经验适当减小。

表 3.3.3　基桩的最小中心距

土类与成桩工艺	排数不少于 3 排且桩数不少于 9 根的摩擦型桩桩基	其他情况
非挤土灌注桩	$3.0d$	$3.0d$

续表 3.3.3

土类与成桩工艺		排数不少于3排且桩数不少于9根的摩擦型桩桩基	其他情况
部分挤土桩	非饱和土、饱和非黏性土	3.5d	3.0d
	饱和黏性土	4.0d	3.5d
挤土桩	非饱和土、饱和非黏性土	4.0d	3.5d
	饱和黏性土	4.5d	4.0d
钻、挖孔扩底桩		2D 或 D+2.0m（当 D>2m）	1.5D 或 D+1.5m（当 D>2m）
沉管夯扩、钻孔挤扩桩	非饱和土、饱和非黏性土	2.2D 且 4.0d	2.0D 且 3.5d
	饱和黏性土	2.5D 且 4.5d	2.2D 且 4.0d

注：1　d——圆桩设计直径或方桩设计边长，D——扩大端设计直径。

2　当纵横向桩距不相等时，其最小中心距应满足"其他情况"一栏的规定。

3　当为端承桩时，非挤土灌注桩的"其他情况"一栏可减小至2.5d。

（2）排列基桩时，宜使桩群承载力合力点与竖向永久荷载合力作用点重合，并使基桩受水平力和力矩较大方向有较大抗弯截面模量。

（3）对于桩箱基础、剪力墙结构桩筏（含平板和梁板式承台）基础，宜将桩布置于墙下。

（4）对于框架-核心筒结构桩筏基础应按荷载分布考虑相互影响，将桩相对集中布置于核心筒和柱下；外围框架柱宜采用复合桩基，有合适桩端持力层时，桩长宜减小。

（5）应选择较硬土层作为桩端持力层。桩端全断面进入持力层的深度，对于黏性土、粉土不宜小于2d，砂土不宜小于1.5d，碎石类土不宜小于1d。当存在软弱下卧层时，桩端以下硬持力层厚度不宜小于3d。

（6）对于嵌岩桩，嵌岩深度应综合荷载、上覆土层、基岩、桩径、桩长诸因素确定；对于嵌入倾斜的完整和较完整岩的全断面深度不宜小于0.4d且不小于0.5m，倾斜度大于30%的中风化岩，宜根据倾斜度及岩石完整性适当加大嵌岩深度；对于嵌入平整、完整的坚硬岩和较硬岩的深度不宜小于 0.2d，且不应小于 0.2m。

【建筑桩基规范：第 3.3.3 条】

13.2 桩 基 构 造

13.2.1 基桩构造

1. 桩身混凝土及混凝土保护层厚度应符合下列要求：

（1）桩身混凝土强度等级不得小于 C25，混凝土预制桩尖强度等级不得小于 C30；

（2）灌注桩主筋的混凝土保护层厚度不应小于 35mm，水下灌注桩的主筋混凝土保护层厚度不得小于 50mm；

（3）四类、五类环境中桩身混凝土保护层厚度应符合国家现行标准《港口工程混凝土结构设计规范》JTJ 267、《工业建筑防腐蚀设计规范》GB 50046 的相关规定。

【建筑桩基规范：第 4.1.2 条】

2. 扩底灌注桩扩底端尺寸应符合下列规定（见图 4.1.3）：

（1）对于持力层承载力较高、上覆土层较差的抗压桩和桩端以上有一定厚度较好土层的抗拔桩，可采用扩底；扩底端直径与桩身直径之比 D/d，应根据承载力要求及扩底端侧面和桩端持力层土性特征以及扩底施工方法确定；挖孔桩的 D/d 不应大于 3，钻孔桩的 D/d 不应大于 2.5；

（2）扩底端侧面的斜率应根据实际成孔及土体自立条件确定，a/h。可取 1/4～1/2，砂土可取 1/4，粉土、黏性土可取 1/3～1/2；

（3）抗压桩扩底端底面宜呈锅底形，矢

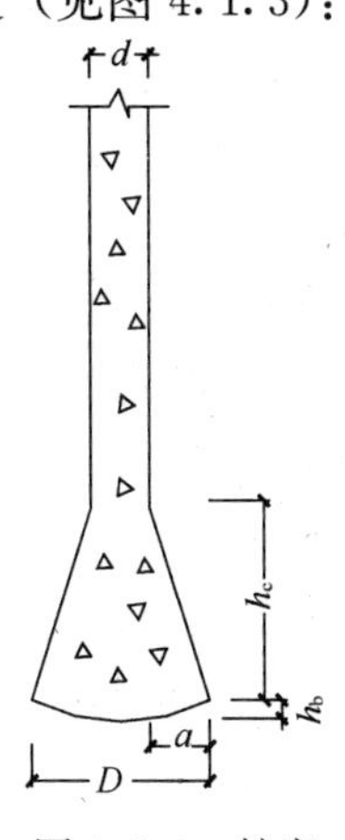

图 4.1.3 扩底桩构造

高 h_b 可取（0.15～0.20）D。

【建筑桩基规范：第 4.1.3 条】

13.2.2　承台构造

1. 桩基承台的构造，除应满足抗冲切、抗剪切、抗弯承载力和上部结构要求外，尚应符合下列要求：

（1）柱下独立桩基承台的最小宽度不应小于 500mm，边桩中心至承台边缘的距离不应小于桩的直径或边长，且桩的外边缘至承台边缘的距离不应小于 150mm。对于墙下条形承台梁，桩的外边缘至承台梁边缘的距离不应小于 75mm，承台的最小厚度不应小于 300mm。

（2）高层建筑平板式和梁板式筏形承台的最小厚度不应小于 400mm，墙下布桩的剪力墙结构筏形承台的最小厚度不应小于 200mm。

（3）高层建筑箱形承台的构造应符合《高层建筑筏形与箱形基础技术规范》JGJ 6 的规定。

【建筑桩基规范：第 4.2.1 条】

2. 承台的钢筋配置应符合下列规定：

（1）柱下独立桩基承台钢筋应通长配置［见图 4.2.3（a）］，对四桩以上（含四桩）承台宜按双向均匀布置，对三桩的三角形承台应按三向板带均匀布置，且最里面的三根钢筋围成的三角形应在柱截面范围内［见图 4.2.3（b）］。钢筋锚固长度自边桩内侧（当为圆桩时，应将其直径乘以 0.8 等效为方桩）算起，不应小于 $35d_g$（d_g 为钢筋直径）；当不满足时应将钢筋向上弯折，此时水平段的长度不应小于 $25d_g$，弯折段长度不应小于 $10d_g$。承台纵向受力钢筋的直径不应小于 12mm，间距不应大于 200mm。柱下独立桩基承台的最小配筋率不应小于 0.15%。

（2）柱下独立两桩承台，应按现行国家标准《混凝土结构设计规范》GB 50010 中的深受弯构件配置纵向受拉钢筋、水平及竖向分布钢筋。承台纵向受力钢筋端部的锚固长度及构造应与柱下多桩承台的规定相同。

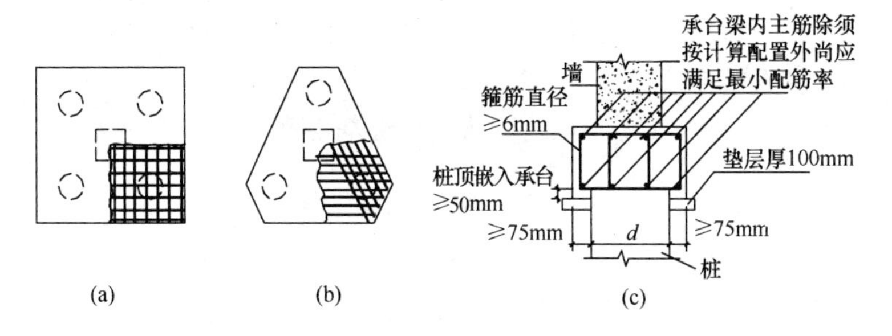

图 4.2.3 承台配筋示意
(a) 矩形承台配筋；(b) 三桩承台配筋；(c) 墙下承台梁配筋图

(3) 条形承台梁的纵向主筋应符合现行国家标准《混凝土结构设计规范》GB 50010 关于最小配筋率的规定[见图 4.2.3(c)]，主筋直径不应小于 12mm，架立筋直径不应小于 10mm，箍筋直径不应小于 6mm。承台梁端部纵向受力钢筋的锚固长度及构造应与柱下多桩承台的规定相同。

(4) 筏形承台板或箱形承台板在计算中当仅考虑局部弯矩作用时，考虑到整体弯曲的影响，在纵横两个方向的下层钢筋配筋率不宜小于 0.15%；上层钢筋应按计算配筋率全部连通。当筏板的厚度大于 2000mm 时，宜在板厚中间部位设置直径不小于 12mm、间距不大于 300mm 的双向钢筋网。

(5) 承台底面钢筋的混凝土保护层厚度，当有混凝土垫层时，不应小于 50mm，无垫层时不应小于 70mm；此外尚不应小于桩头嵌入承台内的长度。

【建筑桩基规范：第 4.2.3 条】

3. 桩与承台的连接构造应符合下列规定：

(1) 桩嵌入承台内的长度对中等直径桩不宜小于 50mm；对大直径桩不宜小于 100mm。

(2) 混凝土桩的桩顶纵向主筋应锚入承台内，其锚入长度不宜小于 35 倍纵向主筋直径。对于抗拔桩，桩顶纵向主筋的锚固长度应按现行国家标准《混凝土结构设计规范》GB 50010 确定。

(3) 对于大直径灌注桩，当采用一柱一桩时可设置承台或将桩与柱直接连接。

【建筑桩基规范：第 4.2.4 条】

13.3 桩基计算

13.3.1 桩基竖向承载力计算

1. 桩基竖向承载力计算应符合下列要求：

(1) 荷载效应标准组合：

轴心竖向力作用下

$$N_k \leqslant R$$

偏心竖向力作用下，除满足上式外，尚应满足下式的要求：

$$N_{kmax} \leqslant 1.2R$$

(2) 地震作用效应和荷载效应标准组合：

轴心竖向力作用下

$$N_{Ek} \leqslant 1.25R$$

偏心竖向力作用下，除满足上式外，尚应满足下式的要求：

$$N_{Ekmax} \leqslant 1.5R$$

式中 N_k——**荷载效应标准组合轴心竖向力作用下，基桩或复合基桩的平均竖向力；**

N_{kmax}——**荷载效应标准组合偏心竖向力作用下，桩顶最大竖向力；**

N_{Ek}——**地震作用效应和荷载效应标准组合下，基桩或复合基桩的平均竖向力；**

N_{Ekmax}——**地震作用效应和荷载效应标准组合下，基桩或复合基桩的最大竖向力；**

R——**基桩或复合基桩竖向承载力特征值。**

【建筑桩基规范：第 5.2.1 条】

13.3.2 特殊条件下桩基竖向承载力验算

13.3.2.1 负摩阻力计算

1. 符合下列条件之一的桩基，当桩周土层产生的沉降超过基桩的沉降时，在计算基桩承载力时应计入桩侧负摩阻力：

（1）桩穿越较厚松散填土、自重湿陷性黄土、欠固结土、液化土层进入相对较硬土层时；

（2）桩周存在软弱土层，邻近桩侧地面承受局部较大的长期荷载，或地面大面积堆载（包括填土）时；

（3）由于降低地下水位，使桩周土有效应力增大，并产生显著压缩沉降时。

【建筑桩基规范：第 5.4.2 条】

13.3.3 桩基沉降计算

1. 建筑桩基沉降变形计算值不应大于桩基沉降变形允许值。

【建筑桩基规范：第 5.5.1 条】

2. 建筑桩基沉降变形允许值，应按表 5.5.4 规定采用。

表 5.5.4 建筑桩基沉降变形允许值

变 形 特 征	允许值
砌体承重结构基础的局部倾斜	0.002
各类建筑相邻柱（墙）基的沉降差 （1）框架、框架-剪力墙、框架-核心筒结构 （2）砌体墙填充的边排柱 （3）当基础不均匀沉降时不产生附加应力的结构	 $0.002l_0$ $0.0007l_0$ $0.005l_0$
单层排架结构（柱距为 6m）桩基的沉降量（mm）	120
桥式吊车轨面的倾斜（按不调整轨道考虑） 纵向 横向	 0.004 0.003

续表 5.5.4

变形特征		允许值
多层和高层建筑的整体倾斜	$H_g \leqslant 24$	0.004
	$24 < H_g \leqslant 60$	0.003
	$60 < H_g \leqslant 100$	0.0025
	$H_g > 100$	0.002
高耸结构桩基的整体倾斜	$H_g \leqslant 20$	0.008
	$20 < H_g \leqslant 50$	0.006
	$50 < H_g \leqslant 100$	0.005
	$100 < H_g \leqslant 150$	0.004
	$150 < H_g \leqslant 200$	0.003
	$200 < H_g \leqslant 250$	0.002
高耸结构基础的沉降量（mm）	$H_g \leqslant 100$	350
	$100 < H_g \leqslant 200$	250
	$200 < H_g \leqslant 250$	150
体型简单的剪力墙结构高层建筑桩基最大沉降量（mm）	—	200

注：l_0 为相邻柱（墙）二测点间距离，H_g 为自室外地面算起的建筑物高度（m）。

【建筑桩基规范：第 5.5.4 条】

13.3.4　承台计算

13.3.4.1　受弯计算

1. 柱下独立桩基承台的正截面弯矩设计值可按下列规定计算：

（1）两桩条形承台和多桩矩形承台弯矩计算截面取在柱边和承台变阶处[见图 5.9.2(a)]，可按下列公式计算：

$$M_x = \sum N_i y_i \tag{5.9.2-1}$$

$$M_y = \sum N_i x_i \tag{5.9.2-2}$$

式中　M_x、M_y——分别为绕 X 轴和绕 Y 轴方向计算截面处的弯矩设计值；

x_i、y_i——垂直 Y 轴和 X 轴方向自桩轴线到相应计算截面的距离；

N_i——不计承台及其上土重，在荷载效应基本组合下的第 i 基桩或复合基桩竖向反力设计值。

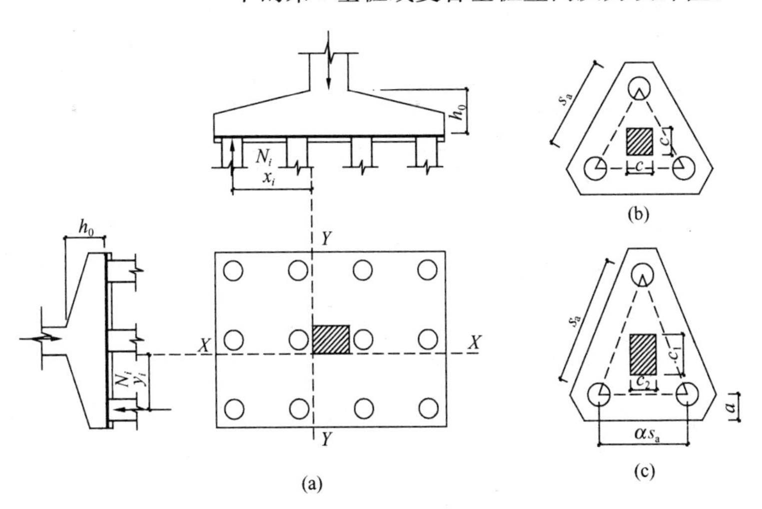

图 5.9.2　承台弯矩计算示意

(a) 矩形多桩承台；(b) 等边三桩承台；(c) 等腰三桩承台

(2) 三桩承台的正截面弯矩值应符合下列要求：

1) 等边三桩承台[见图 5.9.2(b)]

$$M=\frac{N_{\max}}{3}\left(s_{\mathrm{a}}-\frac{\sqrt{3}}{4}c\right) \tag{5.9.2-3}$$

式中　M——通过承台形心至各边边缘正交截面范围内板带的弯矩设计值；

$N_{\max}$——不计承台及其上土重，在荷载效应基本组合下三桩中最大基桩或复合基桩竖向反力设计值；

s_{a}——桩中心距；

c——方柱边长，圆柱时 $c=0.8d$（d 为圆柱直径）。

2) 等腰三桩承台[见图 5.9.2(c)]

$$M_1 = \frac{N_{max}}{3}(s_a - \frac{0.75}{\sqrt{4-\alpha^2}}c_1) \quad (5.9.2\text{-}4)$$

$$M_2 = \frac{N_{max}}{3}(\alpha s_a - \frac{0.75}{\sqrt{4-\alpha^2}}c_2) \quad (5.9.2\text{-}5)$$

式中 M_1、M_2——分别为通过承台形心至两腰边缘和底边边缘正交截面范围内板带的弯矩设计值；

s_a——长向桩中心距；

α——短向桩中心距与长向桩中心距之比，当 a 小于 0.5 时，应按变截面的二桩承台设计；

c_1、c_2——分别为垂直于、平行于承台底边的柱截面边长。

【建筑桩基规范：第 5.9.2 条】

13.3.4.2 受冲切计算

1. 桩基承台厚度应满足柱（墙）对承台的冲切和基桩对承台的冲切承载力要求。

【建筑桩基规范：第 5.9.6 条】

2. 轴心竖向力作用下桩基承台受柱（墙）的冲切，可按下列规定计算：

（1）冲切破坏锥体应采用自柱（墙）边或承台变阶处至相应桩顶边缘连线所构成的锥体，锥体斜面与承台底面之夹角不应小于 45°（见图 5.9.7）。

（2）受柱（墙）冲切承载力可按下列公式计算：

$$F_l \leqslant \beta_{hp}\beta_0\mu_m f_t h_0 \quad (5.9.7\text{-}1)$$

$$F_l = F - \sum Q_i \quad (5.9.7\text{-}2)$$

$$\beta_0 = \frac{0.84}{\lambda + 0.2} \quad (5.9.7\text{-}3)$$

式中 F_l——不计承台及其上土重，在荷载效应基本组合下作用于冲切破坏锥体上的冲切力设计值；

f_t——承台混凝土抗拉强度设计值；

β_{hp}——承台受冲切承载力截面高度影响系数，当 $h \leqslant$

800mm 时，β_{hp}取 1.0，$h \geqslant 2000$mm 时，β_{hp}取 0.9，其间按线性内插法取值；

μ_m——承台冲切破坏锥体一半有效高度处的周长；

h_0——承台冲切破坏锥体的有效高度；

β_0——柱（墙）冲切系数；

λ——冲跨比，$\lambda = a_0/h_0$，a_0 为柱（墙）边或承台变阶处到桩边水平距离；当 $\lambda < 0.25$ 时，取 $\lambda = 0.25$；当 $\lambda > 1.0$ 时，取 $\lambda = 1.0$；

F——不计承台及其上土重，在荷载效应基本组合作用下柱（墙）底的竖向荷载设计值；

ΣQ_i——不计承台及其上土重，在荷载效应基本组合下冲切破坏锥体内各基桩或复合基桩的反力设计值之和。

（3）对于柱下矩形独立承台受柱冲切的承载力可按下列公式计算（图 5.9.7）：

$$F_l \leqslant 2[\beta_{0x}(b_c + a_{0y}) + \beta_{0y}(h_c + a_{0x})]\beta_{hp} f_t h_0 \qquad (5.9.7\text{-}4)$$

式中 β_{0x}、β_{0y}——由式（5.9.7-3）求得，$\lambda_{0x} = a_{0x}/h_0$，$\lambda_{0y} = a_{0y}/h_0$；$\lambda_{0x}$、$\lambda_{0y}$均应满足 0.25～1.0 的要求；

h_c、b_c——分别为 x、y 方向的柱截面的边长；

a_{0x}、a_{0y}——分别为 x、y 方向柱边至最近桩边的水平距离。

（4）对于柱下矩形独立阶形承台受上阶冲切的承载力可按下列公式计算（见图 5.9.7）：

$$F_l \leqslant 2[\beta_{1x}(b_1 + a_{1y}) + \beta_{1y}(h_1 + a_{1x})]\beta_{hp} f_t h_{10} \qquad (5.9.7\text{-}5)$$

式中 β_{1x}、β_{1y}——由式（5.9.7-3）求得，$\lambda_{1x} = a_{1x}/h_{10}$，$\lambda_{1y} = a_{1y}/h_{10}$；$\lambda_{1x}$、$\lambda_{1y}$ 均应满足 0.25～1.0 的要求；

h_1、b_1——分别为 x、y 方向承台上阶的边长；

a_{1x}、a_{1y}——分别为 x、y 方向承台上阶边至最近桩边的水平距离。

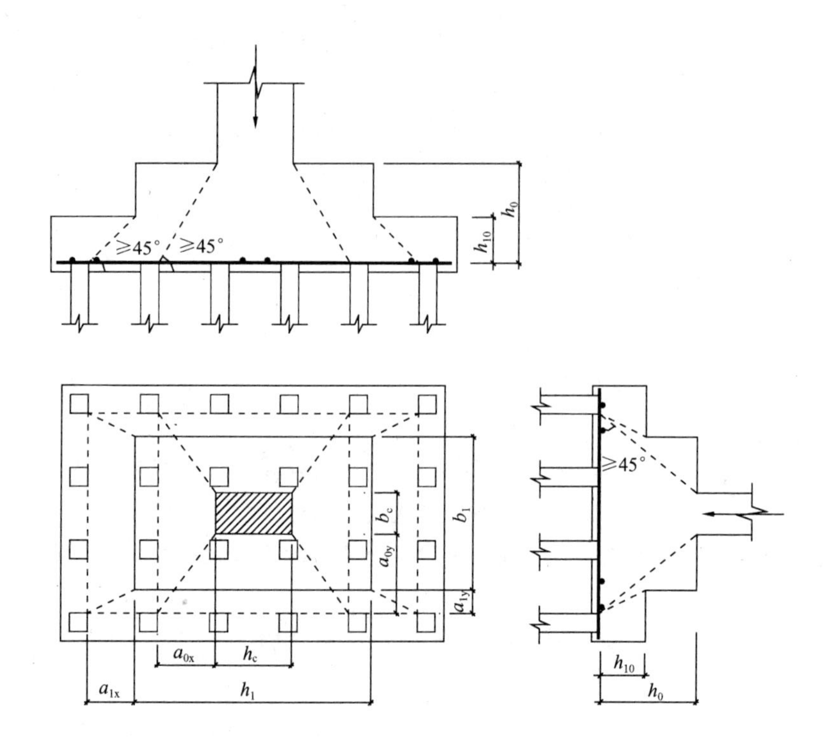

图 5.9.7　柱对承台的冲切计算示意

对于圆柱及圆桩，计算时应将其截面换算成方柱及方桩，计算柱截面边长 $b_c=0.8d_c$（d_c 为圆柱直径），换算桩截面边长 $b_p=0.8d$（d 为圆桩直径）。

对于柱下两桩承台，宜按深受弯构件（$l_0/h<5.0$，$l_0=1.15l_n$，l_n 为两桩净距）计算受弯、受剪承载力，不需要进行受冲切承载力计算。

【建筑桩基规范：第 5.9.7 条】

3. 对位于柱（墙）冲切破坏锥体以外的基桩，可按下列规定计算承台受基桩冲切的承载力：

（1）四桩以上（含四桩）承台受角桩冲切的承载力可按下列公式计算（见图 5.9.8-1）：

$$N_l \leqslant [\beta_{1x}(c_2 + a_{1y}/2) + \beta_{1y}(c_1 + a_{1x})/2]\beta_{hp} f_t h_0 \qquad (5.9.8\text{-}1)$$

$$\beta_{1x} = \frac{0.56}{\lambda_{1x} + 0.2} \qquad (5.9.8\text{-}2)$$

$$\beta_{1y} = \frac{0.56}{\lambda_{1y} + 0.2} \qquad (5.9.8\text{-}3)$$

式中 N_l——不计承台及其上土重，在荷载效应基本组合作用下角桩（含复合基桩）反力设计值；

β_{1x}、β_{1y}——角桩冲切系数；

a_{1x}、a_{1y}——从承台底角桩顶内边缘引 45°冲切线与承台顶面相交点至角桩内边缘的水平距离；当柱（墙）边或承台变阶处位于该 45°线以内时，则取由柱（墙）边或承台变阶处与桩内边缘连接为冲切锥体的锥线（见图 5.9.8-1）。

h_0——承台外边缘的有效高度；

λ_{1x}、λ_{1y}——角桩冲跨比，$\lambda_{1x}=a_{1x}/h_0$，$\lambda_{1y}=a_{1y}/h_0$，其值均应满足 0.25～1.0 的要求。

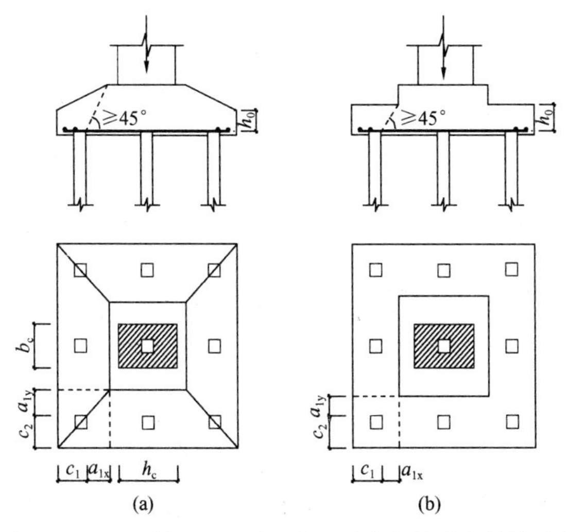

图 5.9.8-1 四桩以上（含四桩）承台角桩冲切计算示意

(a) 锥形承台；(b) 阶形承台

（2）对于三桩三角形承台可按下列公式计算受角桩冲切的承载力（见图 5.9.8-2）：

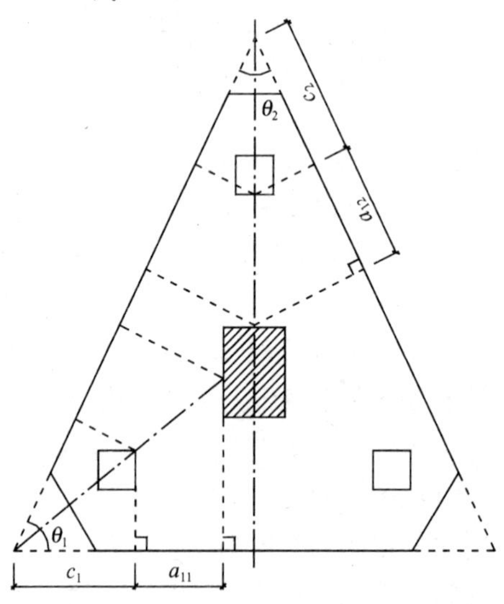

图 5.9.8-2　三桩三角形承台角桩冲切计算示意

底部角桩：

$$N_l \leqslant \beta_{11}(2c_1 + a_{11}) + \beta_{hp} \tan\frac{\theta_1}{2} f_t h_0 \qquad (5.9.8\text{-}4)$$

$$\beta_{11} = \frac{0.56}{\lambda_{11} + 0.2} \qquad (5.9.8\text{-}5)$$

顶部角桩：

$$N_l \leqslant \beta_{12}(2_{c2} + a_{12}) + \beta_{hp} \tan\frac{\theta_2}{2} f_t h_0 \qquad (5.9.8\text{-}6)$$

$$\beta_{12} = \frac{0.56}{\lambda_{12} + 0.2} \qquad (5.9.8\text{-}7)$$

式中　λ_{11}、λ_{12}——角桩冲跨比，$\lambda_{11}=a_{11}/h_0$，$\lambda_{12}=a_{12}/h_0$，其值均应满足 0.25～1.0 的要求。

a_{11}、a_{12}——从承台底角桩顶内边缘引 45°冲切线与承台顶面相交点至角桩内边缘的水平距离；当柱（墙）边或承台变阶处位于该 45°线以内时，则取由柱（墙）边或承台变阶处与桩内边缘连接为冲切锥体的锥线。

（3）对于箱形、筏形承台，可按下列公式计算承台受内部基桩的冲切承载力：

1）应按下式计算受基桩的冲切承载力，如图 5.9.8-3（a）所示：

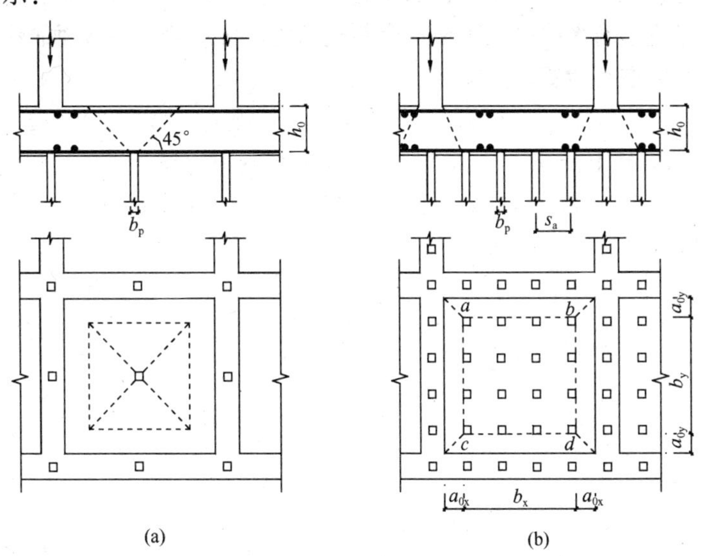

图 5.9.8-3 基桩对筏形承台的冲切和墙对筏形承台的冲切计算示意

（a）受基桩的冲切；（b）受桩群的冲切

$$N_l \leqslant 2.8(b_p + h_0)\beta_{hp} f_t h_0 \quad (5.9.8\text{-}8)$$

2）应按下式计算受桩群的冲切承载力，如图 5.9.8-3（b）所示：

$$\sum N_{1i} \leqslant 2[\beta_{0x}(b_c + a_{0y}) + \beta_{0y}(b_x + a_{0x})]\beta_{hp} f_t h_0 \quad (5.9.8\text{-}9)$$

式中 β_{0x}、β_{0y}——由式（5.9.7-3）求得，$\lambda_{0x} = a_{0x}/h_0$，$\lambda_{0y} = a_{0y}/h_0$；$\lambda_{0x}$、$\lambda_{0y}$均应满足 0.25～1.0 的要求；

N_1、$\sum N_{1i}$——不计承台和其上土重，在荷载效应基本组合下，基桩或复合基桩的净反力设计值、冲切锥体内各基桩或复合基桩反力设计值之和。

【建筑桩基规范：第 5.9.8 条】

13.3.4.3　受剪计算

1. 柱（墙）下桩基承台，应分别对柱（墙）边、变阶处和桩边联线形成的贯通承台的斜截面的受剪承载力进行验算。当承台悬挑边有多排基桩形成多个斜截面时，应对每个斜截面的受剪承载力进行验算。

【建筑桩基规范：第 5.9.9 条】

2. 柱下独立桩基承台斜截面受剪承载力应按下列规定计算：

（1）承台斜截面受剪承载力可按下列公式计算（见图 5.9.10-1）：

$$V \leqslant \beta_{hs} \alpha f_t b_0 h_0 \tag{5.9.10-1}$$

$$\alpha = \frac{1.75}{\lambda + 1} \tag{5.9.10-2}$$

$$\beta_{hs} = \left(\frac{800}{h_0}\right)^{1/4} \tag{5.9.10-3}$$

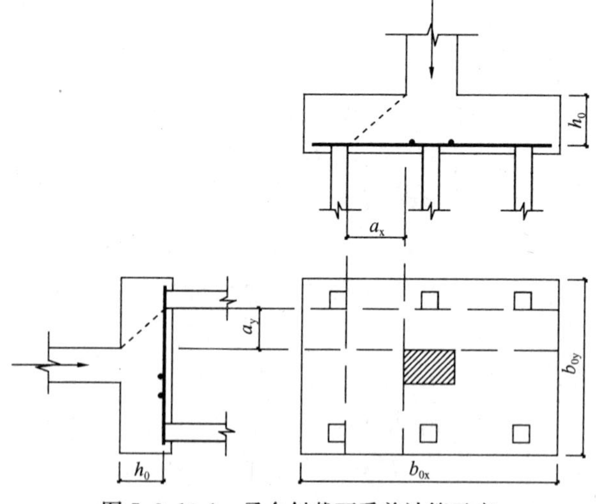

图 5.9.10-1　承台斜截面受剪计算示意

式中 V——不计承台及其上土自重，在荷载效应基本组合下，斜截面的最大剪力设计值；

f_t——混凝土轴心抗拉强度设计值；

b_0——承台计算截面处的计算宽度；

h_0——承台计算截面处的有效高度；

α——承台剪切系数；按式（5.9.10-2）确定；

λ——计算截面的剪跨比，$\lambda_x = a_x/h_0$，$\lambda_y = a_y/h_0$；此 6 上，a_x、a_y 为柱边（墙边）或承台变阶处至 y、x 方向计算一排桩的桩边的水平距离，当 $\lambda < 0.25$ 时，取 $\lambda = 0.25$；当 $\lambda > 3$ 时，取 $\lambda = 3$；

β_{hs}——受剪切承载力截面高度影响系数；当 $h_0 < 800$mm 时，取 $h_0 = 800$mm；当 $h_0 > 2000$mm 时，取 $h_0 = 2000$mm；其间按线性内插法取值。

（2）对于阶梯形承台应分别在变阶处（$A_1—A_1$，$B_1—B_1$）及柱边处（$A_2—A_2$，$B_2—B_2$）进行斜截面受剪承载力计算（见图 5.9.10-2）。

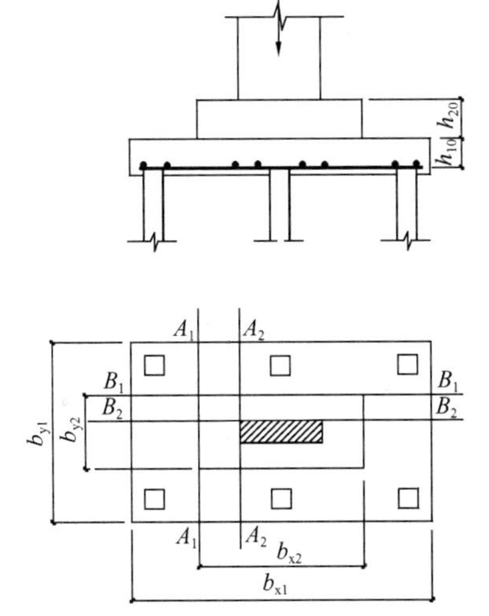

图 5.9.10-2 阶梯形承台斜截面受剪计算示意

计算变阶处截面（A_1—A_1，B_1—B_1）的斜截面受剪承载力时，其截面有效高度均为 h_{10}，截面计算宽度分别为 b_{y1} 和b_{x1}。

计算柱边截面（A_2—A_2，B_2—B_2）的斜截面受剪承载力时，其截面有效高度均为 $h_{10}+h_{20}$，截面计算宽度分别为：

对 A_2—A_2　$$b_{y0}=\frac{b_{y1}\cdot h_{10}+b_{y2}\cdot h_{20}}{h_{10}+h_{20}} \tag{5.9.10-4}$$

对 B_2—B_2　$$b_{x0}=\frac{b_{x1}\cdot h_{10}+b_{x2}\cdot h_{20}}{h_{10}+h_{20}} \tag{5.9.10-5}$$

（3）对于锥形承台应对变阶处及柱边处（A—A 及 B—B）两个截面进行受剪承载力计算（见图 5.9.10-3），截面有效高度均为 h_0，截面的计算宽度分别为：

对 A—A　$$b_{y0}=\left[1-0.5\frac{h_{20}}{h_0}\left(1-\frac{b_{y2}}{b_{y1}}\right)\right]b_{y1} \tag{5.9.10-6}$$

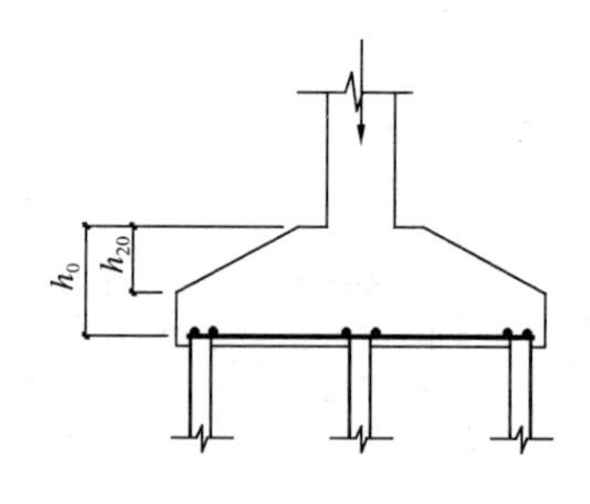

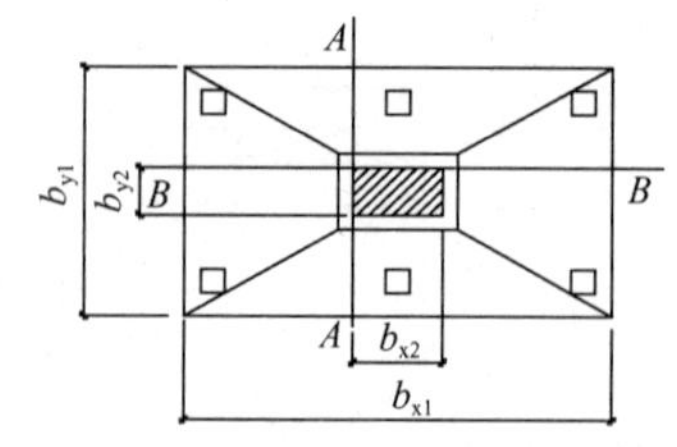

图 5.9.10-3　锥形承台斜截面受剪计算示意

对 B—B $$b_{x0}=\left[1-0.5\frac{h_{20}}{h_0}\left(1-\frac{b_{x2}}{b_{x1}}\right)\right]b_{x1} \quad (5.9.10\text{-}7)$$

【建筑桩基规范：第 5.9.10 条】

13.3.4.4 局部受压计算

1. 对于柱下桩基，当承台混凝土强度等级低于柱或桩的混凝土强度等级时，应验算柱下或桩上承台的局部受压承载力。

【建筑桩基规范：第 5.9.15 条】

13.3.5 承台施工

13.3.5.1 基坑开挖和回填

1. 挖土应均衡分层进行，对流塑状软土的基坑开挖，高差不应超过 1m。

【建筑桩基规范：第 8.1.5 条】

2. 在承台和地下室外墙与基坑侧壁间隙回填土前，应排除积水，清除虚土和建筑垃圾，填土应按设计要求选料，分层夯实，对称进行。

【建筑桩基规范：第 8.1.9 条】

13.4 基 坑 工 程

13.4.1 一般规定

1. 基坑工程设计应包括下列内容：

(1) 支护结构体系的方案和技术经济比较；

(2) 基坑支护体系的稳定性验算；

(3) 支护结构的承载力、稳定和变形计算；

(4) 地下水控制设计；

(5) 对周边环境影响的控制设计；

(6) 基坑土方开挖方案；

（7）基坑工程的监测要求。

【建筑地基基础设计规范：第 9.1.3 条】

2. 基坑支护结构设计应符合下列规定：

（1）所有支护结构设计均应满足强度和变形计算以及土体稳定性验算的要求；

（2）设计等级为甲级、乙级的基坑工程，应进行因土方开挖、降水引起的基坑内外土体的变形计算；

（3）高地下水位地区设计等级为甲级的基坑工程，应按本规范第 9.9 节的规定进行地下水控制的专项设计。

【建筑地基基础设计规范：第 9.1.5 条】

3. 基坑工程设计采用的土的强度指标，应符合下列规定：

（1）对淤泥及淤泥质土，应采用三轴不固结不排水抗剪强度指标；

（2）对正常固结的饱和黏性土应采用在土的有效自重应力下预固结的三轴不固结不排水抗剪强度指标；当施工挖土速度较慢，排水条件好，土体有条件固结时，可采用三轴固结不排水抗剪强度指标；

（3）对砂类土，采用有效应力强度指标；

（4）验算软黏土隆起稳定性时，可采用十字板剪切强度或三轴不固结不排水抗剪强度指标；

（5）灵敏度较高的土，基坑邻近有交通频繁的主干道或其他对土的扰动源时，计算采用土的强度指标宜适当进行折减；

（6）应考虑打桩、地基处理的挤土效应等施工扰动原因造成对土强度指标降低的不利影响。

【建筑地基基础设计规范：第 9.1.6 条】

4. 基坑土方开挖应严格按设计要求进行，不得超挖。基坑周边堆载不得超过设计规定。土方开挖完成后应立即施工垫层，对基坑进行封闭，防止水浸和暴露，并应及时进行地下结构施工。

【建筑地基基础设计规范：第 9.1.9 条】

13.4.2　支护结构内支撑

1. 支撑结构的施工与拆除顺序，应与支护结构的设计工况相一致，必须遵循先撑后挖的原则。

【建筑地基基础设计规范：第9.5.3条】